suncolor 三采文化

茶杯裡的風暴

丟掉公式，
從一杯茶開始
看見科學的巧妙與奧祕

海倫・齊爾斯基 Helen Czerski ／著
藍仕豪／譯
前建國中學物理老師 鄭永銘／審訂

STORM IN A TEACUP

THE PHYSICS OF EVERYDAY LIFE

獻給我的父母：

楊與蘇珊

唸大學的時候，我曾借住在外婆家複習物理學。
我的外婆是一位老實的北方人，
當我告訴她我正在學習原子結構的時候，
老人家說了一聲
「喔」，接著又問：「妳了解它之後，要做什麼用呢？」

這真是一個好問題。

目錄／
contents

前言 5

第 1 章 爆米花與火箭——氣體定律 18

第 2 章 有起就有落——重力 54

第 3 章 美麗小世界——表面張力與黏滯性 90

第 4 章 片刻之間——變化與平衡的狀態 128

第 5 章 波動——從水波到 WiFi 166

第 6 章 鴨子為何不會雙腳冰冷？——原子的舞曲 210

第 7 章 湯匙、螺旋，以及第一枚人造衛星——旋轉的原理 248

第 8 章 異性相吸——電磁學 288

第 9 章 不同的視野 340

鳴謝 370

參考資料 374

前言 Introduction

我們生活與居住的地方，是在太空與地球的交界處。在晴朗的夜晚，任何人只要仰望天空，都可以見到繁星點點，這些熟悉而恆久的星星，成為宇宙中獨一無二的座標。自古以來所有的文明都知道星星，卻沒有人觸碰過它們；相反地，在地球上，我們生活可觸及的周遭，每天有太多不可預測的新奇事物，使得我們身處在一個變幻無常、甚至是凌亂的地方。

然而正是這樣的地方，我們得以窺見宇宙運行的奧祕。物理學的奇妙之處，是藉由一系列相同的原子與定律，交織成一片豐富的世界，所有事物都有其遵循的脈絡，而非隨機發生。

舉例來說，當我們攪拌杯中的茶水，然後緩緩倒入牛奶，就會見到兩股流體形成螺旋狀的漩渦，這兩股顏色分明的流體會在幾秒鐘之後相互混合而難以分別。類似的現象其實也會發生在其他地方，只是維持的時間遠比數秒鐘更長。

從太空俯視地球，時常可見大氣中的雲朵，因為冷熱空氣形成彼此圍繞而非混合的漩渦。大西洋上，來自北方極地的冷空氣和南方溫暖的空氣，形成互相追逐圍繞的漩渦，會在特定的時間從英國的西邊登陸而形成惱人的天氣。從人造衛星上的完整影像也可以說明，當漩渦狀的雲經過時，地面上的人可以在短時間內經歷「晴時多雲偶陣雨」的天氣變化。

茶杯中攪拌的液體與大氣風暴看似不相干，但是同樣旋轉的現象絕非出於巧合，而是暗示著它們有一些相似的原理。科學，就是透過觀察這些事物底下隱藏的關聯性，藉由嚴謹的測試與實驗，發現、探索事物的本質，並且在已知學問的基礎上，改進、深入與發掘新事物。

有時候，這些現象的關聯性顯而易見，有些時候卻要深入研究，才能讓背後的成因浮現。例如很少人會認為蠍子和騎腳踏車的人有很多共同點，但其實兩者都是運用相同的科學原理讓自己在行動上更安全，只是彼此呈現了剛好相反的效果罷了。

要在一個沒有月光、寒冷而寂靜的北美沙漠中找到任何東西，似乎是不可能的任務。為了尋找蠍子，我們需要藉由一種特殊的裝備，它可以發出人類看不見的紫外線，也稱為「黑光」（black light）。紫外線投射在地面上搜尋時，人類依舊看不到任何東西，但是當它照到蠍子，就會在黑暗中看到一抹令人驚奇而隱約的藍綠色光點。

這是因為蠍子的身上有一種特殊色素，能夠吸收我們看不見的紫外線，轉變而放出可見的螢光。這種功能對於蠍子來說，可能有助於牠們躲藏，因為在夕陽西下之後，多數的可見光已經極為黯淡，但仍有相當多的紫外線，蠍子可以藉此檢視身上的螢光，來判斷自己是否完全隱蔽。因此蠍子的愛好者就能利用這種特性找到牠們；當然對於害怕這種節肢動物的人而言，這種特性就派不上用場。

對於有蜘蛛恐懼症的人（arachnophobes），可以選擇居住在遠離沙漠與節肢動物出沒的地方，但是即使如此，類似的螢光卻普遍存在於都市當中，出現在那些具有安全意識的單車族身上。特別是在陰天的早晨，許多人騎單車時穿著的衣服明顯比周遭明亮，這是因為雲層對於紫外線的阻擋效果不如可見光，因此當較多的紫外線照射到這些染有特殊顏料的衣服時，感覺好像衣料在發光。

單車族和蠍子使用一樣的科學原理，但是前者是為了讓別人看見以保持安全。紫外線本身對人類的用處較少，但是透過這種方式，可以轉換成免費且有用的資源。

物理學令人著迷的地方就是**它無所不在**，但是讓我真正喜歡的原因，不只是它呈現出有趣的事實，更可以作為一個隨身攜帶的工具，而且可以隨處使用。

之前提到相同的物理原理讓蠍子與單車族生活得更安全，此外也可以讓通寧水（tonic water）利用其中含有的奎寧（quinine）成分，在紫外線中放出螢光。此外，還有常用於洗衣粉的增亮劑及螢光筆，甚至螢光筆的墨水也能作為紫外線的檢測劑。下一次使用螢光筆畫重點時，不妨也欣賞一下這個讓紫外線變成可見光的物理魔法吧！

我學習物理學是因為它能解釋我感興趣的事物，讓我了解周遭事情發生的機制，以及世界運作的方式。雖然我已經是一個專業的物理學家，但是有一部分在進行的研究，不需要使用專業的實驗室，或是複雜而強大的電腦與昂貴的軟體；許多令我滿足而有趣的發現，都不是在刻意要研究科學的狀況下出現；在具備許多基礎物理知識之後，整個世界都是我的實驗室，也是遊樂場。

不過對於在公園或是尋常巷弄內發現的科學，人們往往存有偏見，因為它似乎只是小孩子走路分心時會看到的事物，這種應該屬於小孩子的好奇心，好像對成年人沒有真正的用途，由此認為一個成年人的知識與話題，應該是來自於閱讀講述宇宙運作的書籍。不過這種態度卻會讓人錯過許多重要的東西，忽略同樣的物理現象適用於很多地方。

例如，烤麵包機可以教我們一些最基本的物理定律，而且好處是烤麵包機容易取得與操作，透過這臺在廚房常見的機器，就可以見到宇宙最遙遠的地方，相同的物理規則也正在運作。而且當我們了解了為什麼麵包會變熱，這熟悉的概念就能套用在很多地方，即使我們永遠不需要在乎宇宙的溫度，這種方式與能力也是人類文明中一個重要的成就。對於日常科學的觀察與學習而具備的知識及能力，是每一位現代人充分參與人類文明的途徑。

在不打破蛋殼的情況下，你知道要如何分辨生雞蛋與熟雞蛋嗎？這裡介紹一個簡單的方法：首先將蛋放在一個堅硬光滑的表面上，並且開始轉它；在蛋轉動的時候，用手指輕輕地固定蛋，讓它靜止一下就放開，如果蛋又開始轉動，那麼這個就是生雞蛋。

看似相同的蛋殼之內隱藏了奧祕與解答——如果是熟雞蛋，內部已經變成固體，所以碰觸、固定之後就全部靜止；而生蛋只有外殼靜止，內部的液體仍然在旋轉，等到你放開之後就會繼續牽引著蛋殼轉動。

如果不相信的話，可以找一顆雞蛋試試看！除非有外力推、拉，不然物體會傾向於維持原來的運動。就像蛋裡面旋轉的蛋白一樣，維持不變的轉動量是物理學的一項原理，稱為「角動量守恆」（conservation of angular momentum），但是這種現象不只會發生在雞蛋上。

作為人類探索太空的眼睛，哈伯太空望遠鏡（Hubble Space Telescope, HST）自 1990 年升空以來，一直在地球的軌道上運行，至今已經拍攝了成千上萬幀精采絕倫的天文影像，包含了火星的樣貌、天王星的行星環、銀河系最古老的恆星、名字獨特的草帽星系（Sombrero Galaxy, NGC 4594，又稱「闊邊帽星系」）

與巨大的蟹狀星雲。

但是這樣一個漂浮在軌道上的望遠鏡，要如何面向宇宙中同一處，並精確地對準太空中微小的光點呢？答案是靠著哈伯太空望遠鏡上攜帶的六具陀螺儀（gyroscopes），它們內部的轉子每分鐘轉動 19,200 次。由於角動量守恆，在沒有外力矩改變陀螺儀的情況下，它們的旋轉軸將一直精確地維持在同一方向，因此望遠鏡得以保持鎖定在一個遙遠的天體上，直到進行下一階段的觀測任務。人類文明中最先進的技術原理，原來也可以用自家廚房裡的雞蛋來證明！

這就是我喜歡物理學的原因，即便我不知道生活中即將面對哪些新事物，也都能夠應用已知的物理學去解釋或處理這些現象。目前的科學家相信，這些在地球上觀察到的物理現象，除了成為所有人生活的基本工具之外，也同樣適用於宇宙的多數地方。當你在生活中將物理學原理融會貫通之後，面對世界就會無往不利。

以往人們重視資訊與知識，因為它們不易取得，但是在資訊爆炸的今天，我們有太多管道可以輕易取得資訊，甚至要花更多的精神來面對這些資訊的浪潮。因此對現代人而言，如果已經能夠處理好自己的生活，那又何必尋求更多的知識，讓事情變得更複雜呢？如果哈伯太空望遠鏡不能在我趕著出門時，看向地球幫我找鑰匙，那「它很厲害」這件事，跟我有什麼關係呢？

當人類可以滿足自己對世界的好奇心，就會感到快樂，如果是親自去發掘、了解，更是一種難得的喜悅。即便不是為了工作需求，純粹是透過好奇心獲得的知識，也可能應用於新的醫療技術、天氣預報、手機、會自己清潔的衣服，甚至是核融合反應爐等等。這些知識也是我們面對緊湊、繁忙的現代生活所必須具備的部分。

你是否猶豫要不要改用省電燈泡作為家中的主要照明？睡覺時手機放在床邊，會不會影響健康？有偏光功能的太陽眼鏡，和一般墨鏡差別在哪裡？雖然基礎的物理知識不一定能立即給予答案，卻能夠架構出思考脈絡，對於習慣使用物理思考的人，他不會因為無法立即理解而感到無助，並且往往能夠在思考或是尋找方法之後得到結果。

批判性思考對於我們了解世界具有很大的助益，特別是當廣告商與政客都在大眾面前營造出一種「他們是值得信任」的印象時，我們更要具備尋找與判斷證據的能力。透過選舉投票以及生活方式的選擇，我們不僅可以降低錯誤的風險，更是對社會和全體人類負責。**沒有無所不知的人，但是在人生旅途上，掌握物理原則會使你增添一項利器。**

儘管我是物理學的忠實粉絲，但在追求、優遊於物理的遊樂園時，除了為了趣味，還能藉由邏輯的過程來收集事實。科學的方法可以讓每個人對於數據與資料提出合理的論述，雖然一開始大家會有歧見，但是收集更多的資料並獲得更可靠的觀點，最終往往可以獲得一致的結論，這也是科學與其他學科不同的地方。

科學的開始是人們可以提出許多想法，接著闡述具體並可以測試的假說，再謹慎地進行實驗與驗證，並且仔細檢查結果；若是要證明假說有誤，就得更謹慎。一旦這項假說通過大家知道的所有驗證，在科學上就可以謹慎地將它認定為世界運作的原理。然而，科學永遠在嘗試推翻過去的理解，這正是科學不斷進步的動力。

要了解基本的物理原理，讓生活與工作更便利，不是物理學家獨享的權利，所有人都能透過物理來了解世界，有時還不必按部就班地看見或理解所有過程，物理的現象就已經完整展現在你眼前。

曾經，有一次製作藍莓果醬時，成品呈現粉紅帶淺紫的顏色，因此一開始令我相當失望，不過當我了解其中的原因，卻變成我在探索世界之時最快樂的過程。我曾在羅德島住過幾年，當我要離開，把所有行李都收拾好、手邊只剩下一些瑣碎事項時，我想著要完成最後也最重要的一件事情——把此地夏季的藍莓做成果醬，帶回英國。

我一直很喜歡藍莓，總覺得這種果實不僅美味，而且還很美麗、奇異並帶著異國情調，特別是相較於其他地方，羅德島的藍莓總是特別好，因此在離開之前，我利用最後一個上午來挑選藍莓。我開心地想像著藍莓果醬做好時，會呈現那重要而迷人的藍色。但事與願違，當果醬在鍋子中冒泡時，雖然散發出各種奇妙香氣，可是就是沒看到藍色。最後，我只能把這個可口、在顏色上卻讓我失望的粉紅色果醬帶回英國。

6 個月後，一個朋友製作關於女巫的電視節目時，剛好遇到一項歷史的難題。他發現古代文獻上記載「聰明的女人」會在人的皮膚上塗抹馬鞭草花瓣煮成的湯汁，藉此判斷那個人是否被下了咒語。

這種判斷女巫的出發點現在看來似乎相當荒誕不經，但是朋友仍然好奇於古代是如何以系統分析的方式去測驗一件事情。當我做了一些研究之後，發現這方法可能真的有效。

紫色馬鞭草與紫甘藍、血橙等其他紅色及紫色植物，大多含有一種稱為「花色苷」(anthocyanins) 的化合物，它們會賦予植物鮮明的色彩。不同種類的花色苷會因為分子結構的微小差異而呈現不同顏色，此外，同一種花色苷如果在不同酸鹼值 (pH 值) 的液體中，也會改變顏色。

換句話說，酸鹼值會讓花色苷的分子產生些微變化而造成顏色的差異，如同小學的自然課使用的石蕊試紙，只是植物中的花色苷是純天然的試劑。

這個有趣的實驗，只要利用你家的廚房就可以完成。首先，把紫甘藍菜放到熱水中煮出色素，然後分裝成小碗，接著將醋倒入有紫甘藍菜湯汁的碗內，液體就會變得更紅；若放入碗中的是洗衣粉（鹼性），那麼溶液就會變成黃色或是綠色。我們可以藉由俯拾即是的花色苷結合日常生活的物品，讓廚房變成調色盤。我喜歡這個發現，而且無須使用實驗室才有的設備，每個人在家中都可以嘗試。

因此古書上所記載的「聰明的女人」，當她利用馬鞭草花的湯汁來作為試劑時，實際上也許只能分辨 pH 值的不同，而非是否遭到下咒。

人類皮膚表面的 pH 值會隨著不同狀況而產生變化，例如長跑之後和沒出汗的時候，塗抹紫甘藍菜汁便會呈現紫或藍的顏色。「聰明的女人」可能注意到馬鞭草花瓣湯汁的變化，然後加上自己的解釋。如今我們已經無從考證確實的狀況，但是我認為這是一個合理的假設。

這段小小歷史故事就說到這邊，我還是繼續來說藍莓與果醬的問題。水果、糖、水與檸檬汁，是果醬的四種主要成分，檸檬汁能夠協助其中果膠的凝結，並有助於保存果醬；而藍莓的藍色來自花色苷，因此在酸性的檸檬汁當中，自然就呈現粉紅色。

雖然平底鍋上的藍莓果醬如同石蕊試紙，因為酸性而無法達到我想要的顏色，但是美好的學習過程彌補了我的失望，而且還讓我從水果中看到如同彩虹般豐富的色彩變化，因此一切也都值得了。

本書將透過我們生活周遭常見的小事，聯結到整個大世界的運作方式，將物理學變成一個好玩的遊樂園，展示如何從玩爆米花、研究咖啡漬與冰箱上的磁鐵，到探險家史考特的南極遠征、藥物測試與未來的能源需求。**科學不是「少數人」的事情，而是「所有人」的生活**，任何人都可以展開一場屬於自己的科學探索。

本書每一章都會從生活的小故事開始說起，解釋許多我們習以為常卻沒有深入思考的事物，接著利用這些原理，來解說現代最重要的科學與技術。每個知識都有它的小用處，但是當許多知識聚集起來之後，就會創造真正、更高的價值。

科學家們通常不太談論了解世界運作的另一個好處，但是當物理學變成你看待世界的眼光時，世界就猶如物理原理的拼圖；當你熟悉一些基礎模式之後，就可以發掘更多相關性。我希望讀者能透過本書，在心中種下科學的幼苗，並且在未來可以擁有更多看待世界的方式。

本書的最後一章，將會探討構成生命的「人類」、「地球」、「文明」這三項重要系統的關聯，你不一定要同意我的觀點，畢竟科學的本質就是不斷找尋新的證據，來質疑與考驗原有的理解而不斷更新結論。

茶杯裡的風暴，只是一個開始。

第 1 章
爆米花與火箭
—氣體定律—
Popcorn and rocket:
the gas laws

任何人在自家廚房進行會爆炸的實驗，可能會引起家庭革命，但如果成品是美味又不會破壞廚房的，那就另當別論了。乾燥的玉米含有碳水化合物、蛋白質、鐵與鉀，是一種不錯的食物，但是這些東西被包覆在一個堅硬的外殼內，因此若要食用乾燥的玉米，似乎得透過激烈的手段改變現狀。「爆破」是其中一種有效的方式，可以讓玉米爆開而改變形態的成分，就藏在這顆種子當中。

昨晚，我經歷了一場充滿爆破的烹飪，因為我做了爆米花，並且發現在玉米不受歡迎的堅固外殼內，竟然隱藏有柔軟的內層。但是為什麼玉米爆炸後會變成蓬鬆的爆米花，而不是碎片？

我將一匙乾燥的玉米粒放到油溫已經很高的平底鍋內，蓋好蓋子並泡上一壺茶。相較於窗外肆虐的狂風暴雨，油鍋內嘶嘶作響的玉米就顯得安靜多了。雖然一開始平底鍋內似乎沒什麼動靜，但是一場關於氣體的好戲正要上演。

每個玉米內部都有胚芽，它們是植物生命的起點，而周圍的胚乳則是胚芽發芽時所需的養分。胚乳主要的成分是澱粉，此外還有大約 14% 的水分，當水分在鍋中逐漸受熱時，水分子運動越來越劇烈，最後沸騰而變成蒸氣。玉米外殼原先是為了保護種子不受外界傷害，但是加熱中的玉米內部卻開始產生暴動，讓玉米粒變成一個迷你的壓力鍋。當汽化的水分子數量不斷增加，並且以越來越快的速度大力撞擊玉米粒的內壁時，就會形成越來越大的壓力。

壓力鍋就是藉由高溫產生壓力的原理，使得烹飪變得很有效率，同樣的原理也發生在要變成爆米花的玉米內部。當我離開爐子去找茶包時，油鍋的溫度已經將玉米內部的澱粉加壓煮成類似凝膠的糊狀物，此時大多數的玉米殼還能承受壓力，但是當玉米內部溫度上升到 180℃時，壓力就接近我們周遭空氣的 10 倍，而這也是玉米外皮的耐壓極限。

我搖晃了平底鍋一下，聽到第一個爆破聲，幾秒鐘之後，鍋內發出的聲響就像一架扣下扳機的迷你機關槍，許多爆米花敲打著透明鍋蓋的頂部，並且從蓋子的邊緣散發出獨特而令人印象深刻的蒸氣。在我離開幾秒鐘去倒茶的時間裡，這些像彈幕一樣的爆米花就多到把蓋子撐開且跳了出來。

這一個小小的「劇變」前後，有些物理的規則大不相同。在爆米花破殼而出之前，數量固定的水蒸氣，在玉米內部隨著溫度升高而壓力增加、最終超越外皮能承受的極限時，內部所釋放出的高壓澱粉糊不再受到體積限制，可以開始擴張；此時，澱粉糊的分子仍然在快速運動，直到它的壓力下降到與外界的大氣壓力相同為止。

在這個過程當中，綿密的白色泡沫快速擴大、變得蓬鬆，並且將玉米粒內外翻轉。當它冷卻而凝固後，爆米花就完成了。

每當我開心地吃完爆米花時，總會發現一些焦黑在鍋底、沒有成功變成爆米花的玉米粒。這是因為在進入油鍋之前，玉米粒的外殼已經受損，以至於在加熱的過程中，玉米粒當中的水蒸氣不斷散出而無法蓄積壓力。事實上，只有少數穀物可像玉米這樣變成爆米花，主要條件就是外殼必須密閉而沒有氣孔。但若是玉米粒內部的水分不足（原因可能是在不當的季節採收），也會使得壓力不足而無法「爆開」，這些失敗而堅硬的玉米粒就無法食用了。

我將一碗爆得恰到好處又柔軟的爆米花，連同剛泡好的茶放在窗前，欣賞著窗外的暴風雨。也許「爆破」不盡然都是壞事！

簡單就是美，尤其是從一些複雜的事物中凝聚的美，更是令人著迷。當人們以為看到了什麼，但是一眨眼又變成全然不同的事物，往往是因為光學上的幻象所致，對我來說，氣體定律的運作也是如此。

在我們生活而熟悉的世界中，絕大多數的物體是由微小的原子所構成。原子是由位於中心的原子核，以及圍繞在原子核周圍的電子所組成，其中原子核帶有正電荷而電子則是帶負電荷[1]。

我們常說的「化學變化」，其實是許多原子們結合與分離的故事，但是無論如何轉移，都必定會嚴格遵守量子世界的規則；縱使是許多原子結合所形成的巨大分子之尺度。

當我在寫這本書時所呼吸的空氣，有一部分是時速 1,500 公里的氧氣分子（由一對氧原子組成），也有少數時速 320 公里的氮氣分子（由一對氮原子組成）*，以及一些時速超過 1,600 公里的水氣分子。空氣中含有不同速率的原子和分子，會彼此撞擊而顯得混亂、複雜。在我們身旁，每一立方公分的空氣大約有 30,000,000,000,000,000,000（三千萬兆，3×10^{19}）個分子，而每一個分子在 1 秒鐘之內，會與其他氣體分子發生超過 1,000 億次的碰撞。

聽到這邊，是不是覺得這些龐大的數字已經超越自己的理解，就像一場精密的腦部手術，或是深奧的經濟學理論會涉及的計算，甚至像超級電腦與駭客的攻防一樣，但是它的發現者卻完全不了解以上這三項事物，也不涉及數目龐大的氣體分子；所以事實上，氣體的行為有一個更簡單的原理。

原子的概念一直到 1800 年以後才正式進入科學的範疇，

---

1 只有極少數稱為「反原子」的例外，會使得原子當中的電子帶正電（也稱為「正子」）而原子核帶負電。

* 中文版審訂補充：一般空氣中多數的氮氣分子時速為 1,800 公里。

並且在1905年才證實它的存在。回到1662年，羅勃．波以耳（Robert Boyle）以及助手羅勃．虎克（Robert Hooke）在玻璃容器中放入水銀與空氣，他們發現施加壓力時，空氣占有的體積會變小，於是得出壓力與氣體體積成反比的「波以耳定律」。一個世紀之後，雅克．查理（Jacques Charles）發現氣體的壓力如果不變，當它溫度升高時，體積也會變大，得到氣體體積與絕對溫度成正比的定律。前面提到數目龐大而複雜的氣體分子，竟然可以呈現出這樣簡單的定律！

鯨魚與佛卡夏麵包

吸一口氣、轉身向下，巨大而優雅的尾巴也隨之沒入海面，這是鯨魚要潛入海洋深處狩獵時的身影。在接下來的45分鐘內，牠只能倚靠肺部內的空氣存活；一旦狩獵成功，一隻巨魷可能就是牠的獎品。為了尋找這種觸腕上長滿恐怖吸盤、有著可怕嘴巴的巨獸，鯨魚深入到陽光無法穿透的海洋深處，這裡距離海面大概是500至1,000公尺，甚至依照目前人類所知，還有鯨魚到達海面下2公里深處的紀錄。

鯨魚利用聲納在漆黑的深海裡搜尋，藉由微弱的回音感測大餐的到來，而正在漂浮的巨魷卻渾然不知，因為牠聽不見鯨魚發出的聲納。

鯨魚在進入這個黑暗的深海之後，最寶貴的資源就是氧氣，因為它是維持肌肉和生命中化學運作的必需品。然而鯨魚一潛入海中之後，含氧的空氣卻會成為牠的問題。事實上，隨著潛入的深度增加，鯨魚肺部就得抵抗越來越大的壓力差。肺部空氣之所以會有壓力，是因為其中的氮氣、氧氣在碰撞鯨魚肺壁時，會產生微小的推力；由於外界的水壓逐漸增強，鯨魚就得逐漸壓縮肺部空氣，使得這個推力變大，以減少肺部空氣與外界的壓力差。

當鯨魚在海面時，大氣和肺部的氣體壓力相同而平衡。但是在海面下的鯨魚，受到位於牠上方的海水的重量擠壓；在海面下 10 公尺時的水壓，相當於再施加一個大氣壓，這時鯨魚肺部的空氣體積就得縮小到只剩原來的一半，使得肺部氣體有兩大氣壓的壓力。

當鯨魚再往深處潛入時，會有更大的水壓從外施力，鯨魚為了平衡壓力，會繼續縮小肺部空氣的體積，直到達到新的平衡；此時的氣體分子將會更加頻繁地撞擊肺壁，產生更大的壓力。而在海面下 1,000 公尺處，理論上鯨魚肺部空氣的體積，只有原先的 1%。

肺部受到壓縮的鯨魚，不斷地依靠聲納來探測周邊的狀況，當牠從安靜的深海聽到一聲巨大的回音時，就是要在浩瀚的黑暗中，與武裝的巨魷展開搏鬥的開始。有些時候，即使巨魷戰死，鯨魚也可能身負可怕的傷口而游走。畢竟在肺中氧氣用盡時，要如何產生能量來戰鬥？

當生物透過肺泡呼吸，是將血液中的二氧化碳和空氣中的氧氣做交換，但是額外增加的壓力，會使得氮氣和氧氣溶於血液之中，造成「減壓症」（或稱為「潛水夫病」）這種特殊、極端的狀況。當鯨魚返回壓力較小的淺層海洋時，血液中的氮氣也會膨脹開來，造成各種損害。因此，如果鯨魚肺部的空氣，真的在深海中縮小到只剩下 1%，那會是很嚴重的問題。

其實，鯨魚從潛入海中的那一刻開始，就關閉肺泡的功能，直接利用貯存於血液與肌肉中的大量氧氣。以抹香鯨為例，牠的血紅素濃度是人類的 2 倍，位於肌肉內提供能量的肌紅素濃度，更是人類的 10 倍。當鯨魚在海面上呼吸時，事實上是正在為這些身體組織補充氧氣；而當牠們深入海洋時，並不會使用最後吸入存於肺部的空氣，因為那樣太危險了。牠們在深海中與巨魷戰鬥時使用的資源，其實是平常在海面上緩慢收集而儲存在血液和肌肉中的氧氣。

人類至今沒有拍攝或親眼見到一條抹香鯨和巨魷之間的戰鬥，但是科學家在死亡的抹香鯨胃部發現許多魷魚的口器，因為那是無法消化的部分，而那也成為每隻鯨魚各自擁有的戰利品。當鯨魚成功捕獲巨魷而再次回到陽光的懷抱時，肺部也因為水壓減小而逐漸膨脹，並且重新開啟與肺臟中血液的氣體交換，直到呼吸系統完全恢復運作。

複雜的分子行為與統計學（通常不會讓人覺得簡單的學問）在真實世界中，卻奇妙地呈現出簡單的結果。在空氣中，毫無疑問有大量的分子，以及各種速率的密集碰撞，卻可以歸納成兩個決定性的因素：氣體分子運動速率的範圍，以及與容器表面的平均碰撞次數。碰撞的次數和強度取決於分子的速率和質量，這部分決定了氣體的壓力；外部壓力與內部及容器壓力的平衡，決定氣體的體積，至於溫度則是會造成另外不同的影響。

「誰最在乎這件事呢？」提問的是亞當先生，也是我們的烘焙老師。他正穿著一件白色的長袍，挺著一個堅實的啤酒肚，儼然就是一個快樂麵包師傅的形象，更不用說還帶著倫敦腔（倫敦東部的考克尼〔Cockney〕口音）。老師戳著前方桌上攤著的生麵團，好像它具有生命一樣，但事實上，這確實是活的麵團！

接著老師又問：「好麵包的條件是什麼？」「是空氣。」他自問自答。我在十歲之後就沒有好好地下廚過，而那時我正好在烘焙學校學習如何製作佛卡夏，它是一種義大利的傳統麵包，即使之前我已經烤過很多麵包，卻是第一次見到這樣攤著的麵團，所以我得好好學習。

按照亞當老師的指示，我們開始按部就班地製作自己的麵團。每個人將新鮮的酵母與水混合，然後再將麵粉和鹽混合，並使麵團健康有活力地發麵，而麵團中的蛋白質會增加麵包的彈性。這個過程中，酵母藉由發酵過程，把糖轉變成二氧化碳，麵團中的物理結構也正不斷地被拉伸。

老師桌上的麵團和我之前做過的許多麵團一樣，除了表面有一些二氧化碳的氣泡外，內部並沒有空氣。麵團是一個金黃色而帶有黏性的生化反應器，內部的生命活動會不斷生成新的產物，這些產物會因為被困在其中，使得麵團逐漸膨脹。當我們完成製作麵團的第一階段時，會將橄欖油塗抹在麵團表面，然後把桌面整理乾淨，清洗沾滿麵粉的手。

由酵母產生的每一個葡萄糖分子，在酒精發酵作用時會產生 2 個二氧化碳分子，化學式是 CO_2，代表這個分子是由 2 個氧原子以及 1 個碳原子所組成。這種分子在我們生活周遭的空氣中相當安定，不會與其他物質產生反應；而在室溫環境中，因為溫度給予 CO_2 的能量夠高，因此它們呈現氣體的狀態。

當一個 CO_2 進入一個充滿同樣氣體分子的泡泡當中，就會開始玩起碰碰車遊戲；而每次的撞擊都會有能量交換，就如同撞球檯上，白色母球撞擊到其他有色的子球一樣。這個撞擊的過程有時候會使得一方完全靜止，另一方獲得所有運動的能量而產生更高的速率；有時候則是兩邊會均分運動的能量。

當這些以 CO_2 為主的氣體分子，逐漸增加並撞擊到氣泡與麵團的牆壁而反彈回來，氣體的壓力就會逐漸變大，並且逐漸推擠氣泡周圍的麵團，從巨觀的角度就會看到泡沫逐漸擴張。

如果只看氣泡當中的一小部分 CO_2 分子，會發現它們運動的速率有時變快，有時又會變慢。但是無論對麵包師傅或是物理學家來說，都不會太在意特定分子是否以特定速度撞擊到牆壁，因為這是一個統計學的遊戲。例如在室溫當中，以秒速 350 ～ 500 公尺運動的空氣分子大概占有 29%，但是究竟是哪些特定的氣體分子，其實無關緊要。

此時老師拍了拍手讓大家注意他，接著打開並展示發酵而膨脹得非常好的麵團，然後做了一件我意想不到的事情——他將表面塗有橄欖油的麵團不斷地重複摺疊，目的是為了包住空氣。我差點脫口說出「這是欺騙」，因為一直以來，我認為所有麵包內的氣體都應該是酵母產生的二氧化碳，如果這樣製作麵包，就如同我曾經看過一位日本摺紙師，殷切地教導學生使用透明膠帶完成他們的紙馬，頓時讓我有一種相似的取巧而感到惱怒。

但是回過頭來，如果只是為了有氣體，那用空氣又何妨？麵包烤好之後沒有差別也沒人知道！我最後還是遵照專家的步驟將麵團摺疊好，並塗抹更多的橄欖油，持續讓它發麵與摺疊。數小時之後，我的佛卡夏麵團及內部的氣泡已經準備好要進入烤箱，接下來，內部的「氣體」就要上演好戲了！

烤箱的熱能逐漸進入麵包當中，沒有密閉的烤箱，內部的壓力和外界相同，然而當溫度從室溫 20℃上升到 250℃時，溫度並非是上升 12.5 倍，而是要以絕對溫度來看。所以烤箱的溫度實際上是從 293K 上升到 523K（Kelvin，絕對溫度的計量單位），溫度大約增加了 1 倍。

氣體的溫度增加其實是因為分子運動速率變快，而氣體溫度並非單一個分子的溫度，是指一整群分子的平均溫度。因為每個單獨分子的速度，會隨著與其他分子不斷地碰撞，持續地進行加速與減慢的變化過程；因此一團氣體的溫度，反映的是這團氣體內所有分子的平均動能。

烤箱裡，麵包內部氣泡中的氣體分子，會因為溫度上升而獲得更多能量，因此撞擊氣泡壁的力道就會越來越強。在這個過程中，氣體的平均速率會從進入烤箱前的秒速 410 公尺，躍升到 550 公尺。

越來越強的撞擊力道，會在氣泡壁上產生越來越大的壓力，此時由於烤箱並非密閉，所以麵團的外部壓力沒有改變，麵包內氣泡的體積會與絕對溫度成正比而在高溫中膨脹，麵包在烤箱中也就會逐漸變大。麵包內的氣泡，無論是我們摺疊包入的空氣（主要是氮氣和氧氣），或是發酵而產生的二氧化碳氣泡，都是因為相同的原理而膨脹。

烤箱內的現象證實了一件事情：如果絕對溫度增加 1 倍，氣體的體積也會增加 1 倍；或是在固定體積內讓絕對溫度增加 1 倍，那氣體的壓力就會增加 1 倍。這兩件事情都無關乎氣體組成的分子種類，實際上，無論是何種成分的氣體，在統計學上都呈現相同的結果。

最後，熱騰騰的佛卡夏麵包出爐，這個將碳水化合物與蛋白質烤熟凝固而成的蓬鬆麵包，沒有人會在乎當中的氣泡，哪些原來是二氧化碳、哪些又是一般空氣。

在物理學上，我們以「理想氣體定律」（The Ideal Gas Law）來描述氣體的行為，雖然實際氣體與理想氣體之間有落差，但是大致上都能符合這個定律，但如果要精確計算，就需要加入一些修正。對於質量固定（意味著固定的分子數量）的理想氣體而言：在溫度不變的前提下，壓力增加 1 倍，體積就會縮小成一半（壓力與體積成反比）；在體積不變的前提下，當絕對溫度變為 2 倍，壓力也會變為 2 倍（溫度與壓力成正比）。

理想氣體定律是驅動引擎的原理，也是讓熱氣球升空、爆米花出現的機制。它不僅可以用在加熱的氣體上，對於冷卻中的氣體也同樣適用。

●

在人類的探索歷史上，進入南極是一個重要的里程碑。阿曼森（Roald Amundsen）、史考特（Robert Falcon Scott）與沙克爾頓（Ernest Shackleton）等人，都是傳奇而偉大的極地探險家，關於他們的成就以及悲壯的生平，都是冒險歷史上重要的一頁。在這個寒冷到超乎想像、缺乏食物，以及要與嚴酷的海象搏鬥的地方，前面提到的理想氣體定律很容易為他們帶來災難。

下降風與發泡奶油

南極的中心是一個又高又乾的高原，終年覆蓋在深厚的冰層底下，但是這裡幾乎不會降雪。光亮的表面會將原本就微弱的陽光有效地反射回太空，因此這裡極為寒冷、甚至曾觀測到零下89.2℃的記錄。在這個安靜的地方，氣體分子因為動能很低，因此速率緩慢而寒冷。當高空的空氣降至冰層表面時，冰層奪走它們的熱能，使得空氣變得更寒冷，在同樣的壓力下，寒冷的空氣無法產生較高的向外推力，空氣分子就會更為緊密而使得空氣密度升高。

由於南極中心較高，所以這些聚集在中央較重的氣體，也就會往南極周圍移動，就像一個空氣瀑布，雖然不快卻也不受阻擋。高密度的冷空氣沿著巨大的峽谷移動，如同從漏斗流出去的水一樣，朝著海洋移動，稱為「下降風」（katabatic wind，也稱為「重力風」）。如果你試圖登陸南極，這些風將不斷朝你襲來，對於極地探險家來說，這些嚴酷的自然考驗遠遠超乎想像。

「下降風」是一種風的類型，它並非只出現在南極，也會出現在其他地方。當氣體從高處下降時，往往會逐漸升溫，這種由逐漸變暖的氣體所形成的風，也往往有戲劇性的一面。

2007 年，我在聖地牙哥的斯克里普斯海洋學研究所（Scripps Institution of Oceanography）工作，並且居住在附近。身為一個北方人，很難接受這邊終年耀眼的陽光，但是受惠於此，我每天能夠在 50 公尺外的室外游泳池游泳，也就不好意思抱怨。聖地牙哥的海岸朝西面向太平洋，有著絕佳的落日美景，而且夜晚還可以看到壯麗的天際線。

但我還是很想念四季分明的地方，待在聖地牙哥很難感受到季節的不同，沒有變化的日復一日，使我覺得生活是一場醒不了的夢。不過此時卻出現了聖塔安娜風（Santa Ana winds），把原先溫暖愜意、陽光明媚的地方變得乾燥而悶熱。這是一種每到秋季就會出現的風，因為空氣自高海拔的沙漠湧出，由內陸往加州海岸前進而進入海洋。這種風的形成原因，和南極的風同樣都是下降風，當風抵達海岸時，已經比原來在沙漠時更熱。

那是一個令我難忘的一天，當時我的男友正在開車，往北行進在 I-5 高速公路上，要前往一座有熱空氣流出的大峽谷。我們的目的地附近有一條河流，上方還有一些低雲。我當時問男友是否有聞到煙味，他只回答「別傻了」。但是隔天早晨一醒來，我彷彿置身於另外一個世界，聖地牙哥北部出現了橫跨數個山谷的野火，空氣中滿是灰燼。在那樣炎熱又乾燥的環境中，大火一發不可收拾，而炙熱的下降風仍然持續向海岸吹去，昨天見到的那條河流已經完全隱沒在煙塵當中，大家的工作與活動幾乎都停擺了，有的人回家，有的則是坐在收音機旁，並且一直擔心自己的房子是否安好。

此時地平線幾乎是朦朧一片，從衛星影像還可以看到大片的灰霾，但壯麗的夕陽依然可見。3 天過後，煙霧逐漸散去，有些人在大火中失去了房子，此時這裡的一切都覆蓋了一層灰燼，衛生單位的官員則是建議在一週之內，大眾應當避免戶外活動。

當高原上，沙漠的熱空氣冷卻後，密度會變高並開始往周邊較低的地方下降，它的形成原理，與當年史考特在南極面對的風一樣，但是不同之處在於，它不僅乾燥而且很熱，所以造成大規模的野火。至於為什麼會熱呢？使得溫度升高的能量來自哪裡呢？氣體定律依然可以解釋一切，因為這些氣體有固定的質量，快速移動時，它們沒有時間與周遭環境交換能量；但是這些密集的氣流往下時，面對的是位於谷底而壓力較大的氣體，這些谷底的氣體會反推下降的氣體，因此就讓下降的氣體受到壓縮。

推動物品是一個傳遞能量的過程，想像一下，有一顆氣球朝著一群氣體分子前進，這些與前進氣球對撞的分子反彈的能量，會比撞擊到靜止平面的能量更高。因此當聖塔安娜風下降時，會受到周圍較大壓力的擠壓，使得體積縮小，壓縮的過程會讓下降的風獲得能量，因此溫度就隨之升高，而這個過程就稱為

「絕熱增溫」(adiabatic heating)[2]。

每當聖塔安娜風來襲時，多數的加州人都會提高警覺，留意是否有野火出現，因為經過數日的加溫，以及乾燥的空氣不斷地奪走水分，星星之火也可能會燎原。這些熱風的能量不僅來自太陽，還因為靠近高度較低的海平面，熱風被壓力較大的氣體壓縮而獲得更多能量，導致其溫度升高，這個現象正說明了改變氣體分子的平均速率，也會改變溫度。

至於從加壓的瓶子內讓發泡奶油噴出來，則是剛好相反的狀況。當奶油與空氣從壓力較大的瓶子內出來後，會因為周圍壓力較低而膨脹，膨脹之後的氣體分子因為往外推而消耗能量，因此冷卻下來。所以，每當罐裝的發泡奶油噴出來之後，可以發現噴嘴的溫度降低。這是因為當氣體從有限的空間釋放到自由的大氣時，就會釋放能量，溫度也會因此降低，這個過程就稱為「絕熱冷卻」(adiabatic cooling)。

所有撞擊在一個表面上的氣體分子的力量，表現出來的就是空氣壓力。但是在我們生活中卻不易察覺它，因為從四面八方而來的力量會彼此抵消；例如，我拿一張紙放在空氣中，每一側都有很強的大氣壓力，但是兩側一樣而剛好抵消，所以紙張可以不

2　聖塔安娜風屬於焚風。

動分毫；人體也是如此，所以無法感受到大氣的壓力。如果有機會看到一些測量大氣壓力的實驗，那麼當你知道大氣壓力有多大時，往往會難以忘懷。

重要的科學實驗往往不有趣，卻有一個大氣壓力的實驗，非常具有戲劇性——這個實驗的故事當中包含馬匹以及懸疑而驚人的結局，此外，還有一位在觀眾席上的神聖羅馬帝國皇帝。

真空泵與象鼻

要了解大氣壓力的強大並不容易，因為首先必須抽除某個容器內所有的空氣，製造一個真空環境。西元前 4 世紀的亞里斯多德曾經說過：「自然厭惡真空。」這個觀點往後影響了一千多年，使得科學家認為人類無法創造出真空的環境。但是在 1650 年左右卻出現了變化，奧托．馮．格里克（Otto von Guericke）發明世界第一臺的真空泵，並進行了相關的實驗。

不過他的實驗並非為了成就一篇科學文章，而是為了創造一場吸引人的表演，並可能藉此幫助自己成為一個政治人物與外交官，以及與當時的統治者保持良好關係（今天的科學界不支持這種做法）。

神聖羅馬帝國的皇帝斐迪南三世（Ferdinand III），當時他的皇室正統治歐洲廣大的區域，1654 年 5 月 8 日，這位皇帝與他的朝臣，卻為了看一個表演而到了巴伐利亞國會大廈外。那天，奧托帶著一對直徑 50 公分的中空半球，球殼是厚實的銅，並在圓弧的一側安裝繫繩用的環，這兩個半球可以合而為一，而且它們的接觸面非常光滑。奧托將銅半球的接觸面潤滑之後就合起來，透過他發明的真空泵將內部空氣抽出，原先無法維持一體的兩個半球，卻彼此牢牢吸引住，就像黏合了一樣。此時的奧托明白，透過真空泵，他正展現出大氣的巨大壓力。

在銅球的外側有數兆個氣體分子在撞擊，從兩側將半球緊密地推在一起，但是球體中空的內側卻沒有力量可以推出去[3]，因此除非有人能在拉環的兩側施加比氣體分子推力更大的拉力，才能將半球分開。

現場招集了許多馬匹，反方向分成兩隊，站在這顆銅球的兩側，並讓馬匹分別拉著一側銅環上的繩子，猶如拔河一般。皇帝與其他朝臣們都看到這些馬匹似乎正在往外對抗一股看不見的力量，但其實它們是來自於氣體分子撞擊在這顆宛如沙灘球大小的銅球的力量。最終，即使兩側總共有三十匹馬，依然無法將這對半球分開。

---

3 奧托的真空泵到底抽出多少空氣，我們無從得知，球體內雖然不會達到完全真空的狀態，但是也必定去除了大量的空氣。

這場拔河結束後，奧托打開汽閥，空氣進入不久後，球體就自然分開。大氣壓力是這場比賽的勝利者，而且它的力量遠比人們想像的還要大，如果將一個直徑 50 公分、完全真空的球體（由兩個半球組成）懸吊在空中，它的下方可以承受 2,000 公斤重的拉力而不會分開，這相當於一頭大型成年犀牛的體重，也意味著當你在地面上畫出直徑 50 公分的圓，大氣壓力作用在半球截面積上的合力大小，就是一頭大犀牛的重量。

這些我們肉眼看不見的微小氣體分子，確實很用力地撞擊在我們身上。奧托規劃了很多場大氣壓力的實驗演出，吸引許多不同的觀眾，他所使用的那一對銅質半球則是以他的家鄉來命名，稱為「馬德堡半球」。

奧托有一部分的名聲來自別人的記載，當加斯帕（Gaspar Schott）在 1657 年出版的書中提到奧托的實驗，才使得它進入主流的科學中。在那之後的羅勃．波以耳和羅勃．虎克的氣體壓力實驗，也是閱讀了奧托的真空泵之後而獲得的啟發。

你可以在家中自己嘗試大氣壓力的實驗，而且不需要馬匹或是皇帝。首先找到一個防水的薄板、一個玻璃杯（杯口小於紙板），同時建議這實驗在水槽上方進行以防水噴濺出來。接著將水注滿玻璃杯，再將薄板覆蓋在杯口，並且擠壓出紙板下方多餘的空氣。然後，以手扶住紙板與杯子，將它們倒置使得裝水的玻璃杯在上而薄板在下，再移開扶住紙板的手。此時，你會發現薄板可以支撐上方整杯水的重量而不會掉落。這是因為空氣分子從紙板的下方撞擊，將薄板往上推，而這個推力輕易地就撐起整杯水的重量。

氣體分子撞擊產生的推力，不僅可以保持物體的位置，也可以移動東西。人類並不是唯一會利用這個原理的生物，地球上還有許多物種也是懂得利用空氣操控生活環境的專家，例如大象。

非洲草原象是一種巨大的生物，牠們通常安靜地穿梭在塵土飛揚的乾草原當中。家族中的女性長者是象群生活的中心，由牠帶領的整個家族會不斷漫遊並尋找水與食物，過程中有一部分要依靠牠對環境的記憶。大象的身材顯得笨重，但牠長長的鼻子，卻是動物界極為靈巧而敏感的工具。在整個家族遷徙的過程中，大象透過這種奇特的工具來探索世界，例如熟悉周圍環境、傳遞與接收訊息、嗅聞以及進食。

大象的鼻子非常有趣，因為象鼻由大量的肌肉網絡所組成，所以能夠自由地彎曲和升降，更能以超乎想像的靈活度來拿取物品。這個幾乎萬能的工具還有更多的特色，例如，象鼻內部有兩個連通肺部與鼻子前端的鼻孔，就像一個彎曲自如的水管，這正是物理學可以運作而最有趣的地方。

帶頭的母象領著象群到達一個池塘邊，圍繞在牠們身旁而「靜止」的空氣分子，一如往常地撞擊牠們灰色、布滿皺紋的皮膚，以及地面和水面上。母象首先舉起牠的象鼻，將它放入水池當中，此時，水面上的母象倒影因為漣漪變得破碎。母象將嘴巴閉起來，胸膛巨大的肌肉開始伸展，肺部逐漸擴張。隨著肺部的擴張，肺部與象鼻內的空氣因為有更多空間，使得氣體分子撞擊的頻率低於外面的大氣，因此在大象鼻孔內的氣體壓力就小於外部水面的壓力。

換個角度來說，暴露在大氣中的水面，氣體分子撞擊水面的力道比象鼻內要強，因此就會將水推往大象的鼻孔內。隨著水流入大象鼻孔的管道內，由於大象鼻孔與肺部的氣體質量不變，當這些水取代了鼻孔內的部分空間，若是大象不再持續將肺部擴張，肺部與鼻孔內的壓力就會逐漸回升，直到與外面大氣的壓力相同，大象的鼻孔就會不再繼續吸水。

大象不能直接用象鼻喝水，因為如同我們用鼻子喝水一樣會嗆到。這頭母象的鼻孔內可能在吸取 8 公升左右的水時，就會停止擴張自己的肺，接著，牠將象鼻彎曲，並讓鼻子前端對準自己的嘴巴，然後擠壓現在已經和外界相同氣壓的肺部，縮小的肺部空間會讓原來的氣體碰撞頻率升高，因此產生更大的壓力；當這個壓力勝過鼻子前端的大氣壓力時，水就會從大象的鼻孔被推到大象的嘴巴裡。

利用空氣壓力的變化，藉由大象肺部與鼻孔組合而成的裝置，這頭母象就可以順利喝水，而牠只需要控制肺部的擴張與收縮，象鼻內的水就可以運用自如地吸入或是吐出。

我們之所以可以透過吸管喝飲料，也是出於同樣的原理[4]。當我們吸氣時，肺部會擴張，其中的空氣會變得稀薄，並且壓力會由嘴巴連通到吸管內；此時吸管內氣體分子的撞擊力道，將低於暴露在大氣中的飲料液體的表面，所以大氣的壓力就把飲料擠壓到吸管內，並送入你的口中。這和「以杯就口」的喝水方式不同，用吸管吸水的方式是讓空氣的壓力為我們服務。因為，即使是像水這樣重的液體，都會因為氣體分子撞擊力道的差別而往上流動。

然而，這種大象利用鼻子或是人類利用吸管吸取液體的方式，應用上並非沒有極限。由於吸管的運作是基於壓力差的原理，所以若是需要的壓力差超過大氣壓力時，液體就再也無法升高；因此即使透過真空泵將一根管子內的空氣抽光，也無法讓水在管子內升高到 10.3 公尺以上。於是，為了充分利用氣體產生的壓力作為推進的力量，我們需要創造比大氣更大的壓力，常見的就是透過加溫讓氣體變熱，這樣一來就可以產生更大的壓力。妥善利用微小分子組成的氣體，往往可以快速地達成很多任務，而氣體的力量，甚至也推動了人類的文明。

---

4 不只是用吸管喝飲料，其實我們吸氣的原理，也是藉由大氣壓力將空氣推入擴張之後而壓力較小的肺部內。

蒸汽火車與月球

蒸汽火車像是一條鐵製的龍，它是會呼吸、嘶吼與充滿金屬肌肉的巨獸。這些會噴氣的鋼鐵龍雖然逐漸退出運輸舞臺，但是在人類工業化的時代中，它曾無所不在，並沉重地拖動整個國家與社會的成長，不斷滿足各種需求，甚至為人類運輸帶來更大的方便性。這些常見、吵雜而造成許多汙染的怪獸，其實是機械世界的傑作。即便今天火車的動力已經以電能取代蒸氣，但是蒸汽火車頭卻沒有完全被社會淘汰，許多愛好蒸汽火車的志願者憑藉著對於機械的情感，不讓它們默默地消失。

我在英格蘭北部度過大半的童年，那裡充滿工業革命時期的歷史痕跡，諸如磨坊、運河與工廠，還有推動機械的蒸汽。如今我生活在倫敦，這些都變成遙遠的記憶，但是當我與妹妹一起參加「紫風鈴草蒸氣鐵道之旅」（Bluebell Steam Railway）時，一切的感受又回來了！

那是一趟寒冷冬日的旅程，也是享受這趟蒸氣之旅的絕佳日子，到站之後還能享受熱茶與烤餅。我們在車站內等待的時間不長，但是當我們抵達雪菲爾公園，離開這個穩定嗡嗡作響的火車時，就看到持續運作的巨大蒸氣引擎，以及四周圍觀卻顯得渺小的人群。負責維護引擎的人員總是身穿藍色制服、頭戴大盤帽，並且舉止優雅，大多留著各種樣式的鬍鬚，使得他們有著明顯的特徵。他們一部分的工作內容似乎是不斷地觀察火車，而我妹妹還發現許多工作人員的名字，似乎都叫戴夫（Dave）。

蒸汽火車的原理其實非常單純，但是這種原始的力量需要如動物一般地被馴化、教導與驅使，才能讓蒸汽成為人類的好夥伴。站在火車旁的地上，我抬頭看著這個巨大的引擎，感覺不容易從外部想像它核心區域的構造。不過蒸氣火車的基本構造與原理，就是有一個燒煤的爐子，以及一個由爐子加熱的巨型水桶。其中一位戴夫邀請我們進入駕駛室，我們沿著引擎後方的梯子爬上去，首先映入眼簾的是一個布滿黃銅控制桿、管線與儀表的洞穴。接著我發現在一根管線後面，有兩個白色珐瑯的杯子，以及一個漢堡。進入駕駛室的好處是我們可以看到這頭野獸的內臟，蒸汽火車的心臟地帶是一座爐子，火箱中燃燒的煤正發出強烈的黃色火焰。這時，一位負責鍋爐的工作人員遞來一把鏟子，示意我要餵它；而我也遵照指示，小心翼翼地從身後鏟起煤放到它嘴裡。

在一趟 18 公里的旅程當中，這頭飢餓的鋼鐵怪獸需要燃燒 500 公斤的煤。這些黑色的黃金會轉化成二氧化碳與水蒸氣，並且在燃燒的過程釋放大量能量，形成大量高溫的氣體，而這個過程就是能量推動火車的開始。

整臺蒸汽火車頭最明顯的外觀，就是作為引擎主體的一個巨大長筒，從前端煙囪的位置延伸到駕駛室。我從來沒有認真地想過鍋爐的構造，只知道它布滿了煙管，這些煙管內部充滿來自火箱的熱氣，煙管外側被水包圍，這些水被高溫的煙管加熱而沸騰，沸騰的水蒸氣是高速移動的水氣分子。「火箱」是燃燒煤或是其他燃料的地方，「鍋爐」是像熱水壺一樣煮水而產生蒸氣的裝置，這兩者的結合是蒸汽引擎的主要構造。因此，這頭吃煤的怪獸，並非直接吞吐火焰來獲得能量，而是藉由沸騰所產生的大量氣體分子，轉移熱能成為推動火車的能量。

當蒸汽進入鍋爐最上端的「汽包」時，它們的溫度已經高達180℃，因此是快速而精力充沛的氣體分子，這裡的壓力更是我們周遭大氣的10倍。所以當這些分子到達汽缸後，可以產生很大的力量。接著，這些氣體推動完活塞之後，就會功成身退而被釋放到大氣中。

我們離開駕駛室走到火車前頭，看著高聳的引擎，想像它吃掉的半噸煤，以及內部有著滾燙熱水的鍋爐。接著，附近的工作人員向我們指出兩個汽缸的位置，它們直徑大約有50公分而長度是70公分，當蒸氣從上方巨型的鍋爐引導到這兩個汽缸內，氣體的主要工作就快要完成了。高壓蒸氣每次進入不同的汽缸，使得活塞內側的壓力遠大於大氣的壓力，於是高溫蒸氣的分子會撞擊活塞的表面並往外推；這個力量隨即藉由機械裝置，傳遞到火車的鋼輪而變成動力，在鋼輪上的動力透過與鐵軌的摩擦力，進而推動火車拖著車廂移動。

完成工作的蒸氣會伴隨熟悉的嚓嚓聲排出，每一聲就是一次汽缸釋放蒸氣的聲音。之前我提到一段旅程使用了多少的煤，卻很少人談論消耗掉的水。實際上，行駛而消耗 500 公斤煤的同時，也需要 4,500 公升的水來轉化成蒸氣，讓這些蒸氣推動活塞，最後回到大氣當中[5]。

最後，我們離開有著引擎的火車頭，回到將要啟程回家的車廂內。了解了引擎及其運作原理之後，回程中的我們，已經和來時有著截然不同的感受。引擎不再是一個發出巨大噪音及放出煙霧的怪獸，而是平實地貢獻能量，並且讓我們享有一趟火車之旅的機械。如果哪天能夠做一臺透明的蒸汽火車，大家能夠一目了然地看到內部運作方式，那應該會變得更有趣。

蒸氣機的發明，開啟了 19 世紀初的工業革命。蒸汽機運作的原理，是在一個表面上產生比另外一側更大的壓力，這種力量可以掀起熱鍋上的鍋蓋，也可以運送物資與人員到另外一個地方，因為它們都使用相同的基本原理。

如今，蒸汽機已經不再為我們服務，但使用相同原理的機械

---

5 如果你好奇《湯瑪士小火車》（*Thomas the Tank Engine*）的 tank 裝的是什麼，那本篇已經告訴你答案是「水」。蒸汽火車需要的水可以放置在分開加掛的煤水車上，或是在車頭設置水箱；湯瑪士將它的水放置在車頭，因此有一部分的車體會呈現方形，所以湯瑪士是一種自帶水箱的蒸汽火車頭。

依然隨處可見。蒸汽機燃燒產生熱能的位置，若是與推動活塞的汽缸是在不同的地方，稱為「外燃機」，就像熱水壺的蒸氣是從水壺內把壺蓋推開，但是燃燒的火焰不在熱水壺內一樣；而現代引擎的燃燒則是發生在汽缸內，汽油會在活塞旁邊點燃，接著燃燒會讓氣體變熱而膨脹並推動活塞，也稱之為「內燃機」。當你搭公車或是自己開車時，其實都是靠著氣體分子的推力，才能讓你抵達目的地。

在家中，你也可以做個簡單的實驗來觀察改變壓力與體積的現象。首先拿一個剝了殼的水煮蛋，以及一個瓶口比蛋稍微小一點的玻璃瓶，這樣蛋放置在瓶口就會剛好塞住而不會掉進去。接著，點燃一張紙片並將它放入瓶中，等到燃燒幾秒之後，把蛋塞在瓶口，過不久，蛋就會掉到瓶子裡面而出不來。如果要拿出來，可以先將玻璃瓶倒置，讓蛋卡在瓶頸，然後在水龍頭下用熱水澆瓶子，蛋很快就會跑出來。

這個物理遊戲的原理，是藉由瓶內分子數量固定的氣體，利用溫度而產生壓力變化的小實驗。當雞蛋塞住瓶口或是從內部塞住瓶頸時，瓶子內的氣體分子總數就不會改變。首先，我們是將燃燒的紙片放入瓶中，這會使得瓶子內的氣體溫度升高，讓一部分氣體跑到瓶子外面，此時將雞蛋塞住瓶口，等內部空氣冷卻而壓力降低時，外部較大的氣體壓力就會把蛋推到玻璃瓶內；至於把蛋推出瓶子也是利用相同的原理。所以在固定體積的容器內，可以利用加熱或冷卻的方式，形成往內或是往外的壓力。

人類透過穩定地控制蒸汽機中的高壓氣體，使得它推動活塞並將動力轉移到輪子上，似乎是相當理想的運用，但是如果不要透過這麼多道程序，可以直接讓高溫膨脹的氣體推動物體嗎？可以，正是這種直接使用的方式造就了槍砲與煙火，儘管它們早期是十分不可靠。到了 20 世紀初，透過精良的技術以及更大的野心，科學家掌握了氣體直接推進的最極端型式，發明了進入太空的火箭。

直到第一次世界大戰之後，火箭的技術才逐漸成熟而可靠，但是在 20 世紀的 30 年代，已經有人成功發射火箭，並且有時能讓它們飛向正確的方向，只是那時的火箭還沒有被當成武器。如同多數的發明一樣，剛開始發明家並不知道這些發明所有的用途，但是充滿熱情與想像力的人類會不斷創新，甚至很誇張地製作出「火箭郵件」，希望藉由這種發出怪聲的飛行裝置，完成快速的信件傳遞。

用火箭傳遞郵件聽起來很新奇，但是在歐洲，真的曾有一個人努力完成這件事：格哈德．薩克（Gerhard Zucker）。當時，只有少數的發明家在研究火箭，薩克這位為火箭痴迷的德國人，歷經多次失敗之後仍然保持樂觀，並持續研究與創新。由於軍方對他的發明不感興趣，因此他轉向民間募集資源。

他認為透過火箭傳遞郵件，可以在短時間內到達離岸遙遠的島嶼，而且還會帶著新奇的閃光與呼嘯而過的聲音。可是在經歷幾次失敗的實驗之後，德國人對他已經失去信心與耐心，因此薩克來到英國，受到朋友及集郵社團的支持，他們樂於讓新奇的點子變成郵票，然後嘗試於新奇的郵件寄送方式上。一開始，事情看似發展得不錯，當他在漢普郡進行小規模測試之後，薩克於 1934 年前往蘇格蘭測試火箭，試圖讓他的郵件火箭往返於斯卡普島與哈里斯島之間。

薩克的火箭構造並不複雜，主體是一個大約 1 公尺長的金屬圓筒，內部有一個狹長的銅管，連接位於底部的一個噴嘴，銅管當中放滿了粉狀火藥。銅管與金屬圓筒之間的空間則是放置郵件的地方，火箭前端的鼻錐放置彈簧，可能是為了減緩火箭到達目的地時，撞擊地面的衝擊。在這個火箭內部、介於信件（易燃物）與燃料之間的銅管上，很有趣地寫著「請用石棉包覆您的郵件，以防損毀」。

裝好郵件的火箭，被朝上安置於一個傾斜的發射架上，接著透過電池點燃火藥；當火藥燃燒時，會產生大量高壓的氣體，而這些氣體在燃燒的時候會朝四面八方擴散。當高溫的氣體分子撞擊到火箭噴嘴的內壁而反彈時，就會施加推力給火箭，但若是氣體從噴口出去，就會逸散到大氣中，因此當噴嘴內外壓力差所產生的推力大於火箭的重量時，火箭就會向上移動；這個爆炸性燃燒的過程，可以在數秒鐘之內將火箭推到高空，讓它前往另一個島嶼。不過這樣的火箭顯然沒有特別考慮要降落在哪，也因此才會選在蘇格蘭一個偏遠、並且四周環海的島上進行。

薩克收集了 1,200 封信件來進行第一次的發射嘗試，每一封郵件上都貼有一枚特別的郵票，並印有「西部群島火箭郵政」（Western Isles Rocket Post）。薩克盡可能地將郵件放入火箭內，並且將發射架設置妥當，此時周圍已經擠滿了人，其中 BBC 的記者還帶著當時新穎的攝影機一同等候著，打算見證這個重要的時刻。

當薩克按下火箭發射按鈕的時候，電池點燃火藥。一如預期，這些在銅管內快速燃燒的火藥產生炙熱的氣體，形成很多高速的氣體分子，接著讓火箭脫離發射架而升空。不過幾秒鐘之後，忽然出現一聲沉悶的巨響，隨即火箭就消失在煙霧之中，接著，數百封的信件就隨著煙霧飄散開來。保護信件的石棉起了作用，但是火箭卻失敗了，因為失控的高溫氣體摧毀了火箭。薩克歸咎於中心銅管的問題，並且收集散落的信件，打算進行第二次的嘗試。

幾天之後，薩克將前幾天倖存而尋獲的 793 封信件，以及 142 封新信件放到第二枚火箭當中；這次他將發射地點移師到哈里斯島，並要將信件送往斯卡普島。可惜薩克運氣不佳，第二枚火箭在發射架上爆炸，而且這次更響亮。在這之後，倖存的郵件又被收集起來，但只能改用傳統的方式寄給收件人作為紀念。

薩克的火箭郵件實驗宣告失敗而被迫放棄，即便在往後許多年當中，他仍然努力研究，相信成功就要到來；但是以火箭傳遞郵件的方式，至今都沒有真的實現過[6]。薩克努力嘗試並挑戰未知的事蹟，作為事後諸葛的我們，只能感嘆他在錯誤的時間、錯誤的地點嘗試了錯誤的想法，但是當時誰也不知道，若時間、地點與想法都對了，如今他就會被稱為天才。

事實上，他當時的技術無法製作出可靠的小型火箭，若是要快速傳遞訊息，其實可以選擇電報而不是以火箭送信。但是，他所做的事情並非一無是處，甚至他相信的原理至今依然正確——要從甲地快速到達乙地，利用高壓氣體作為推進的運輸方式，確實有很大的潛力。只是同樣的原理，必須要找到合適的應用場合來解決實際的問題，才是真正的成功。之後，火箭的研發因為進入軍事領域而成為機密，在第二次世界大戰中，德國便成功運用 V1 及 V2 火箭攻擊敵人。但是如今，非軍事用途的火箭已經變成主流。

在過去數十年之間，人們對於巨型火箭的印象已經非常熟悉，這些巨大的運輸工具會將太空人、物資以及設備送到國際太空站，或是將人造衛星送入地球周圍的太空軌道上。因為有現代化的控制系統，使得這些看起來似乎很強大的火箭，相當安全可靠，也是人類歷史上的一項重要科技成就。不過即使是巨大的農神五號火箭（Saturn V），或是聯盟號太空船（Soyuz）、亞利安火箭（Ariane）與獵鷹九號（Falcon 9）等現代的火箭，與薩克用來傳遞郵件的火箭都有著相同的基本原理。只是現在的火箭能更快速、穩定地製造足夠的高壓氣體，並妥善利用數以兆計的氣體分子碰撞產生的力量。

在聯盟號太空船的火箭上，第一節升空時所提供的壓力是大氣壓力的 60 倍，換算之後，推動火箭上升的力量可高達 7 公噸重。這些微小而不起眼的氣體分子，透過極大量而高速的撞擊，竟然可以把人送到月球上[7]，所以，千萬不要低估了它們的能耐。

能量與天氣

地球上有一層包覆著我們的大氣，讓氣體分子永遠存在我們的四周，並且不斷撞擊著我們，以及維繫我們的生存。大氣真正的美妙之處在於它並非處於靜止狀態，而是不斷變化。如果我們的肉眼可以觀察到空氣，將會看到它們豐富的運動。透過這個章

6 印度航空協會在同一時期也嘗試以火箭運送郵件。他們將包裹及信件放到火箭中，然而在多達 270 次的長期實驗後，最終承認這是不切實際的方式，畢竟發射火箭需要的成本及風險，都難以和傳統的郵務系統競爭。

7 1969 年 7 月，美國的「阿波羅十一號」才順利將人送上月球。

節提到的氣體定律，無論是哪一種分子的氣體，它們都可以升溫或冷卻，也可以壓縮或擴張，因而造成各種有趣的影響。就算這些氣體不在鯨魚的肺部或是蒸汽機的鍋爐內，它們仍然在運動。在大氣中，一團氣體的周圍也是氣體，這意味著它們不斷地影響彼此，不斷地依照周圍狀況調整狀態。雖然我們無法分析每一個細節與變化行為，但是它的結果卻無人不知——我們稱之為「天氣」。

一個遼闊的平原是觀察風暴的最佳場地，這個地方可能前一天還晴空萬里，緩和的大氣流動讓人以為這裡不曾改變過。但是此時，眼睛看不見的空氣分子也許正逐漸聚集，從地表附近開始往上移動，並持續不斷地推擠、擾動、改變狀態與流動。接著，高壓區的空氣會往低壓區前進，並且在過程中不斷加熱或冷卻。這個過程看似持續、緩和而無特別之處，然而實際上，氣體分子正在醞釀著巨大的能量

暴風雨來臨前的日子一如往常，但是分外晴朗的天空，使得地表升溫的速度更快。於是，空氣分子獲得更多的能量。中午過後不久，一片厚實的雲正逐漸接近並持續擴張，直到它延伸到地平線，壓力的差異讓這個橫跨平原的巨大氣體團能量不斷地轉移。接下來，一場大戲就要上演了，雖然空氣分子會因為運動而相互影響，但是它們沒有時間達到穩定的狀態，而且大量的能量正向外傳遞；同時地表受熱上升的空氣不斷推擠、穿過雲層，並

在上方形成看起來像一個不斷向上伸展的蘑菇狀結構。

當雷雨雲到達頂部時，取代平原上廣闊藍天的，是一大片低沉黑暗的蓋子，而在地面上的我們，已經被這場狂暴所包圍。我們無法看見空氣分子，但是我們看得到風起雲湧的現象。這暗示著因為壓力失衡，空氣胞之間正在發生劇烈的衝擊，然而這也是一種恢復平衡的過程，只是透過這樣快速而劇烈的方式，空氣分子會彼此交換能量，水氣凝結成水滴，接著就落下傾盆大雨。在風暴橫掃的範圍之中，氣體分子也會在地表上肆虐，而我們正身在其中。

這場暴風雨提醒了我們，平常的藍天之下究竟蘊含多少能量。但其實狂風與暴雨都是來自於我們頭頂上，微小氣體分子的碰撞與推擠。當空氣之中的水氣分子從陽光中獲得能量後，就會上升而聚集成雲，一旦它們的能量變成熱輻射逸散到了太空，就會凝結成雨滴回到大海或陸地；氣體在這個循環的過程中，依然遵照理想氣體定律，不斷地調整而尋求平衡。

我們生活在一顆旋轉的行星上，這裡有各種地形和色彩豐富的表面，但這也使得大氣在調整平衡時，要經歷複雜的過程，其中無論是水氣形成的雲，或是其他各種氣體，都會面臨相同的狀況。天氣預報只是追蹤與分析這些氣體之間的戰鬥，並將可能影響我們的狀況彙整出來，這一切與前面提到的大象喝水、蒸汽機運作、火箭升空所運用的原理，全都是氣體定律運作的結果。讓玉米變成爆米花的物理原理，也同樣支配著我們的天氣。

第2章
有起就有落
—重力—
What goes up must come
down: gravity

我的好奇心充斥於家中所有角落，常常冷不防就去研究新奇的事物，身邊人對於我各種嘗試的行為早已習以為常。有次家庭聚餐的時候，我離開飯桌去廚房找檸檬汽水和葡萄乾，就此不見人影，不過沒有人在乎我是否消失，並繼續他們的午餐。

那是一個美麗的夏天，我與妹妹、阿姨、外婆與爸媽，都在媽媽的花園中用餐。我從廚房拿出一罐 2 公升的平價檸檬汽水，將塑膠瓶上的標籤撕掉，然後將瓶子放在餐桌的正中間。我注意到大家的眼光都在汽水上，於是打開瓶蓋，放入葡萄乾，接著，奇妙的事情發生了。

葡萄乾先是沉入底部，但是不久之後，它們身上長滿氣泡，接著就浮了起來。這些到達汽水液面的葡萄乾，因為氣泡從它們身上進入空氣中，所以隨即又沉了下去，整個過程就像是一場葡萄乾的舞蹈。我原先以為這個過程不會持續超過 2 分鐘，但是外婆和爸爸卻興致高昂地一直盯著它看，而葡萄乾則是在汽水瓶內不斷由下而上，接著又往下沉；在這過程當中，葡萄乾還會旋轉並相互碰撞，形成一座葡萄乾的熔岩燈。

一隻麻雀悠哉地飛到桌子邊緣，叼起了一塊麵包屑，然後看似一臉疑惑地望著瓶子。麻雀視線的對面是我爸爸，也正好奇地打量瓶子內的狀況。「只有檸檬汽水可以讓葡萄乾跳舞嗎？」爸爸提出了這個問題。

是的，而且它還有一個很好的理由。汽水在打開之前，我們會發現瓶身是鼓鼓的狀態，這是因為汽水瓶內的壓力比大氣壓力要大，而打開汽水瓶蓋之後，瓶內的壓力就和周圍的大氣相同。汽水內之所以能溶解較多的氣體，是因為施加較高的壓力，當這股壓力釋放了的時候，內部的氣體就開始蠢蠢欲動。然而溶解在汽水內的氣體不易自己形成氣泡，往往必須依附在已經形成的氣泡上。

葡萄乾因為有皺巴巴的表面，當葡萄乾放入水中時，這些皺紋不會完全被汽水填滿，皺紋底部會留有很多小氣泡，汽水中的氣體就會依附在氣泡上，讓氣泡逐漸變大。

因此葡萄乾或是其他有皺紋、可以攜帶小氣泡進入汽水的東西，才能成為這個實驗的主角，當然它還要比汽水的密度稍微高一點，這樣一開始才會先下沉。當檸檬汽水中的氣體，順利依附在葡萄乾上的小氣泡之後，沉在底部的葡萄乾就像套了救生衣一樣，因為整體平均密度已經比汽水要小而會逐漸浮起。當葡萄乾與氣泡到達液面之後，氣泡破掉、逸散到大氣之中，就像救生衣消氣了一樣，葡萄乾再次沉入飲料裡。接著，身上殘餘的小氣泡又開始擴大，如同幫救生衣充氣，再一次把葡萄乾往上推。這個過程會一直持續，直到汽水內的二氧化碳耗盡為止。

大概半小時之後，這個在瓶子內上演的瘋狂葡萄乾之舞，已經變成偶爾起落一次的慵懶運動。原先漂亮的漂浮秀，隨著檸檬汽水變成淡黃色，現在看起來就像不明的噁心液體，下面沉著一些死掉的蒼蠅。

在朋友的聚會或是派對上，如果你找得到葡萄乾和汽水，不妨嘗試一下，它會是一個炒熱氣氛的方法。整個過程當中，葡萄乾與它身上附著的氣泡可以視為一體，於是當氣泡逐漸擴大之後，整體的重量並不會明顯增加，但是體積卻明顯變大而占用液體內更多的空間。

物體的重量比上所占用的體積，就等於平均密度，因此當「葡萄乾＋氣泡」的平均密度小於液體的密度，排開液體重所產生的向上浮力，就會比拉著「氣泡葡萄乾」的向下重力還要大，於是葡萄乾就會被往上推而浮起。由於地球重力對於有質量的物體都一視同仁地往下拉，因此在液體內浮起的東西，並非沒有受到重力影響，而是液體作用在物體底部的壓力較大，因此有著更強的向上推力。

利用充氣的腔體，是一種有效控制物體密度的方式，同時也會改變整體浮力的大小。歷史上知名的鐵達尼號，在當年之所以號稱「永不沉沒」，就是因為船身內側的下方安裝了數個大型防水艙，這個裝置的功能如同葡萄乾上的氣泡。充滿空氣的隔間讓船的體積增加，使得整艘船的平均密度比海水要小，因此就能浮在水面上。

然而當冰山劃破船身，讓這些原來隔絕海水、保有空氣的船艙進水，如同葡萄乾在液面失去氣泡，整體排開海水的體積於是變小而密度變大。因此，鐵達尼號的命運也就如同失去氣泡救生衣的葡萄乾，最終沉到海底深處 [1]。

掉落與重力

對於各種物體在液體或氣體內浮浮沉沉的現象，我們似乎都習以為常，但是很少想到真正的原因：重力，一個在我們生活周遭，在世界這個巨大舞臺上主宰一切的力量。重力是一個維持世界秩序的關鍵，而且也是一種顯而易見的現象，因為它可以讓所有東西都維持在地面，也可以讓我們很清楚哪一邊是「下方」。

不過，這種力量很奇怪，我們只知道它作用所造成的現象，卻不知道這個引力到底是如何產生的，因此很難弄清楚它真正的樣貌。同一個物體在地球表面上的所有地方，重力幾乎相差無幾，而且都指向地心。如果你想體驗看看什麼是「力」，這種無所不在的重力是一個很好的選擇，但是要如何藉由「掉落」來體驗它呢？

彈跳床和跳臺跳水可以讓你感受到短暫的無拘無束，甚至會

---

1 這裡有一個特殊的巧合。鐵達尼號沉入的海床深度是 3,784 公尺，是它長度（269 公尺）的 14 倍，如果把鐵達尼號縮成葡萄乾大小，而等比例的海床深度就大約是 30 公分，差不多就是一罐 2 公升汽水的深度。

讓你有點瘋狂。跳離跳臺或是床面時，你會感覺到自己好像失去重力的束縛，但是這不是因為重力在此時消失，而是沒有東西可以支撐你。其實，重力這時候才是完全主導你運動的主宰，此時你已經完全自由，並且如同在太空中漂浮而不受任何拘束。

如果你正在進行跳臺跳水，當你從空中落下、將要入水的時候，可以選擇兩種方式：第一種，由手部或是腳部接觸水面，讓接觸面積縮小以避免濺起大量的水花，並且調整身體的姿勢而能優雅地進入水中；第二種方式就是張開你的雙手雙腳，然後讓整個胸部與腹部拍打在水面上，濺起大量的水花。當然，第二種會很痛。

我在二十幾歲的時候是一個跳板跳水的愛好者與教練，但是我不喜歡跳臺跳水。一般而言，跳板距離水面大概是 1 ～ 3 公尺，跳板有點像彈跳床，但是入水時感覺又比彈跳床更軟一點；但是跳臺的高度會高達 5 公尺、7.5 公尺以及 10 公尺，跳水的時候是從一個高空固定的平臺上跳下。我訓練的游泳池有一個 5 公尺高的平台，但是我盡量不去嘗試。

在我的經驗當中，即便是一般靜止的游泳池，仍然可以看到水面上的一些小泡沫，所以會知道水面的位置，因此從 5 公尺高的跳臺上看水面，總會有種遙遠的感覺。我們在所有的游泳、跳水運動之前，都需要基礎的熱身，讓身體暖和。如果是跳板跳水，當我走到跳板前端時，通常會將雙手高舉過頭，接著向前傾斜而預備跳出，此時身體上半部挺直而下半身彎曲呈現「L」形，雖然距離水面不遠，但總有一點緊張感。接著，當你抬起腳、跳出跳板，身體就不再與空氣以外的東西接觸，變成完全自由的狀態。這時，你與 6 兆兆公斤的地球，唯一的聯繫就只有重力，而且依照宇宙的法則，不是只有地球透過重力在吸引你，你也正在吸引地球。

包含重力在內的所有作用力，都會改變你的速度，也就是說速度會隨著時間而變快或變慢，這就是著名的「牛頓第二運動定律」（Newton's Second Law of Motion）[2]，它指出任何的淨力都會改變你的速度。一旦我跳出跳板而抵達最高點後，會有一個瞬間接近靜止的狀態，接著重力會不斷將我往下拉，起先我得花 0.45 秒才能下降 1 公尺，但是要再下降 1 公尺，就只要 0.19 秒，並且會越來越快。下降 1 公尺之後，我的速度是每秒鐘 4.4 公尺，但是下降 2 公尺時，速度也只增加到每秒 6.2 公尺。

因此整個跳水的過程，在高空停留的時間會比較長。以 5 公尺的跳臺跳水而言，若我是自由落體，那麼在空中停留的時間大約是 1 秒，而前面的 0.5 秒只會下降 1.2 公尺，後面的 0.5 秒則是會下降 3.8 公尺。到達水面時，我的墜落速度會是每秒鐘 9.9

---

2 牛頓第二運動定律的表示方式為：力＝質量 × 加速度，或是 F=ma。

公尺，此時我通常會將身體伸直，希望垂直進入水中的時候不會濺起太多的水花。

比賽的時候，許多人偏好較高的跳臺，並且利用在高空的時間爭取機會完成更多動作。但對我而言，越長的時間就有越多出錯的機會。事實上，看似增加高度以換取時間並不明智，因為重力提供的加速度會讓速度越來越快，增加額外的距離並不會爭取到對應比例的時間與速度。從 5 公尺的跳臺落入水面大約需要 1 秒，但是在 10 公尺的跳臺不會變成 2 秒，而是 1.4 秒，並且增加 40% 的速度。

身為一名有 4 年經驗的跳水選手，我很清楚這一點，所以我從來沒有使用超過 5 公尺的跳臺，這不是因為我害怕高度，而是擔心落水時的衝擊。越長的距離代表重力加速的時間也越久，這會讓落水的時候少一分享受、多一分痛苦。如果你不小心讓你的手機滑落，重力接管了它並開始加速，你就知道從越高處摔落就越不妙，除非……手機有降落傘裝置。

在地球上，重力並非號令一切的君王，而是會受到其他力的限制，真正讓墜落物體加速的是一種加總過後的力量，稱為「合力」（resultant force）。在大氣中，當物體速度受到力的影響而加快時，就意味著相同時間內，移動的物體要推開更多的空氣，而空氣也會用反向的力推著物體，因此會抵消重力的作用，這個現象稱為「空氣阻力」。在某些狀況下，這兩股力量會等大而平衡，使得重力被空氣阻力完全抵消而物體不再加速，這個時候，掉落的物體就會達到「終端速度」，並且以相同的速度往下墜落。

對於掉落的葉子或降落傘而言，空氣回推的力量相當大，因此在低速時就會達到平衡，但是人體的終端速度大概是每小時 190 公里，這是因為人體相對較重，而且在掉落時撞擊空氣的面積不夠大（使用降落傘就可以提供很大的面積），因此空氣必須在高速時才能提供與重力抗衡的阻力，而在此之前，以自由落體方式下墜的人，還是會受重力影響而加速。因此，當我從 10 公尺高的跳臺跳下後，落水之前的速度都無法讓空氣產生很明顯的阻力，因為距離實在太短了。

我是一名以實驗為主的科學家[3]，正在從事海洋表面物理學的研究，因此經常需要在海面上度過一段時間，測量並研究這個

---

3 有的科學家是偏向理論的研究。

介於海水與大氣之間，美麗而複雜的界面究竟發生了什麼事。這同時也代表著我可能會花上好幾週的時間，在一艘科學研究船上生活。

從事海洋研究的船，如同一個浮動而功能齊全的科學村。船上生活要面臨的最大問題，是我們身體以往藉由重力感受的「下方」已經發生變化。在陸地上的時候，我們放手讓東西自由落下，都會朝著同樣的方向掉落，而且屢試不爽，但是海上就不同了；如果桌上有一個沒有固定住的物品，你可能會疑惑地看著它，不知道下一秒鐘它會不會移動。彈性繩、綁帶、繩索、防滑墊等都是海上生活不可或缺的東西，甚至連抽屜都必須固定或是上鎖，因為這裡有一個反覆無常的力量在干擾我們，而幫凶是一個自然科學的現象。

我確實的研究題目是關於暴風雨中的碎波，可想而知我得在海象糟糕的時間做研究。事實上，我並不討厭這種環境，因為不需要花太長的時間就可以適應，而且也可以反思我們習以為常的重力。

當我在前往南極的研究船上時，船艙事務長每週都固定集合我們三次，透過循環訓練來讓我們適應船上的環境。有一個四周迴盪著金屬聲的船艙，是聚集、訓練大家的地方，我們要在一個小時當中不斷跳動，而這應該是我做過最有效的循環訓練，因為我們永遠不知道接下來要抗拒怎樣的力量。

前三次跳躍很容易做到，因為這時的船正向我們這邊傾斜，因此會減輕跳躍時重力的影響。但就在我們得意的時候，這一側的船身傾斜到了底部，開始逐漸反彈回來，因此我們要承受重力之外增加的 50% 力量，而此時腿部的肌肉會更疲於對抗增加的重量，但是再過幾次之後，正向力又變輕了。不過此時如果有其他人加入跳躍運動，會讓狀況變得更複雜，更難預測地板接下來的位置。在船上淋浴的時候，我們也都要不斷追蹤洗澡間地板的水流方向，因為不知道下一刻船會往哪邊傾斜。

當然這種困擾不能歸咎於重力，其實船和船上的一切，都被重力往地球的中心拉扯著。因為重力把我們往地心拉去，卻被地面阻止，因此我們在生活中才能感受到重力。但是船會受到風浪影響，使得船身出現不同方向的加速度，而我們沒有辦法把它與重力的加速度區隔，因此會感受到這趟大自然給予的顛簸旅程。

事實上，我們感受到的力，是一種等效重力，我們也不需要區分它們各自來自何方，這也是為何我們在搭乘電梯時，只有在開始啟動與快要到達目的地樓層時，會有奇特的感受。由於我們無法區分電梯是在往上加速或是往下減速時，所產生的地板支撐力與重力的差異，因此透過這種實際感受到的「等效重力」，在加速或減速短短幾秒的過程中，也能模擬體驗生存在不同行星上的重力場。

所幸我們多數的時間不用面對這種複雜的狀況。在我們生活的周遭，重力固定地指向地球中心。而所謂的「向下」就是指東西掉落的方向，甚至連植物都知道這一點。

我媽媽是一位敏銳的園丁，在我成長的過程中，有很多機會可以播種、鋤草或是摀著鼻子翻堆肥。但是最讓我著迷的是植物的幼苗，因為它們竟然知道上下的區別。將種子放入黑暗的土壤中，萌發的新芽會往上竄，而根會往下鑽，如果你試著拉起一根幼苗，就會看到它們這毫不遲疑的生長方向。

但是種子是怎麼知道方向的呢？長大後的我才找到答案，原因非常簡單，在根部尖端的根冠內有一種「平衡細胞」（statocytes），就像是根尖內的迷你不倒翁。這種細胞內會產生澱粉體，其在細胞底部會沉積得比較緻密，因此影響生長素的分布。這種存在於根冠中的特別機制，讓植物的根部知道要往哪邊生長。下次播種的時候不妨看著種子，想像內部有這些迷你的不倒翁，然後用各種角度把種子放入土中，別擔心，種子會找到正確的生長方向！

磅秤與塔橋

重力是一個非常有用的工具，它指出了什麼是「下方」並且讓鉛錘線和水平尺都能精準地工作。不過如果重力是無所不在的「萬有引力」，那我看到的遠山怎麼沒有把我拉過去？為什麼一直拉著我的是地球的中心呢？

我有太多喜歡海邊的理由，例如這裡有波濤、浪花、夕陽與輕拂的海風，但最令我痴迷的，是站在海邊就可以盡情享受遼闊的大海，釋放自己的心靈。我住在加州的時候，與朋友分租一間海灘旁的小屋，晚上可以聽到海浪的聲音。屋子後方的花園有一棵橘子樹，以及一個面向浮沉世界的門廊。每當忙碌的一天結束時，走向海灘的盡頭，對我來說是一種奢侈的享受。我時常坐在風化而磨損的岩石上，望向太平洋。

當我年幼、還在英國的時候，大海對我來說就是看魚、鳥或是大浪，而當我在聖地牙哥看海時，才學會感受這顆行星的偉大。巨大的太平洋幾乎占去赤道、也是地球周長的三分之一，我望著落日，想像著自己居住的這個巨大的岩石行星，在我遙遠的右手邊，是阿拉斯加以及北極，而在我的左手邊，則是綿延的安地斯山脈及南極。這種心意馳騁往往使我暈眩，甚至一度讓我感覺，自己與這一切交融在一起，它們似乎都在拉扯著我。

重力是一個看不見、摸不著的力量，但是它確實讓每個有質量的物體都彼此牽引。重力十分微弱，一個小孩子就可以抵抗整個地球的重力而站起來，但無論何時何地，重力不斷維繫著地球的所有物質，對你我而言，都如同拖船一樣牽引著我們，我們所感受到的力量就是這些小力量相加的結果。

1687 年時，著名的科學家牛頓（Isaac Newton）在他發表的《自然哲學之數學原理》（*Philosophiae Naturalis Principia Mathematica*）當中，解釋了這個普遍的原理。這個原理說明兩個物體之間的引力和距離有關係；當我們站在一個行星上，來自不同部分的橫向拉力作用在你身上時，就會彼此抵消，只剩下垂直將你向下拉的力量，並且指向行星的中心。引力影響的程度和彼此的質量乘積成正比，舉例來說，如果你站在地表的某處，接著移到距地心 2 倍距離的高處，那麼原先地球作用在你身上的引力只剩下四分之一，所以距離的遠近會明顯改變引力的大小，但是無論遠近，引力都不會消失。

於是當我坐在石頭上，並沉浸於夕陽餘暉時，阿拉斯加將我向北又向下拉，安地斯山脈則是將我向南又向下拉，南北的拉力彼此抵消了，只剩下往下的力量。

因此，即使我們所有人都會與喜馬拉雅山、雪梨歌劇院、地球的核心以及大量的海螺相互吸引，但是我們不用細究，這些複雜的狀況自然會轉變成簡單明瞭的現象。要知道，地球上萬物對我的拉力，最後只需簡化成地球核心與我的距離，以及地球的質量。牛頓理論的美妙之處，就在於它既優雅而簡單，並且確實能運作。

不過，儘管牛頓對重力的解釋與描述有輝煌的成果，依舊無人能完整解釋產生重力的機制，只能說地球正在拉一顆蘋果[4]，但是究竟為什麼會拉？是看不到的細繩？還是精靈？在愛因斯坦提出廣義相對論的重力波之前，一直沒有令人滿意的答案。因此在這230年之間，牛頓的重力模型依然為大家所接受，因為它屢試不爽。

雖然我們看不見這些力，但是幾乎每個廚房都有一件設備可以來測量它。這是一個在廚房裡對烹飪而言很重要的東西，特別是用於烤麵包，卻沒有任何一本高級的食譜曾經提到過它。我們需要這個東西是因為烹飪的時候，必須準確地知道某些東西要放多少。我一直賣關子沒說清楚的關鍵物品，要使用它之前，還需要一個單純的物體，一個行星大小的物體。如果你喜愛葡萄乾蛋糕或是海綿蛋糕、巧克力蛋糕，那你將會很喜歡這個物品，因為沒有它，廚師就做不出這些蛋糕。

真希望可以回到小時候，我那時有一本從大概八、九歲就開始手寫的食譜，並且增添修改了好一陣子。其中有一篇關於紅蘿蔔蛋糕的作法，我就修改了許多次。那篇一開始就提到要使用200公克的中筋麵粉，而要正確獲得這個重量的麵粉，烘焙師傅做了一件很聰明、但是大家都視為理所當然的事情，就是把麵粉放在碗裡，利用地球拉扯它的力量去測量重量。是的，它就是「磅秤」。

---

4 是的，那是一個杜撰的故事，但是重力能讓蘋果落下依然是事實。

把磅秤放在地球與裝有麵粉的碗之間，磅秤就要承受地球和麵粉相互吸引而擠壓的力量；由於地球質量始終固定，因此當麵粉倒入碗中的量增加時，磅秤讀數就會反應加入的量，因為物體與地球之間的拉力，與物體的質量成正比。重力的強度在廚房中是一個固定的常數，因此如果你接下來需要100公克的奶油，就把麵粉倒出來，把奶油倒入放在磅秤上的碗，直到磅秤讀數到達剛才麵粉重量的一半。利用磅秤量重量的技術，在地球上任何地方都適用且簡單。

一件物品之所以很重，是因為它內部包含更多的「東西」，所以地球拉它們的力量就更大。但是一件在地球上很重的東西，如果到了外太空就不一樣了，由於重力場變得很弱，當它們乘上物體的質量而產生的力也會很弱，除非你很靠近質量巨大的天體，例如行星或恆星。

尋常的磅秤其實展示的是「重力」，一個讓我們地球與太陽系結合在一起的偉大力量，雖然它看起來軟弱無力，卻是主宰我們文明最重要的事物。地球的質量是 6×10^{24} 公斤（這是科學記號，如果你使用一般的計數單位就是6兆兆公斤），但是它產生的重力，卻只能讓你碗內的麵粉輕輕地擠壓磅秤的彈簧。重力對你的影響也是很微弱，不然我們就會被壓垮而無法存活。然而重力造成的現象卻很明顯——當你提起一個物體時，就是在反抗整個星球施與它的重力，而太陽系之所以這樣巨大，也是因為重力很微弱。

不過相較於其他自然界最基本的交互作用力[5]，重力的優勢是影響範圍無遠弗屆，即使它很弱，並且隨著距離的平方成反比，但依然牽引著行星、恆星乃至於整個星系，甚至萬物彼此吸引的力，還構築了宇宙中最大型的結構。

再微弱的重力乘上地球的質量之後，也會讓你要花點力氣才能把做好的紅蘿蔔蛋糕拿起來。當蛋糕在桌面上時，桌面會給予一個往上的力量來平衡與地球的拉力，如果你要拿起來，除了要承擔桌面原先承擔的重力之外，還要多施加一點點力，才能讓蛋糕離開桌面。

我們生活中所有物體的靜止現象，是各種作用力平衡的結果。這個原理簡化很多事情，可以使得原先巨大的力量在與其他規模相同的力相互抵消之後，就會失去影響。例如，倫敦塔橋在受到多方拉力之下，不改變原先建築物的形體而依然穩固，就是一個絕佳的例子。

重力往往會造成我們的困擾，特別是我們想把一個東西放在半空中的時候——這個多數人認為荒誕的想法——只是因為在半空中，沒有可以抵制重力下拉的力量，所以我們認為空中的物品

---

5 指「強交互作用」、「弱交互作用」、「電磁交互作用」和「重力交互作用」四種力。

都會「自然」落下。自古以來，人們常常說「水往低處流」，但是不同於流體的固體，如果可以透過一個樞紐的協助，往往就能抵消重力的拉扯，讓笨重的物體被槓桿所支撐住。倫敦塔橋上有兩座優雅的塔樓，就是很好的例子，它們就像泰晤士河上那兩座將河道分為三等分的人工島嶼，讓南北兩地的交通能跨過廣闊的河面。

倫敦塔橋上面是熙來攘往的遊客，以及他們手上此起彼落的相機，遊客的後方則是由計程車、紀念品小販、咖啡攤、遛狗的人與公車組成的背景。預約了參觀行程的我們，這時就像排隊過馬路的小學生一樣，緊跟在導覽人員後方；接著我們來到一座塔樓的底部，導覽員打開了鐵門，我們隨著他進入塔樓當中，而且逐漸聚集在一個角落。

此時的我們四處張望，看著這座由石塊組成的華麗穹頂。在這裡，我們遠離了橋面的喧囂。當我們抵達這個終點，獲得的獎勵是看到了巨型槓桿、液壓系統，以及壯麗結實、維多利亞時代建造的蒸汽引擎。倫敦塔橋如同童話城堡般的外觀，讓它以美麗精緻而名聞遐邇，不過我更希望能夠深入了解這個優雅的建築，以及內部隱藏著怎樣強而有力的機械巨獸。

倫敦在過去的 2,000 年來，一直是一個河港。當一個城市橫跨一條河的兩岸，將會發生很多有趣的事情，特別是兩側交通與建設的問題；若是大海旁邊的城市，因為只有一條海岸線，而且距離對岸往往非常遙遠，因此很難會有跨海的建設。泰晤士河雖然可以提供重要的水道交通，但同時也會造成銜接兩岸交通的障礙，雖然在過去幾個世紀已經有橋梁連接路上交通，卻需要解決橋梁過低而阻礙船隻通行的問題，於是這座塔橋就應運而生。

我們隨後沿著螺旋的樓梯往下走，樓梯上方則有石造的天花板，接著來到一個由石磚砌成的巨大空間。這裡位於塔樓的基礎內部，我們看到的一切，都很像電影《納尼亞傳奇》衣櫃內的景象，差別只在於橋梁不是魔法而是工程師的傑作。這空間裡的一個位置可以見到原來的液壓泵，而另外一個位置，則是有一個巨大的機械怪獸，內部塞滿了沉重的木頭。但是實際上，它是一個兩層樓高的臨時能量貯存槽，只不過貯存的不是電能。此外我最想看的部分，其實是一組巨大的平衡錘，它占用這個空間中最多的位置。

每當有大型的船隻接近塔橋時，橋面的交通就會中止並開始淨空，接著，橋面就會從中間分開、升起，而塔橋的橋面，大約每年會開啟 1,000 次。每當橋面開始傾斜而向上升起時，在轉軸另一邊同時運作的，是隱藏於昏暗燈光中的巨大平衡裝置，讓橋面如同翹翹板的一側，可以順利升起。我好奇其內部究竟是什麼，於是向解說員葛蘭先生提問，他也興致高昂地回答我：「裡面大約有 460 噸的鉛塊和生鐵錠。」接著又說：「當橋面分開時，就會聽到它喀喀工作的聲音。如果今天橋面上有任何更動，工作人員就會增減平衡錘內的重物，來獲得最佳的平衡。」聽到講解員這麼說，我忽然覺得自己正站在全世界最大的沙包底下！

整個關鍵就在於「平衡」，使得整個結構實際上不需施加額外的巨大驅動力量。內部動力裝置只有提供相較於整體橋梁的重量而言極為輕微的力，以抵消轉軸上的摩擦力，這意味著讓橋面分開的過程不需要花費太多能量。

我們無法讓重力消失，卻可以用重力本身來克服它自己的問題，透過另外一側重力的拉力來抵消它。維多利亞時代的工程師就已經能夠妥善運用這個原理，如今你也可以用相同的方式，來製作任何尺寸的槓桿。

在這趟解說結束之後，我沿著河岸走了一段距離，然後回頭看了看這座橋。此時我的想法已經和以前不同，也因此感到快樂。維多利亞時代還沒有電力、電腦以及塑膠、鋼筋混凝土等等現代熟知的材料，但是藉由掌握物理的原理，就能利用四兩撥千斤的方式來克服困難，並且直到 120 年後的今天，依然能夠順暢地運作。

「哥德復興式建築」(就是我們小時候熟知的「童話城堡」，這是它的專業術語）只是我們看到塔橋的一層外皮，裡面其實包覆著巨大的槓桿系統，如果未來工程師再建造類似的橋，我希望這個系統的整體結構能明顯地展示出來，讓大家了解工程的偉大。

♦

透過機械的原理，讓重力彼此抵消的方式隨處可見。想像一下，在一個位於地面 4 公尺高的支點上，有兩個向左右延伸 6 公尺的翹翹板，但我現在要說的不是橋梁，而是一種生活在白堊紀，具有指標性的肉食動物──暴龍。

這種廣為人知的可怕生物有巨大的雙腿，而雙腿與臀部連結的地方就是一個樞軸，讓牠可以使用又大又長的尾巴以平衡巨大而長滿利齒的頭部。但是這一個巨大而且會行走的「翹翹板」，在現代科學家的研究之下，發現牠即便很努力擺動身體，巨大的身軀也需要花費 1 ～ 2 秒的時間，才能改變 45 度的方向，這形象顯然比電影《侏儸紀公園》中的暴龍還要笨重。究竟是什麼樣的力量限制了這種巨大而有力的恐龍呢？這個謎團的解答，就在物理學當中。

花式溜冰者為世界帶來美學與優雅，為大眾呈現身體美妙的姿態，但是如果一位物理學家告訴你，溜冰的時候改變旋轉速度的方式是透過手臂的收放，也請你不要責怪他用物理的角度看待溜冰。

由於在冰上的摩擦力往往比一般平面上小很多，因此溜冰者一旦開始旋轉，就會維持一個固定的角動量（angular momentum）；有趣的是，當溜冰者改變身體的姿態時，也會改變轉動的角速度。例如，當他們將手或身體伸展得比較開放時，因為較多的質量被分配到遠離轉動軸心的地方，當這些質量繞行一周的軌跡變長時，轉動一周的時間就會變長。旋轉的時候，溜冰者將會感受到一個讓身體擴展的趨勢，如果身體還有持續伸展的餘地，那麼旋轉的角速度就會隨著雙手逐漸展開而變得更慢[6]。

巨大的暴龍因為頭部與尾部又長又重，就像一個雙臂伸展開來的溜冰者，所以牠只能緩慢地轉動來改變方向。相反地，那些作為我們遙遠祖先的小型哺乳類動物，因為身體小而能敏捷地改變方向，也更能躲避許多突發的危險。

這個原理也可以解釋，為什麼我們身體意識到快要跌倒時，會突然將手伸出去。當我站在地面上時，跌倒意味著我以腳底當轉動軸，開始往一側旋轉。一旦身體發現失去平衡，我們的下意識反應就會利用如同溜冰者減緩轉動的相同方式，將手臂伸展開來，使得我們有更多時間能讓自己找到新的平衡而恢復站立。

在平衡木上的運動員，也總是把雙手平衡展開於平衡木的垂直方向，因為這樣可以增加身體的轉動慣量（moment of

inertia），讓身體在失去平衡之後、跌倒之前，能有更多的時間可以調整姿勢。此外，運動員還可以利用手臂的上下動作，讓身體朝特定方向旋轉，藉此修正身體的位置而獲得平衡。

1876 年，瑪麗亞・斯佩特里尼（Maria Spelterini）成為歷史上第一位成功以走鋼索的方式橫越尼加瓜拉大瀑布的女性。在一張攝於她行走中途的照片裡，可以見到她腳上套著增加戲劇效果的籃子，平靜地走在鋼索上[7]。行走的過程中，她所持的長橫桿是最佳的平衡輔助器，因為那就如同她的雙臂獲得延伸，大大地增加她的轉動慣量，即使她忽然失去平衡，也會因為又重又長的平衡桿而轉動緩慢，不會立即從側邊翻落。同樣的物理學原理不只讓瑪麗亞不會跌落到 50 公尺深的瀑布下，也限制了 6,700 萬年前的暴龍，使牠無法快速轉身。

---

6 物理學上稱為「角動量守恆」（conservation of angular momentum）。

7 之後有一次她蒙上眼睛，另一次戴著手銬腳鐐，但是每次都成功橫越了大瀑布。

我們對於重力作用在固體上的現象大多很熟悉，主要也是因為我們本身便是一種固體。然而在現實世界中，圍繞在固體四周的，往往是另外一種流動的東西，是一種稱為「流體」的物質，而且流體正不斷受到外力的影響而改變。人類的肉眼可以清楚見到葉子的掉落或是橋梁的升降，卻無法觀察到流體內的複雜變化。事實上，流體力學是一個美麗的世界，它們拂過、翻攪、綿延的狀態，充斥在世界各個角落且令人驚奇。

我認為泡泡之所以可愛，是因為它們無所不在，並且是物理世界的無名英雄。它們會不經意地出現在水壺、蛋糕、化學反應裝置或是浴室裡面，與其他物質產生反應，或是正在進行一些有用的事情，只是泡沫往往稍縱即逝。

數年前，有一群五到八歲的小朋友，我問他們知不知道哪邊可以看到泡泡，他們很踴躍地跟我說在汽水、浴缸或是水族箱當中。我在一整天活動的尾聲已經有些疲憊，但還是開朗地帶領最後一群小朋友，並試圖管理大家的秩序。過了好一陣子之後，我問：「你們知道哪邊可以找到氣泡嗎？」接著，一個小朋友舉手回答，注視著我，然後說：「起司……與鼻涕泡！」儘管我從未想過這個答案，但也不能否定他的邏輯，畢竟小朋友比起我們更常見到鼻涕泡。但是對於至少一種生物而言，鼻涕泡是生活的關鍵。讓我們來見見這種海中的紫色蝸牛——紫螺（janthina janthina）吧！

海螺通常生活在海底或是岩石上，當你把岩石上的海螺抓起來放到水中，牠也會立刻到達水底。古希臘的阿基米德（就是那位發現浮力而大喊「Eureka」〔我發現了〕的人）是第一位描述物體浮起來或沉下去之機制的人。雖然，阿基米德對於船體的浮力可能比較有興趣，但是同樣的原理其實也發生在海螺與鯨魚身上，或是任何浸入水中，或是漂浮在水上的物體。

從阿基米德的想法可以知道，如果海螺占據海中的某個「位置」，那個「位置」的海水就會被排開；也就是說，海螺在水中必須要與海水競爭空間，而這種競爭的力量都來自拉往地心的重力。雖然海水是流動的流體，也依然有重量，而物體受到重力牽引的力量與質量成正比；如果海螺的質量是同體積海水的 2 倍時，那牠受到的重力牽引就會變成所排開海水的 2 倍。阿基米德的原理告訴我們，海水會施予海螺一個向上的力量，但是這時候的海螺也被重力往下拉，因此，「海水的壓力作用在物體表面，並將原有物體往上推」的力量就稱為「浮力」。所以海螺如果比海水的密度小，就會往上浮。

實際上，由於海螺的質量大於同樣體積的海水，因此牠在重力的競爭中就會獲勝，可以沉到水底；但是如果海螺質量小（相同體積下的質量比較少，代表密度較低），牠就會浮起來。

在海螺演化的歷史上，大多數的歲月都是在海中度過。但在過去的某個時候，一個尋常的海螺忽然出現了很糟的狀況，牠所產的卵被包覆在過多的氣泡中，而且氣泡不斷地變大。浮力只在乎整體的平均密度，當氣泡增加體積，卻沒有增加重量的情況下，氣泡與海螺的整體密度低於海水的密度時，海螺就會浮起來，見到了陽光與廣闊的海面，這隻浮起的海螺正是另一個演化的起點。

如今在溫暖海域常見的紫螺，應該是那隻迷失在海面的海螺的後代。這種有著鮮明紫色的海螺，會分泌一種黏液（我們偶爾可以在早晨花園的石頭上，見到蝸牛爬行所留下來的類似黏液），並利用身上強壯的足部讓黏液圈住空氣，製作出一個通常比自己身體還大的泡沫筏，這樣一來可以確保牠與氣泡的總密度小於海水，因此能一直仰臥漂浮在海面上（氣泡在上而殼在下方），並且以捕捉水母為食。如果你在海灘上看到的海螺有紫色的殼，那可能就是紫螺了。

浮力可以幫我們分別密封容器內的物體或成分，而且快速有效，例如現在許多汽水都有無糖版本，如果今天把它們放在一模一樣的瓶子中，在沒有任何標示的情況下，要如何分別哪罐不含糖呢？答案是把瓶子放入淡水中，無糖的汽水會浮在水面，而含糖的則是會沉入水底。因為這兩種飲料的體積與容量相同，但是一般 330 毫升的含糖汽水，會有大約 30 ～ 50 克的糖溶解在飲料中，代表含糖飲料的密度更高而會沉到淡水中；無糖飲料內的甘味劑與色素等等添加物，添加的質量非常少，其餘部分幾乎都是水與二氧化碳，因此裝有無糖飲料的罐子會漂浮在水面上。

此外，浮力還可以用來分辨雞蛋是否新鮮。由於放在冰箱內很久的雞蛋會因為內部的水分蒸發，空隙被空氣取代而變輕，所以將雞蛋放入水中，會沉入水底的是未超過一星期的雞蛋。但是因為雞蛋尖端的某些空隙中含有空氣，所以在水底的雞蛋會站起來；相反地，如果蛋已經放置很長一段時間，它們往往就會浮在水面上。不過，準備一頓早餐可以學到的科學，可不是只有分辨雞蛋而已！

如果可以調整與控制一個物體所攜帶的空氣數量，進而改變整體占用的空間，就可以在液體中控制它要下沉還是上浮。當我開始研究海水的氣泡時，發現一篇 1962 年發表的論文中，有一段寫道：「泡沫的生成不僅僅是來自於破碎的浪花，還有許多是來自海底腐化的物質、魚類噯氣（打嗝出的氣體）以及甲烷。」打嗝？我忽然感覺到這篇文章的作者，似乎曾經坐在暗沉而舒適的皮椅上寫作，而且地點還是在倫敦某個接近港口、不起眼的俱樂部內。因此當我讀到這一段文字時，不禁告訴別人這是一種誤解。

過了 3 年，當我在荷屬古拉索島進行水下研究時，忽然有一隻長約 1.5 公尺的大目海鰱從我肩膀上游過，並且從牠的鰓中打了一個嗝，我才知道那篇文章並非毫無依據。事實上，一般的硬骨魚類通常有一個貯存空氣的地方，稱為「魚鰾」（swim bladder）[8]，魚可以藉此控制自己的浮力；如果魚的整體密度和周圍的水相同，就可以在一個位置完全保持平衡。大目海鰱的魚鰾較為特殊，能夠與鰓直接配合呼吸、並且取得氧氣。雖然不得不承認真的有魚會打嗝，但是我仍然不認為這些魚類是造成海面泡沫的重要原因。

蠟燭與鑽石

幾乎恆定的重力往往讓很多事情不穩定，這是由於作用在物體上的力量並未取得平衡，因而造成位置與速度的變化，並且會一直持續到獲得新的平衡為止。對固體而言，翻轉或掉落就是常見的行為；而在我們生活的周遭，這些現象其實也會造成周圍空氣或液體的流動，因為掉落的物體會到達新的位置，取代新位置上原有的空氣，而空出來的位置又被其他空氣取代。但是如果造成不平衡的作用力不是在固體上，而是在流體上，會發生什麼事情呢？

點燃火柴，將蠟燭點亮，這盞在黑暗中帶來光明的熱氣之泉，讓千百年來的文人可以閱讀書寫、謀士們得以徹夜長談、莘莘學子能夠苦讀，或是戀人之間能夠享受。蠟是一種柔軟而平凡的燃料，但是當它在燃燒時，卻會伴隨著驚人的過程。蠟燭金黃色的火焰是一個超乎想像的強大爐子，它會摧毀原有的分子並生成微小的鑽石，而重力更是參與其中的雕刻師。

當燈芯開始燃燒時，火焰的熱能讓近處的固體蠟轉化成液體。蠟是一種碳氫化合物，是由大約20～30個碳原子為骨架所組成的長鏈分子。熱能不只能使蠟變得柔軟，還會將它們熔化，最後從頂端如淚水般滑落（如果能夠見到分子尺度的蠟分子，就會發現它們像很多交疊而移動的蛇群）。有些分子獲得足夠的能量，就可以脫離燈芯變成氣體，而這些熱騰騰的氣體，會與其他周圍的氣體分子相互劇烈推擠，形成更大的空間，但是其中分子的數量卻相對少很多。

對於固定質量的氣體而言，它們受到的重力不變，卻因為占有較多的空間，使得每單位空間（例如每立方公分）的氣體，含有較少的質量而密度下降。

如同之前提到帶著氣泡的海螺一樣，這些熱氣比周圍空氣密度還低時，它們就會上飄。蠟燭的熱氣較輕，周圍空氣較重，於是熱氣就像走在一個隱形的煙囪內一樣地往上。在這過程中，蠟分子與氧氣混合燃燒，使得氣體溫度上升得更高，火焰中的藍色

---

8 在魚類的演化歷史上，魚鰾是一項很重要的成果，它大大減低魚類維持在水中某個位置需要花費的力氣。然而這項優勢在近代卻成為魚類的一個致命弱點，因為漁船可以透過一種稱為「魚探儀」（fish-finder，也稱為魚群探測器）的裝置，利用聲音檢測到含有空氣的魚鰾，得知魚所在的位置，藉此追蹤與捕撈全部的魚群。

部分甚至可以高達 1,400℃。

高溫持續讓蠟熔化，藉由一端浸泡在液態蠟中的棉質燈芯，燃料就會不斷往上送，接著液態蠟會汽化而脫離燈芯，並且繼續上升到火焰當中而燃燒，這口熱氣之泉藉由這樣持續的過程，不斷運作而放出光芒。

其實那些從燈芯汽化的蠟蒸氣並未完全燃燒，因為如果完全燃燒，火焰將呈現黯淡的藍色而無法當作光源。蠟這種長鏈的分子在獲得熱能而分解之後，有些因為沒有足夠的氧氣，讓它們完全變成小分子的氣體，因此會留下許多細微的碎屑。這些由微小的碳顆粒組成的碎屑，在火焰中加熱到 1,000℃時，就會放出令人感覺溫暖的黃光，之後伴隨著上升的空氣飄散開來。

蠟燭火焰放出的光芒其實是伴隨這種劇烈化學變化的副產品，其中的能量藉由高溫的碳顆粒而轉變成光，並向外散播。目前的研究發現，蠟燭燃燒時產生的黑煙，不僅僅只有類似石墨的煙灰，這些碳原子還會形成少量而奇特的物質，例如巴克球（buckyballs）、奈米碳管（ carbon nanotubes）以及微鑽石的塵埃。根據科學家的估計，每秒鐘燃燒的蠟燭可以在火焰中心產生 150 萬顆奈米鑽石（nanodiamonds）。

如果要了解流體如何尋找到一個路徑，能夠與重力的拉扯產生平衡，那麼蠟燭就是一個很好的例子。蠟燭在燃燒時，燃燒的燃料與熱氣快速地上升，而冷空氣則會從下方往上補足空缺，形成連續的對流。一旦把蠟燭吹熄，高溫氣化的蠟蒸氣仍然會持續放出數秒，並且形成一道向上的白色細長煙柱；這時，如果從高處將這個煙柱點燃，你就會見到火焰沿著煙柱往下跑，接著回到燈芯上，蠟燭又開始燃燒了[9]。

海洋與天氣

從流體的下方加熱並藉由對流的力量，可以讓能量散播到更多地方，這就是為何魚缸的加熱器、地暖系統，以及烹調時的鍋具都是從下方加熱。這些看似與重力拉扯方向相反的上升熱氣，其實並不是真的「上升」，而是「較冷而密度高的流體被往下拉」，但是多數人卻沒有意識到浮力也是重力的貢獻。

讓熱氣球升空、紫螺漂浮以及享受一頓浪漫的燭光晚餐，不過是表現浮力重要性的一小部分而已。海洋內的洋流是我們這個

9 19世紀著名的實驗科學家法拉第（Michael Faraday），他的研究為科學界帶來許多重要的貢獻。1826年時，法拉第在位於倫敦的皇家科學院（Royal Institution）舉辦一場專門為兒童與青少年設計的皇家科學院耶誕講座（RI Christmas Lectures）上，藉由這一系列共六場稱為「蠟燭的化學史」的講座，從討論蠟燭開始，將許多重要的科學原理傳達給大眾。這系列的演講也是法拉第的貢獻，而這個講座仍然持續到一百多年後的今天。不過我敢打賭，如果他知道蠟燭燃燒過程會產生細微的鑽石，一定會非常驚訝，但也會很欣慰地知道，簡單的蠟燭依然充滿未知與驚喜。

行星上一股巨大的力量，這個影響世界溫度的巨大引擎，其實也是受到重力的主宰。海水並不會恆久地維持在同一個區域內，而是會隨著洋流不斷移動，也許這陣子徜徉在陽光底下，接著不久後就開始深入黑暗的深層海水中，再經過幾個世紀的漫長歲月，才又終於完成旅程而見到太陽。

不過在我們進入海底之前，不妨先找個晴朗的日子，抬頭尋找天空中閃爍的白點——那是位於 10 公里巡航高度的客機。然後，想像一下客機的位置是在海面上方，接著就可以假想自己所在的地方就是海洋最深處，也就是馬里亞納海溝（Mariana Trench）的底部 10。全球海水平均深度接近 4 公里，雖然只有地面到客機的一半，卻覆蓋 70% 的地球表面，海水的總量可想而知是非常的巨大。

其實隱藏在廣大而黑暗海洋中的運動原理，我們已經相當熟悉，因為它與本章開頭，漂浮又下降的葡萄乾屬於相同的原理，只是洋流是一場遼闊而漫長的旅途，讓藍色行星表面上的湛藍海水不捨晝夜地運行著。

之前我們提到移動的物體會不斷地尋求平衡，那麼已經存在超過百萬年的海洋，為何海水至今仍在流動？海水真的已經往它們應該去的地方了嗎？其實有兩件事情不斷在影響平衡，那就是熱量和鹽度的變化。

這兩個原因之所以影響甚大，是因為它們會改變海水的密度，藉由重力的影響，就會產生流動。我們都知道海水的鹹味來自其中的鹽分，但是每當看著一處海水時，由於研究主題的關係，我往往需要思考、分析它的鹽度有多少。如果你要讓一整個標準浴缸內的自來水，變成具有海水鹽度的鹽水，那你就需要倒入 10 公斤的鹽。很難想像吧，僅僅是一個浴缸就需要這樣一大桶的鹽！

海洋中的鹽度並不固定，大約會在 3.1% 到 3.8% 之間變化，儘管這個差距看起來不大，卻是影響海水運動的關鍵之一。前面提過的含糖飲料密度會比較高，而相同的原理，也讓含有大量鹽分的海水密度比淡水高。此外，溫度也會影響水的密度，因此在南北兩極附近接近 0℃的海水，就會比赤道附近 30℃的海水來得緻密。

由此可知，較冷、較鹹的海水會下沉，而較溫暖、較淡的海水會上升，這個簡單的原理就是讓整個地球的海水不斷流動的原因。某一小部分的海水離開現在的位置之後，會不斷在大海內旅行，直到數千年之後才會回到同一區。

在北大西洋的海面上，不斷吹拂的風會把海水的熱量帶走，

---

10 馬里亞納海溝最深的地方稱為「查倫格海淵」（或譯為「挑戰者深淵」，Challenger Deep），深度是海平面下 10,944 公尺。

海面就會開始結冰，這些冰在生成的過程中會析出一些鹽，因此海冰的鹽度會比海水低 [11]。當這些析出的鹽分跑到下面還未結冰海水中，加上溫度已經很低，在雙重影響之下，這地方的海水就變得更緻密而逐漸下沉。

透過重力的影響，較重的海水將原先下方較淡的海水往上或往旁邊擠壓，較重的海水就會開始下沉，並沿著海谷往下流動；若是遇到海脊阻擋也會改道，行為非常類似我們在陸地上見到的河流。它們發源於北大西洋，以每秒鐘數公分的速度向南流動，因此在大約 1,000 年後才會抵達南極洲，但是屆時將面臨障礙而無法再持續前進，於是就會在南冰洋內開始往東行進。

圍繞在南極洲這片銀色世界周圍，是南冰洋這個巨大的水圓環，它就像陸地上圓環型的車道，在地球底部連接大西洋、印度洋與太平洋的邊緣，形成一個連接世界上所有海洋之處。來自北大西洋廣大而緩慢的洋流，在南冰洋內低速流動，直到它轉往北進入印度洋或太平洋。在流動的過程中，這些在海底、又冷又鹹的高密度海水，會逐漸與周圍海水混合而稀釋，最終將會回到海面上，但是可能已經經歷了 1,600 年不見陽光的歲月。

海水中的鹽度也會因為受到降雨、出海的河水以及融冰的影響而稀釋。除了因為密度而產生的流動外，風勢也會驅動海水的流動，直到這些海水又回到它們在北大西洋的起點，不斷重複這個漫長的循環。這個過程稱為「溫鹽環流」（thermohaline circulation，thermo 指的是「熱」而 haline 是指「鹽」），又因為它將海水傾覆翻轉，因此也稱為「輸送洋流」（Ocean Conveyor Belt）。

這種圍繞著地球而容易理解的流動方式，其實也是源自重力的驅動。海面的風在過去千百年間，幫助無數的探險家與貿易商完成他們的事業，但是海洋這架巨大的運輸裝置，卻運載著與人類文明同樣重要的貨物：熱。

赤道地區因為太陽的位置比較高，也就是入射角比較小，因此是地球上吸收太陽熱能的主要區域，而且赤道環繞整個地球，也是最廣大的區域。將海水加熱而使它溫度上升，比起陸地升溫需要更多的能量，所以可以把溫暖的海洋視為一個巨大的太陽能電池，移動的洋流則是讓這些能量得以重新分配到這個行星的其他地方。雖然溫鹽環流移動緩慢，卻是影響我們氣候的一種隱藏機制，因為海洋正不斷地提供能量給相對稀薄、變幻無常的大氣，也同時平衡許多極端的大氣現象。

影響我們生活最直接的天氣，看起來似乎是由大氣主導，但是背後的真正主宰，其實是海洋。下次你看到地球的衛星照片，不要再把海洋當作是大陸之間的空白區域，而是想像一

---

11 相同的現象也會發生在南極洲的海岸。

下，重力正全面影響海水，驅動海洋裡緩慢的洋流，讓它成為地球上最大的引擎。

第3章

美麗小世界
——表面張力與黏滯性——

Small is beautiful:
surface tension and viscosity

咖啡豆是一種全球性的重要商品，然而要從這種看似平凡的豆子內，如魔法般萃取出最精確、完美的咖啡，依舊是專家們爭論不休的議題（或者說是一種祕密）。實際上，對於咖啡豆要如何烘烤，或是濃縮咖啡機所需的壓力，我其實不是很感興趣；但是如果咖啡打翻了，對我來說就有趣了 1。

我想大家都認同打翻一杯咖啡會造成極大的困擾，不過如果是倒在光潔的桌子上也不是什麼大問題，只是會看到隨機延伸的一灘液體。如果放著不管，最後讓咖啡乾掉，那你看到的就不是均勻的一片，而是像上個世紀 70 年代的偵探劇中，移走屍體時地上的粉筆輪廓。

在這個輪廓內，一開始本來充滿一層薄薄的液態咖啡，但是在乾燥的過程中，咖啡逐漸往邊緣移動。只是即使你很仔細地觀察咖啡乾燥的過程，對於這灘浪費掉的咖啡，如同觀察油漆乾燥一樣，也很難看出什麼端倪。這是因為將咖啡推往邊緣的物理效應，只會作用在很小的範圍內，以至於肉眼無法看見，但是它最終留下來的痕跡，卻很容易觀察。

如果可以把桌面上的那灘咖啡放大千萬倍，就會看到一群水分子在玩碰碰車遊戲，並且圍繞著一顆巨型的棕色色素顆粒。水分子彼此之間具有吸引力，因此如果單一個水分子被碰撞而高於液體表面，也會很快被拉回到水分子組成的群落中；這種效果看起來就像一片彈性貼布一樣，於是液體才能一直維持光滑的表面，這種讓表面具有彈性的物理現象稱為「表面張力」（surface tension，稍後會有更多的介紹）。

在液體與桌面的交界處，液體會呈現出一個彎曲光滑的面，將整灘咖啡固定在適當的位置。然而，這灘咖啡所在的環境可能是濕度低而溫暖的，因此水分子會逐漸從液面蒸發而逃脫，變成水蒸氣；但這個過程僅限於水分子，其他的物質並不會蒸發，因此將一直被困在這灘液體中。

隨著越來越多水分的蒸發，而且由於這灘咖啡的邊緣被固定在桌上（等一下會解釋），有趣的現象就越來越明顯。我們近距離來看咖啡的邊緣——這裡，咖啡的液體表面除了朝上的部分，還有側邊的部分（液體的厚度所形成的側面），所以暴露在空氣中的面積比較廣，蒸發的速度也比較快，不過我們依然無法察覺蒸發的過程（所以不用拉著愛喝咖啡的朋友一起確認）。於是蒸發較為緩慢的中間部分，就會讓咖啡往邊緣移動，以補充邊緣散失的水分、維持液體表面的平衡，水分子移動的過程也會推著咖啡的顆粒。

但是當咖啡到達邊緣時，只有水分子會蒸發，於是較大的咖

---

1 真是抱歉，我這邊提醒一下，使用即溶咖啡就可以了，不需要為了科學而犧牲一杯好咖啡，因為它們是一樣的效果。

啡顆粒就會在邊緣不斷累積，直到水分蒸發完畢時，留下邊緣特別明顯的咖啡漬。

顯微鏡與青山雀

我發現，**物理世界之所以令人著迷，是因為事情往往就發生在你的眼前，只是它們小到肉眼看不見**。因此，水分子運動的尺度，全然不同於我們熟悉的世界，許多事物運行的規則都不一樣，不過我們熟悉的重力依然存在。在這個微觀的世界當中，考慮分子間相互影響的力量就變得很重要。這樣我們才能理解為何這些微小的物質，會有奇特的動作與行為。

然而微小世界中的特殊行為，並非與我們正常生活的世界無關，它往往能解釋一些我們熟悉而常見的現象，例如為何鮮奶的表面沒有奶油？為什麼鏡子會起霧？樹要如何吸收水分？這些現象是最好的老師，當我們學到了這些原理，就可以讓它變成改變世界的工具。甚至在今日，我們即將看到醫學上如何運用微小世界的現象，並獲得更新的臨床測試方法，未來也許就能拯救數百萬人的性命。

在人類思考要如何觀察微小的東西之前，其實一直不確定微觀的世界當中有什麼。長久以來，人類被自己的眼睛侷限，就好像〈第 22 條軍規〉[2] 這篇小說引申的一種兩難的處境——如果你不知道那邊有東西，你會去尋找它嗎？但是這個僵局在1665年時，因為一本羅勃．虎克撰寫的書而獲得改變。它是歷史上第一本科學暢銷書，書名是《微物圖誌》（*Micrographia*）。

虎克是皇家學會（Royal Society）負責實驗儀器的研究員，所以對於當時琳瑯滿目的科學儀器而言，他是一名通才。那是一個科學知識正在快速發展、累積，以及許多偉大實驗正在進行的時代，來自顯微鏡的影像為當時帶來極為新穎的視野。雖然人類早在好幾個世紀之前就製造出透鏡，在當時已經不是什麼特別的東西，並且也有科學上的應用，但是當《微物圖誌》發表之後，事情就大大地改變了。

儘管這本皇家學會出版物給人的外在印象，就像那些穿著雍容華貴、象徵權力衣袍的貴族，但是美妙之處在於它依然是科學遊戲的產物。這本書透過細膩而昂貴的儀器，將所看到的世界做了詳細的描述，並賦予美麗的插圖。

當時虎克所做的研究和現在小朋友拿到顯微鏡時會做的事情，其實幾乎一模一樣，就是把身邊所有東西都拿來觀察，包括刮鬍刀和蕁麻的刺、沙粒、燒焦的植物、頭髮、來自打火石的火星、魚、蠹蟲、蠶絲……等等各式各樣的東西。這個小世界呈現

2「catch-22」已從小說名成為一個英語詞彙，或譯為「坑人二十二」。

出精采絕倫的面貌，例如，那時沒有人曾經看過蒼蠅如此美麗的複眼。

但儘管虎克觀察得非常仔細，卻沒有繼續深入研究。舉例來說，這本書其中一章提到「尿液中的沙子」（gravel in urine，一種常見於小便池內的結晶），虎克有提出對於這種痛苦疾病的看法，但是實際的研究與解決方案，他在書中留下一段話之後，就留給別人去努力：

「因此，這也許值得醫師們去探究：這些從尿液分離出來，外觀像結晶的細沙與碎屑，是否有辦法重新溶解到尿液中？……不過我會把這項問題，留給相關的醫師或是化學家，他們更適合來解決這項問題。」

接著，他繼續觀察在麵包上長出來的灰綠色物體、羽毛、海藻、蝸牛的口器、蜜蜂的刺等等。在這段研究的過程中，他觀察到軟木組織中有細小的格狀物，於是將它稱為「細胞」（cell），也因此確立生物學是一門獨立的學科。

虎克不僅向世界展示一條全新的科學道路，還敞開大門邀請大家共襄盛舉，《微物圖誌》一書更是造就了往後數個世紀許多顯微鏡學的學者，並且激發倫敦上層社會對於科學的興趣，讓他們發掘更多自然界的奧祕。當時有一項令人驚訝的發現是針對圍繞在腐敗動物旁，嗡嗡叫著的黑色飛行小點。當時人們是第一次知道，這種小飛蟲在顯微鏡下的腿，竟然如同怪物一般地長著長毛，此外牠還有像植物球莖一樣的眼睛，身上有刺毛和閃耀的裝甲，儼然是一隻怪獸。

這個時期也是一個偉大的航海時代，不時可以聽到許多航海家在越過已知的世界後，看到新的區域與當地的人，並時常帶回令人激動的消息。當大家專注於這些遠在天涯的發現，卻不知道原來自己的肚臍眼上還有很多我們不知道的故事。不過隨著顯微鏡的運用越來越多，最後連肚臍的毛絮都有說不完的故事。此外，當科學家在顯微鏡底下看到跳動的跳蚤，才終於了解為何牠可以跳這麼高。在微觀的世界中，很多事物就如同機械一般地運作，而透過顯微鏡，更讓許多人類已知許久的現象，獲得了真正的解釋。

顯微鏡只是人類進入微觀世界的開始，在發現原子之前的兩個多世紀中，人類只往這個微小的世界走了一小步，因為即使是虎克所觀察到的軟木塞的細胞大小，也大約等於 10 萬個原子的直徑。知名科學家理查・費曼（Richard Feynman）曾在發現原子的許多年後，指出人類雖然已經可以探索極小的微觀世界，但在這個尺度之下，還有更多更小的尺度。

有趣的是，我們人類生活及看見的世界，剛好位於整個大自然中，不大不小的時空尺度之上。當虎克《微物圖誌》出版了350年之後，人類不再只是像小朋友看顯微鏡一樣，只能看而無法動手，如今的科學家們正在學習如何操縱與擺放原子與分子，就像我們在博物館看展覽時隔絕我們與展覽品的玻璃，以及「請勿觸摸」的限制，現在已經逐漸消失，人類正在學習親身接觸這個膾炙人口的「奈米」世界。

這些微小世界發生的現象，對於我們這個巨大的世界而言，並非微不足道，反而大大影響我們的生活。雖然整個世界有著相同的物理規範，但是人類無法讓自己擁有跳蚤的跳躍力，因為影響運動的兩項主要因素是重力與慣性，而它們影響人類與跳蚤的程度非常不同[3]，「重力」會將所有具有質量的物體往下拉，而「慣性」則是在改變運動狀態時所要面臨的問題。人類因為體型與重量都遠遠大過跳蚤，因此需要很大的力氣才能讓自己移動，或是從運動中減速而逐漸靜止。

對於體型與重量越小的動物而言，重力及慣性的影響就越小，因此小型動物或是昆蟲能夠跳躍得更高或移動得更快。至於更微小的物體，影響它的主要力量就不再只是重力與慣性，還有許多一直存在、但是因為較弱而往往在巨觀世界中被忽略的力；其中一項就是造成桌上的咖啡蒸發後留下一圈輪廓的牽動力。此外還有黏滯性，它在微觀世界中的作用，使得現代的我們買來的罐裝牛奶，表面不會出現一層漂浮的奶油。

如果你經歷過古早時代，也許會看到金色或銀色封口的牛奶瓶。這些牛奶在清晨送來時，要是你也早起，並小心地打開自家大門，就有機會抓到淘氣的藍眼小鳥，因為牠們會站在牛奶瓶的頂部，將封口啄開一個小洞，然後喝著漂浮在牛奶表層的奶油。

如果受到人類的驚擾，牠們會立刻離去，不過也許會繼續飛到隔壁鄰居家的門口碰碰運氣。青山雀（Blue Tit）在這個國家，大約有 50 年的時間中是偷奶油的專家。牠們彼此學習而知道在那片脆弱的鋁箔蓋下，有著豐富的油脂寶藏，而且似乎整個英國的青山雀都知道這件事。不過其他的鳥類似乎就學不起來，也不會每天清晨在住家門口等著送來的牛奶。但是這樣的好康最後還是消失了，不只是因為牛奶瓶蓋的材質改成了塑膠，還有更重要的原因，就是奶油消失了。其實只要牛奶持續來自於乳牛，奶油就會一直出現在牛奶表層，但是為什麼我們現在買的牛奶，表層看不到一層奶油？

瓶子內的牛奶包含各種營養，吸引飢餓的青山雀在瓶口跳躍。牛奶中大多數的成分是水（約 90%），而醣類則是漂浮在其

---

3 我們可以一直探索更小的世界，而不需要在乎量子力學（quantum mechanics）的影響，除非已經到達單一分子或是原子的尺度，即使原子尺度已經距離我們熟悉的公分、公尺非常遙遠，但是在原子尺度之下還有更多更小的尺度，以及更特別的世界。在分子尺度以上的微觀世界，我們可以很直覺地了解它有趣的地方，即使我們不一定看得清楚（至於在量子力學的世界中，許多微小物體就會變得無法定量）。

中（這就是有一些人不能忍受的乳糖），稍微大一點的蛋白質分子會聚集成微小的圓形籠子，脂肪則是體積更大的球狀物。這一切原先都是混合在一起，但是如果靜置一段時間，就會開始逐漸分層。

牛奶中的球狀脂肪的大小，大概是 1 到 10 微米之間，這個尺寸差不多是我們手邊的直尺最小刻度（1 公釐）的百分之一到千分之一。這些脂肪小球相較於水，在相同的體積下質量較少，在水中所排開等體積的水重，就會比脂肪小球本身的重量還大，因此浮力大於其重量，小球就會被往上推，逐漸形成一層漂浮在牛奶表面的奶油。

這裡開始有一個小問題，在牛奶中，是什麼影響奶油向上漂的速度？首先，相同的流體，彼此之間移動的難易度就稱為「黏滯性」。想像一下，當我們用湯匙旋轉攪拌一杯茶的時候，因為靠近湯匙的茶水移動較快，與周圍的茶水速度不同，它們彼此之間會有牽引的力量，所以需要花費一點力氣來移動湯匙；如果接下來攪拌的是糖漿，因為糖漿分子相互吸引的力量更強，所以為了分開糖漿中的分子，攪拌時就需要使用更多的力氣，因此我們會說糖漿比水更黏稠。

青山雀腳下的牛奶瓶中，正在進行無數微小的拔河賽。每個脂肪小球因為浮力而被往上推，但是由於上方的水必須要分開讓道，因此水分子彼此之間的吸引力，也正在抗拒小球的上升。這兩股力量會因為脂肪球的大小差異而有所不同，對於較大的脂肪球，因為浮力大，使得水的抗拒力量不足以阻止它上漂，因而產生油水分離；但是較小的脂肪球，雖然表面積小、黏滯力弱，但是體積小而浮力更弱，這樣弱的力量使得較小脂肪球的上升極為緩慢。在微觀世界當中，黏滯性往往會勝過重力（以及重力造成的浮力），關鍵就在於流體當中物體的尺寸。

由於牛奶中較大的脂肪球上升得快，往往會碰撞到上方緩慢而較小的脂肪球，這時兩者會吸附在一起，形成更大的團塊；這些大團塊的浮力更強，上升速度也更快，青山雀只要站在瓶子上方等待，早餐很快就會自動聚集到牠的腳下。

現在，我們買來的牛奶看不到這個現象，是因為牛奶加工廠將牛奶內的脂肪經過均質化（homogenization）的處理[4]，藉由擠壓讓牛奶通過極為細小的管子，並讓脂肪小球變得更小；平均而言，會讓一個脂肪小球碎裂成125個，使得每個脂肪球的直徑，只有原來聚集在一起時的五分之一。於是這些因為排開水重而產生浮力的小球，其所擁有向上漂浮的力量，已經無法克服周圍的

4 我是一個喜歡生活周遭充滿趣味與變化的人，所以當我看到「均質化」這個詞的時候，其實有點難過，因為這會讓一切變得均勻一致。通常這些過程有它正面的用途，卻減少生活中許多趣味；如果你是青山雀的話，一定會有更深的感受。

水的黏滯性而造成的阻礙，因此在均質化過後，較小的脂肪球的上升速度就極為緩慢，幾乎不用煩惱它們會到達頂部[5]。由於人類將脂肪球變小，讓水的黏滯性獲得勝利，因此青山雀只好另外尋找合適的早餐了。

在自然界當中，這些力量的原理都不會改變，然而在不同的狀況下，就會有等級的差異[6]。即使氣體分子彼此之間不會有液體之間那麼大的吸引力，卻會受到分子凌亂熱運動的影響而彼此碰撞，如果放大很多倍來看，就會看到類似碰碰車的行為。除非是在真空的房間內，不然這種現象會使得砲彈與昆蟲在空氣中自由落下的速度有極大的差異。

昆蟲在飛行時，空氣的黏滯性就會為牠帶來巨大的影響，但是對於砲彈的影響就明顯地輕微很多。如果是在真空的環境中，那麼重力就會是唯一影響物體掉落的力量，所以真空中的砲彈與昆蟲會以相同的速度自由落下。我們在空氣中行走，或是鳥類在天空翱翔，似乎與在水中游泳的魚類不相同，但是對於體型極小的飛行昆蟲而言，與其說牠們在空中飛，不如說牠們在空氣中游泳。

飛沫與結核病

藉由均質化的牛奶，我們了解了黏滯性造成的影響，但還有其他更多的應用，例如下次打噴嚏時，注意擴散到房間內細小的飛沫，也許可以讓你思考，如何利用阻止奶油上升的方法，來阻止疾病的傳播。

數千年來，結核病帶給人類無盡的苦難，目前已知最早的病患與證據，是一尊西元前2400年的古埃及木乃伊；約於西元前460年出生的偉大醫學家希波克拉底（Hippocrates），就已經描述了與「肺結核」（phthisis）相關的病徵。中世紀歐洲的許多貴族，還會聚集起來一同治療一種稱為「淋巴結核」（King's Evil）的病。

隨著工業革命，都市變得越來越擁擠，「肺結核」（phthisis）變成都市中窮人的殺手，在1840年代死亡的英格

---

5 均質化後而分散、變小的脂肪球，還會因為更多的蛋白質依附在它表面，使得它能藉由蛋白質分子的親水端與水互溶，因此又進一步阻止脂肪球的上升。許多精細的調整造就我們現在喝的牛奶，如果你知道處理牛奶要經過多少道科學的程序，必然會大吃一驚。

6 如果你對這項議題有更深入的興趣，生物學家霍爾登（J. B. S. Haldane）在1920年代，有一篇非常有名的短文〈大小適中〉（*On being the right size*）。其中提到一項顯然又顯然的事實，一直讓我銘記在心：「對於小鼠以及其他較小的動物，重力其實不太會為牠們帶來危險。如果你讓一隻小鼠垂直掉落到1,000碼的礦井中，若是井底沒有非常堅硬，牠只會輕微受到撞擊與震動，接著就走開。但是如果掉落到同樣井底的是大型老鼠，牠就會死亡，如果是人類掉落下來，也會全身骨折而死，甚至如果是馬匹，還會摔得支離破碎。」據我所知，目前還沒人實際做過這個實驗，也請你不要當第一個嘗試的人；如果真的要去做，後果請自行承擔，不要怪我阻止你。

蘭與威爾斯居民當中，有四分之一是因為感染結核病。但是直到 1882 年，科學家才找到真正的凶手，並發現是結核分枝桿菌（Mycobacterium tuberculosis）這種微小的細菌在作祟。

雖然作家查爾斯．狄更斯（Charles Dickens）能夠描述肺結核病患常見的咳嗽症狀，卻無法描述那個肉眼看不見的病原體。結核病是透過空氣傳染的疾病，當患者在咳嗽時，會形成成千上萬的微小飛沫，其中有些就帶有結核桿菌；這種細菌的大小，只有 1 公釐的千分之三而已。由於飛沫的大小比結核桿菌大得多，大約是幾十分之一公釐，因此它們比較容易受到重力的下拉；而當這些液滴到達地面後，很難再飄浮起來。雖然飛沫是液體，但是空氣也有黏滯性，因此飛沫在下降的過程中，會受到空氣分子的撞擊推擠，需要一段時間才會降落到地面。這個過程其實就跟牛奶中的脂肪小球上升一樣，需要通過具有黏性的流體，只是飛沫的方向是往下而已。

不過實際上並沒有這麼理想，因為水是飛沫中的主要成分，而飄浮的飛沫可能在幾秒鐘內就會讓水蒸發殆盡，留下結核桿菌和少數的有機碎屑。原來受重力影響較大的飛沫，現在變得更小更輕盈，以至於空氣的黏滯性會讓它下降得更緩慢，並且隨著空氣流動而更容易散播出去。

這個狀況就和前面提及的均質化牛奶一樣，較小的顆粒更不容易在流體當中上飄或下沉，因此當這些懸浮在空中的結核桿菌，被免疫力較差的人吸入體內，就會開始開墾這個「殖民地」，產生更多的結核桿菌，直到它們準備好，讓新的受害者咳出來而繼續散播。

目前已經有適當的藥物可以治療結核病，這也是為什麼大部分的西方世界見不到它的蹤跡。但是直到我撰寫本書時，它仍然是僅次於愛滋病（後天免疫缺乏症候群，HIV/AIDS）的世界第二大死因，而患者大多數集中在發展中國家。在 2013 年的時候，世界上大約有 9 億人患有結核病，而該年約有 150 萬人因此死亡。

近代使用抗生素治療的結核病，已經逐漸出現抗藥性，越來越多的抗生素無法對抗它，學校與醫院不時爆發新的疫情，於是科學家轉而思考如何在傳染途徑上防堵它。目前防疫重點已經轉移到飛沫，透過在建築物內加裝一些設備，就可以在傳染之前攔截這些飛行的病毒。

在英國里茲大學（University of Leeds）從事土木工程研究的卡絲．諾克斯（Cath Noakes）教授，是這個領域中具有領導地位的專家。卡絲教授非常熱衷於研究微小的懸浮粒子，尋找相對簡單的方式來解決複雜的問題。目前像她這樣的專家與工程師們，正在研究這些病毒細菌所搭乘的微小交通工具是如何在空氣中旅行，至今已經有許多成果。

這些團隊已經知道懸浮物質內部的乘客，以及懸浮的時間不是影響散播的主因，而主要是跟粒子的大小有關。為了要防堵這些懸浮粒子的擴散，研究已經開始針對粒子本身，特別是針對粒子的大小採取對應的策略。事實上，就算是較大的液滴，因為受到空氣中擾流的影響，停留的時間也比以往認知的還要久；而最小的液滴，即使在半空中可能會受到藍光或紫外線的破壞，但是飄浮的時間還是可能長達數日。

目前的研究已經可以根據液滴的大小，尋找出它們移動的路徑，因此當醫院需要設計通風系統時，就可以利用懸浮粒子大小的差異來防止它們擴散，進而防堵疫情的蔓延。卡絲也跟我提到，空氣傳染的疾病依照不同種類，需要設計不同的對策，這往往取決於多少病菌會讓你生病（如果以痲疹而言，極少量就會致病），以及病菌會入侵身體的哪個部位（結核桿菌在肺部與氣管有不同的影響）。雖然這個研究還沒有到達成熟的階段，但是他們的團隊一直有良好的進展，相信不久之後就可以成為對抗疾病的武器。

多年來，人類一直希望免於結核病的傷害，而如今，我們終於可以了解它如何傳播，並且開始學習控制它。過往，我們的祖先面對這種疾病，只能視之為神祕的瘴氣，無奈而憔悴地面對它；不過今天的我們已經藉由研究了解這些病菌是如何從每個病患身邊，透過細微的空氣流動與懸浮的液滴擴散出去，並且知道它們如何影響其他健康的人。未來醫院的建築將會參考這些研究的成果，透過處理微小懸浮顆粒的技術與設備，為更多人的健康把關。

家庭主婦與泡泡

藉由介紹黏滯性，我們已經知道牛奶中的脂肪小球及空氣中帶有病菌的液滴，是如何流過它身邊的流體介質。而在小尺度的物理學世界中，還有一個與黏滯性同樣重要的力，就是作用在兩種不同流體的「表面張力」。我們每天都可以見到的例子，就在水與空氣接觸的面上，而多數人最喜歡混合水與空氣的東西，就是泡沫[7]，所以我們就從泡泡浴開始說起吧！

水從水龍頭流出、注入到浴缸當中的聲音，都會使人愉悅，因為它正宣告辛苦的一天即將結束，可以泡個澡來放鬆自己；或是你才剛比完一場羽毛球賽，也會期待在浴缸中好好地放鬆。但是當你倒入一些入浴劑之後，注水的聲音就開始變化，這是因為泡沫不斷地在水龍頭下方聚集，注水聲就會變得更柔和而安靜。當你把水關掉，整個浴缸的泡沫讓你難以分辨水面究竟在哪裡，你只會看到無數個氣泡，就像裝滿空氣的圓球小玻璃瓶。

---

7 特別是我，畢竟我是一個研究泡沫的物理學家！

表面張力的難題，直到 19 世紀後期才有一群科學家開始挑戰。維多利亞時代是一個喜歡泡泡的時代，因此在 1800 年到 1900 年這百年間，肥皂的生產量呈現大幅成長的趨勢，白色泡沫洗滌了維持工業革命的工人身體與衣服，讓整個時代看起來更為乾淨。肥皂同時帶給人潔淨無瑕的印象，甚至讓清潔變成重要的禮儀，還變成一種道德規範。

這種印象擴及到各種領域，甚至那時的物理學界也堅信宇宙是以工整無瑕的定律在運作，直到數年後被狹義相對論與量子力學打破，才讓物理學界大夢初醒。在維多利亞時代，嚴肅的科學家絕大多數是男性，常常戴著紳士帽，並且將鬍鬚修剪得相當有品味，卻沒有辦法了解泡沫中的科學奧祕。面對這樣一個普遍、幾乎所有人的日常生活都會接觸的東西，揭開它神祕面紗的，卻是一位「德國的家庭主婦」阿內絲（Agnes Pockels）。雖然作為一個全職家庭主婦，她內心卻是一個不斷思考與探求事物本質的科學家，她利用有限的材料，透過靈巧的雙手，精確地完成表面張力的實驗。

阿內絲生於 1862 年的威尼斯，當時的女性幾乎都將生命奉獻給家庭，大多數時間都在打理各種家務。幸運的是，阿內絲的弟弟就讀大學時，將許多當時最新的物理學書籍與資料帶給她，使她得以在家中學習和做實驗。當她聽說有一位著名的英國物理學家瑞利爵士（Lord Rayleigh），也對表面張力感興趣時，就將自己的許多實驗與研究成果寄給他。

瑞利爵士對阿內絲女士的來信留下深刻印象，並且將她的研究成果發表在《自然》科學期刊上，讓所有當代的頂尖科學家都能看到她研究的重大成果。

阿內絲利用非常簡單、卻十分聰明的方式去測量表面張力。她將一面繫有細線的金屬圓盤（大約是鈕釦的大小），輕輕放置在水面上，然後測量拉起這塊小圓盤需要多少的力。她目睹到一個特殊的現象：要提起放置在水面和桌上的圓盤，需要耗費的力量不同，而前者需要更大的力；這兩者的差異，代表水面正在阻止圓盤被提起。

阿內絲成功測量出水的表面張力，即使那是來自一層薄到她無法看見的水分子形成的力──等一下就可以看到這個現象了，我們先到浴室！

充滿整個浴缸的是數量極為龐大而擁擠的水分子，彼此之間在玩著碰碰車遊戲。水之所以是很特別的液體，是因為它們分子之間的吸引力非常強烈，水分子是由 2 個氫原子及 1 個氧原子所組成（即 2 個 H 和 1 個 O 組成的 H_2O），其中氧原子較大而氫較小，氧原子位於中間而氫原子黏在兩側，呈現張得很開的 V 字形。即使水分子中的氫原子牢牢地黏在氧原子上，但當附近有其他水分子時，氧原子還是會與其他氫原子相互影響，產生一種稱為「氫鍵」的特殊吸引力，這樣的力使得所有靠近的水分子都聚在一起。這種力非常強大，而浴缸裡的水也正彼此拉攏而聚在一起。

水分子之間彼此吸引，因此在水中的水分子是處於平衡的狀態，但是表面的水分子就不一樣了。表層的水分子會受到下方水分子的吸引，但是上方卻沒有其他吸引的力量相抗衡，因此水的表面就像彈性貼布，會將表面的水往內拉扯，使得水往內收縮、凝聚而讓表面積減少。這就是表面張力。

當水龍頭打開，空氣伴隨著水注入浴缸而形成氣泡。這些浮在水面上的氣泡往往無法持久，是因為氣泡內的壓力略大於外界氣壓，因此正在向外伸展，而氣泡的表面張力無法將它縮回來，泡沫因此破裂。

阿內絲測量表面張力的方式，是將小圓盤一端的細線輕輕拉住，而其所施加的力道，稍微小於從水中拉起圓盤的力道。然後，她在旁邊的水面放入一點點清潔劑，經過 1 秒鐘左右，小圓盤就被拉起來了。這時的清潔劑已經遍布水面，形成一層薄膜，使得水分子已經不是最上層接觸空氣的分子，因此減少了水的表面張力。

泳鏡與表面張力

現在是添加入浴劑的時候，該跟清澈、平坦、有著最小表面的水說再見了。當這些芬芳而濃稠的液體倒入水中時，會迅速擴散到水中的每個角落。入浴劑的分子有一個親水端與一個疏水端，所以當疏水的那一端接觸到空氣時，它就會把空氣保留下來，但是親水的那端則是抓著水，因此分析泡沫的表面，在內側與外側接觸空氣的都是疏水端，中間夾著一層薄薄的水，而面向水的部分是入浴劑的親水端。

事實上，入浴劑在泡沫上形成的膜，只有一個分子的厚度。由於這時水的表面已經不像剛才是一張彈性貼布，因此泡沫可以變得很巨大而持久。藉由降低水的表面張力，我們就可以開始進行泡泡派對了。

值得注意的是，我們已經認為清洗時需要使用大量白色泡沫，才會讓東西變得更乾淨。但是隨著科學與工業的進步，與水結合並產生大量泡沫的清潔劑，不再是處理衣服上的塵土與油脂最好的選擇。優異的現代清潔劑在清洗時，幾乎可以不產生泡沫，而且泡沫實際上還會妨礙清潔。然而在過去很長一段時間中，清潔劑的廣告總是出現大量的白色泡沫，試圖說服人們這些泡沫是徹底清潔的保證，即便現在事實已經不再是如此，但如果現在的清潔劑沒辦法產生很多泡沫，消費者可能會懷疑這種清潔劑是否真的能把衣服洗乾淨。

黏滯性與表面張力作用的現象，都在我們肉眼可以察覺的尺度之下，儘管在我們的生活中，它們的重要性往往不如重力與慣性；然而在越小的世界中，表面張力影響的程度就越來越明顯──它可以解釋為什麼車窗玻璃會起霧、毛巾為什麼會吸水。微觀世界的美麗之處，就在於許多微小的過程最後會建構出我們熟知的世界。事實也證明，雖然表面張力大多出現在微小之處，卻是地球上最大生物生存的關鍵。

不過在開始介紹之前，我們先來了解表面張力的另外一個狀況：分開氣體與液體的這個表面，當它碰到固體時會發生什麼事情呢？

我很高興自己第一次在開放水域游泳時，沒有感到恐慌。其實我一直不確定在海上游泳會有什麼狀況，因此也從未擔心過。當我在位於聖地牙哥的斯克里普斯海洋學研究所工作時，我所屬的游泳隊有一項年度大事，是從拉荷雅（La Jolla）海灘來回泳渡到斯克里普斯（Scripps）碼頭，全程是 4.5 公里，其間會經過很深的海谷。

游泳一直以來都是我的興趣，而且樂於嘗試新的變化，因此我也來參加這場泳渡活動，不過那時的我只希望自己看起來不會像個新手。與大量的泳客一起游泳，一開始讓我不是很自在，但是隨著活動進行倒也漸入佳境。當我離開海岸不久，看到令人讚嘆的海下森林，由於海床很淺，因此我就像翱翔在天空的鳥，俯視著被太陽照耀的海帶與各種海洋生物。離岸越來越遠的時候，水逐漸變得深不可測，那些底部消失於黑暗中的海帶，提醒我深處擁有很多我看不見的生物。

當我離開有海帶的區域時，海水的波濤變得較為明顯，此時的我需要專注於游泳以免迷失方向。然而設為折返點的碼頭卻在這時逐漸模糊，而且在水中也看不見任何東西，我馬上意識到，喔！我的泳鏡起霧了。

在我的塑膠泳鏡中，汗水從我眼睛周圍的皮膚蒸發出來，而我越努力游泳，蒸氣就越多。這些被困在泳鏡中的蒸氣相當溫暖而潮濕，就像一個小型的三溫暖，然而，外界的空氣與海水的溫度卻低很多，因此在泳鏡內，熱蒸氣碰到冰冷的鏡片時，就會將熱能放出而凝結，再次變回液體。

其實主要問題不是冷卻凝結，而是這些凝結的水分子受到塑膠的吸引力較弱，不如水分子彼此之間吸引的力，因此水分子會聚集在一起；又因為表面張力的作用，讓水往內聚而使得表面積縮小，在這兩項因素的影響下，鏡片內部出現許多細小的水珠。這些大約 10 ～ 50 微米的水珠，受到重力的影響遠低於黏在塑膠鏡片上的力量，因此無論浪費多少時間等待，它都不會因為重力而滑落。

這些大量出現在鏡片上的微小水珠，就像一個個細小的透鏡，會折射進入的光線。因此當我抬起頭要尋找碼頭時，來自四面八方的混亂光線，讓我的眼睛內無法呈現任何影像，就像一個房間內擺滿大大小小的鏡子一樣，只會看到混亂又破碎的圖像。

為了解決起霧讓我看不到方向的問題，我停下來沖洗泳鏡，這樣一來就看得到碼頭的位置，但沒過多久，泳鏡鏡片又會起霧，我只好不斷重複清洗的工作。最後，我跟隨著一個戴著明亮紅色泳帽的泳客，因為比起其他顏色的光，紅光受到鏡片上小水珠的影響比較小。

當大家抵達碼頭時都會稍微停留一下，並確認每位參加者的狀況是否正常。在這段時間，我正思考要如何解決泳鏡起霧的問題，忽然想起一個星期前，潛水教練教過我們的一個方法：把口水抹在鏡片內側。當時我聽到這個方法，覺得怪異而做了個鬼臉，但是現在我可不想在回去的路途上又是霧茫茫一片，因此就照著這個方法，果然在折返回去的途中，這個困擾就消失了。

其實會塗上口水，不只是因為不想要中途一直停下來清洗泳鏡，更因為我已經有些落後，需要努力追趕，不能一直在霧中尋找位於海灘的終點。人類的唾液如同清潔劑，能降低水的表面張力，雖然我的泳鏡內依然像是三溫暖烤箱，水也依然會凝結在塑膠鏡片上，但因為表面張力較弱，無法讓水形成水珠，所以這些凝結的水就變成一片覆蓋在鏡片上的薄膜。既然沒有這些微小水珠形成的透鏡，光線就可以筆直進入我的眼睛，讓我能夠看清楚方向。

當我回到海灘後，離開水面時的心情相當快樂，一半的原因是自己完成了這趟泳渡活動，一半是海洋又教了我一件事情。

將界面活性劑塗抹在鏡片上，就是阻止起霧的一種方式。許多液體都可以作為界面活性劑，例如唾液、洗髮精、刮鬍膏或是昂貴的專用防霧劑。一旦這些界面活性劑附著在鏡片上，當霧氣凝結時，因為表面張力被破壞而削弱，因此水很難聚集成水滴，只會均勻地分散在表面上。這就像一場與表面張力的戰鬥，因為它是水珠生成的重要因素，所以只要減弱它們的力量，我們就不會出現被小水珠遮蔽視線的困擾[8]。

要避免泳鏡起霧，除了前面提到降低水的表面張力之外，還有一種解決方式：增加鏡片對水的吸引力。當我們直接把水滴在塑膠或玻璃上面時，水往往會聚集成一顆水珠，因為這時的水正在儘量減少與玻璃或塑膠表面的接觸面積。這是由於水分子彼此有吸引的力量，使得水往內聚集成接近圓球的形狀。然而，若是此時固體表面對水分子的吸引力很強，幾乎與水分子相互吸引的力量一樣時，水分子就會被表面吸引、拉扯而散成一層薄薄的水，不會聚集成水珠。在那次泳渡之後，我改用內層有親水性塗料鏡片的泳鏡，再次游泳的時候，水依然會凝結，但它就會被表

---

8 還有一種可以看到破壞表面張力的方式。番茄有疏水性的表面，當你將水滴在番茄的表皮上，會看到水變成了水珠，甚至沿著邊緣滑下來。此時，如果你將筷子沾上清潔劑，輕輕點到番茄上的水珠，水珠就會立刻擴散開來。不過如果你接著要吃這顆番茄，記得將上面的清潔劑清洗掉喔。

面吸引而擴散，於是我再也不用面對霧茫茫的泳鏡了[9]。

抹布與毛細管現象

減弱表面張力可以幫助我們解決很多問題，但是，難道表面張力只會給我們帶來困擾嗎？由於水分子之間互相吸引的力量很強，特別是在越小的尺度下越明顯，因此表面張力的貢獻往往是在微小的地方。如同前面提及的尺寸與重力的關係，在越小的尺度下，重力的影響就會越薄弱，因此在微觀世界中，如果要將水抽起來，我們不需要泵浦或是虹吸管，並耗費巨大的能量，只要利用表面張力就可以了。也許你從來不覺得用水拖地板有什麼特別，但是如果沒有這個現象，我們的世界將會大大不同。

別懷疑，我真的是一個糟糕的廚師，但是我對於烹飪本身的興趣，能讓我承受自己為廚房帶來的災難，因此當我使用別人的廚房時，總是特別緊張。幾年前，我在波蘭一所學校擔任國際志工而打算為大家製作蘋果派[10]，當我詢問是否可以借用學校裡的廚房，一位看起來凶狠又高大的學校廚師，熱情地說：「No ！」這讓我困惑了一陣子，不知道為何她會「熱情地」拒絕，直到我想起來在波蘭語的發音當中，「No」其實是「好啊」的意思。

由於我的波蘭語欠佳，所以沒能完全理解廚師叮嚀的事項，不過我明顯感受到一個重要原則，就是必須要維持廚房的整潔，不要有東西溢出來並保持完美。當她離開後，我開始準備做派皮需要的材料，但第一件事情就是打翻一整罐剛開封的牛奶。

當下的我第一個反應就是要讓打翻的牛奶消失，如此一來，那位廚師就不會知道曾經發生過這樣的事情。然而牛奶又黏又滑，我無法將它撿起或掃除，並且還以驚人的速度在廚房地板上流竄。不過我身旁剛好有一樣工具，可以將液體聚集在一起並移到別處，那就是抹布。

抹布大多數由棉花製成，棉花的纖維會吸引水分子，因此當

---

9 其實這是兩種拉力——固體表面吸引水的力量，以及水內聚的力量的平衡。透過控制這兩種力，有助於了解或解決許多問題。有一種英國人經常遇到的困擾，就是為什麼每次用茶壺倒茶時，最後總會有一些茶水沿著壺嘴流到壺身，最後滴在桌面而不是進入茶杯，答案是因為茶壺吸引水的力道太強了。一開始倒茶的時候，壓力較大，將茶水推出壺嘴的力量主導一切，但是當茶杯快滿了或是茶壺內的茶水即將倒完時，由於流量減緩，因此壺嘴邊緣就能吸引住水，使得水無法離開壺嘴、流入茶杯，而是被壺嘴拉回來並沿著邊緣滴到桌上。解決辦法就是製作一個具有疏水性壺嘴的茶壺，可惜的是，當我在寫這本書時，商店中似乎還找不到這種茶壺。

10 這實際上是為了要補償一件事。當我與一群朋友在波蘭的第二大城市克拉科夫（Krakow）旅行時，我答應要帶他們去猶太區的一間餐廳，享用一頓美妙的晚餐。但是在那個還沒有智慧型手機的年代，我迷路了，於是我就帶著十二個飢餓的人（其中還有一位我很重視的人），在黑暗而空蕩蕩的城市中遊蕩。我始終沒有找到那間餐廳，最後只能讓大家吃麥當勞。所以製作這個蘋果派是為了補償我的愧疚。

抹布接觸到牛奶，這些液體忽然就被另外的力量吸引。當微小的水分子附著於抹布的纖維上之後，纖維上的水分子又會吸引其他的水分子，接著，被拉到纖維上的水分子繼續受到其他纖維的吸引，因此水就不斷地爬升、逐漸擴散到整塊抹布上。

不過如果要快速把打翻的水吸乾，濕的抹布會比乾的更理想，因為乾抹布的纖維上沒有水分了，但是對於濕抹布而言，因為水已經附著上去，就會很快地將其他的水，以及水中其他的物質帶上來，於是牛奶就被抹布吸收。抹布纖維吸收水的力量非常之強，以至於將液體往下拉扯的重力變得無關緊要，於是我將打翻的牛奶收集起來了。

但是故事還沒完，抹布真正的用處是在於那些使得抹布蓬鬆的孔隙。如果抹布只能靠纖維吸引薄薄的一層水，那其實幫不了什麼忙，但是纖維交錯出無數微小的空間與通道，當水進入這些空間之後，就會被往上拉，而通道中間的水也會受到拉力影響。同樣體積的抹布，如果內部的纖維越密，代表有更多細小的纖維與更多更小的空間；當空間越小，纖維上的水分子就越能透過與其他水分子的拉力，把小空間填得越滿，水在整體毛巾上的附著量就更大。

一條平凡的抹布，如果把所有纖維的表面展開，將會是一個你意想不到而巨大的面，由於這些面會形成大量狹小的空間，所以抹布就能吸收很多的水。

當牛奶逐漸消失而被抹布吸收的時候，裡面的纖維正在吸引水分子（牛奶正跟隨內部的水流動），並讓它們聚集在一起。我們先從單純一條纖維開始解釋，當這條纖維接觸水，纖維與水分子彼此吸引，水分子又與其他水分子相互吸引，水面就會以纖維為中心而微微突起，越高而越接近中心的水較少，底部的水較多，就好像被輕輕地拉起來一樣。這時加上另外一條靠得很近的纖維，兩條纖維就會合力提起更多的水，接著再加入更多交錯的纖維，液體會受纖維吸引而附著在這些交錯的纖維上。由於孔隙很小，水分子為了滿足彼此之間的拉力，還會聚集更多的水將孔隙填滿，整個過程在我們看起來就是水被往上拉，這就是「毛細現象」（capillary action）。

雖然重力一直將水往下拉，但是在微小的世界中，當牛奶表面接觸到抹布表面時，重力完全不敵水分子與纖維之間的力量。

接著我將抹布翻過來，讓原來上方許多微小的空間，現在朝下接觸並吸收牛奶。水會透過這些間隙不斷向上爬升，並且引導更多的水向上，直到這些纖維交錯的小空間中，吸引水分子力量的總和與地球的重力取得平衡。這就是為何當你將毛巾放入水中後，液體在毛巾上會快速上升幾公分，然後就放慢、甚至停止；這個停止的高度，就是被吸起的水的重量與表面張力平衡的地方。

纖維組成的孔隙越小，表面張力的作用就越明顯，因此吸起的水就會越高。所以大小還是決定一切。如果你有一個將毛巾放大 100 倍的模型，也就是纖維與孔隙都等比例放大，那這樣的「大毛巾」將無法吸水；不過若是反過來將毛巾縮小，毛細管作用就會更明顯，因此毛巾內的水就可以上升到更高的地方。

如果我們什麼事都不做，只是把抹布放在乾燥的地方，水分也會從那些纖維及孔隙中蒸發，消失在空氣中。但是對於吸滿液體的抹布而言，要讓液體自行擺脫而蒸發，需要花上很長的一段時間 11。

我把打翻的牛奶處理乾淨，並且完成了蘋果派，也將廚房清理得一塵不染之後才離開。但緊接著，我卻面臨一個跟表面有關的所有科學都無法處理的問題。隔天品嚐這片蘋果派的人，對於我使用的鮮奶油露出嫌棄的表情，我本來以為可以先從他們口中學到波蘭語的「奶油」，但是他們卻先說出波蘭語的「酸」，告訴我鮮奶油變質了。不過我是一個從生活中學習的人，因此不會再犯同樣的錯誤。

毛巾或抹布大部分是由棉花所製成，而棉花的纖維是一種具有長鏈分子結構的物質，由很多小的多醣分子所組成，因此很容易與水分子相互吸引。此外，讓這些纖維形成交錯的蓬鬆結構，就是我們在廚房中常見的抹布與紙巾，因此都是具有良好吸水性的材質。

現在我們有了一個有趣的問題：這個藉由微小纖維與空間形

成的吸水裝置，它的極限在哪裡？如果我們盡可能地讓纖維之間的孔隙縮小，讓通道變得更狹窄，水可以上升到多高？毛細現象不是只出現在抹布當中，大自然中由纖維形成的微小通道，已經存在了非常久的時間，而這種看似只在小地方作用的現象，卻造就了地球上最巨大的生物：紅杉神木。

森林是一個相當安靜、潮濕的地方，而且似乎一直都是如此，少有明顯的變化。在高聳的林木之間，是長滿苔蘚與蕨類的地面，當人們行走在森林中，偶爾有機會聽見鳥鳴，卻很難在茂密的枝葉當中找到牠們的蹤跡，這些幽靜中的聲音彷彿讓樹木更加沉重。

當我沿著河谷行走時，可以在枝葉之間看到一部分的藍天，而溪流旁則有著潮濕的土壤。我不斷深入森林之中，忽然有一股壓迫感讓我提高警覺，因為前方出現了一個巨大的黑影。但它不是可怕的掠食動物，而是一棵神木，一位真正的巨人，一位站立在這兒長達千年的巨人，而我只是一個人類的青少年，在它的影子中顯得極為渺小。

這些海岸紅木，或稱為加州紅杉，曾經茂密地覆蓋著加州的

---

11 當然，抹布裡面的牛奶，除了水之外還有蛋白質、脂肪、醣類等物質，當水蒸發了之後，其餘的都會留在抹布上，因此還是需要清洗。

一大片區域。然而近幾年，這些巨大的森林已經減少到僅剩下一些零星區域。我曾經造訪過最知名的紅杉生長區，是位於洪保德郡（Humboldt County）的紅木國家公園（Redwood National Park）。這些龐然大物非常驚人，每棵樹的樹幹都筆直地朝向天空，這裡甚至還有一棵地球上最高的樹，有著 116 公尺高的身軀。在我徒步行走的過程中，時常見到直徑超過 2 公尺的樹木，令我驚訝的是，在充滿深深皺紋的樹皮內，這些樹仍不斷生長而累積年輪，是活生生的！那些在我頭頂上 100 公尺的小型常綠樹葉，還持續吸收著太陽的能量，透過光合作用，讓樹不斷成長。

水是生命的基本要素，而我腳下土壤內的水，正是樹木依賴的來源。在我周遭的整座森林中，水分不斷往上走，而且這種流動從未間斷過，從發芽開始，樹木的體內一直維持著這樣的運行。這裡的一些樹在羅馬帝國時代就已存在，當成吉思汗橫掃歐洲、當羅勃・虎克撰寫《微物圖誌》、當日本轟炸珍珠港、當火箭郵件升空失敗……這些在加州霧氣中的樹木，沒有一刻讓體內的水停止流動。因此，我們可以確定這種機制不會停止，也無法中斷而後重新開始。

這種高大的植物睿智地使用了毛細現象，最神奇的地方就在於它們巨大身軀內，負責運送水以維持生命與成長的管道，只有幾個奈米的寬度。

由纖維素（cellulose）所組成的木質部（xylem），內部有大量微小的管道，使得水分得以從根部運送到葉子上，而我們常見的木材就是來自這個部分。隨著樹木年齡的增長，內層的木質部會逐漸失效而無法運送水分，僅剩支撐的功能。讓抹布可以吸水的毛細現象，也讓水在樹木的管道內上升，但是實際上藉由毛細現象，並不足以使位於上百公尺高處的葉子吸收到水分。

所以樹木的根部在吸收水分之後，還會提供滲透壓力讓水上升。另外，為了讓水能夠運送到更高的地方，還需要有一種稱為「蒸散拉力」（transpiration pull）的力量將它往上拉。每棵樹木都有一整套這樣的系統，而其中發揮得最淋漓盡致的樹種，就是紅杉。

我坐在一截傾倒橫置的樹幹上，旁邊就是這矗立千年的巨人。我抬起頭望著上方 100 公尺處，看見微風吹過樹葉，此時的葉子正在進行光合作用（photosynthesize），這個過程需要陽光、二氧化碳和水。二氧化碳來自空氣，會從葉子下方的氣孔進入，而這些氣孔的內部，有一部分是纖維素組成的纖維網絡，也是輸送水的管路末端，這些管路越接近氣孔就分岔得越細，最終接觸空氣的管子只有大約 10 個奈米寬[12]。水分子這時候正牢牢地附著在纖維通道上，並向內凹陷，就像一個奈米尺度的

12 奈米是非常小的尺度，1 公釐等於 100 萬奈米。

碗。陽光讓葉子和氣體升溫，也讓這個微小的碗狀結構表面上的水分子，獲得足夠的能量而離開它與其他水分子聚集的地方，蒸發、離開葉子的表面。

當許多水分子離開時，這個微小管道內的碗狀結構變得更深，但是表面張力為了讓水靠得更近以減少表面積，需要更多的水分子來填補蒸發的部分，所以管道中的水又被往前拉。接著，管道內的水分子就像被洗牌一樣，逐漸往葉子的方向移動。由於這些末端的管道非常狹窄，因此表面張力會讓管道具有很強的吸力，這些吸力足以將整個液柱的水吸到樹上（這是因為樹上有數百萬片的葉子）。

這是一個驚人的結果，因為重力同時也正在將整棵樹的水往下拉，但是大量而微小的力，卻獲得最終的勝利[13]。這不僅是一場抗拒重力的戰爭，表面張力形成的拉力，也克服水在這些微小管道內的摩擦力。

森林中剛從土壤中冒出來的樹苗，是樹的嬰兒，它們大概只有一歲。莖部的液柱才形成不久也不長，當它們持續生長時，這些運送水的管道就會延伸，但是其中輸送的水卻從來不會間斷，所以液柱的頂端一直是濕潤的氣孔。這些隨著樹木生長而不斷延長的管道，一旦水的輸送受到中止而液柱出現空隙，就無法再將它填滿，因此如果樹要持續生長，這些管道必須不斷運送水分而不能遭受破壞。

海岸邊的紅杉之所以能長到這麼高，是因為沿海的霧氣可以終年讓葉子保持濕潤[14]，因此根部不需要輸送太多的水給葉子，整個系統可以更慢，而樹木可以長得更高。

水從葉子當中蒸發出來的過程，稱為「蒸散作用」（transpiration），當你在陽光下仔細觀察樹葉時，便有機會見到這種現象。這些沉重的巨型紅杉實際上就是一束巨大的水管，它們從地下吸取水分，經由光合作用讓多餘及生成的水逸散到大氣中，而且所有的樹都是如此。

樹是地球生態系統中非常重要的一部分，它們只要能夠持續將水往上運送，就會不斷地往上成長。運送水的過程當中最迷人之處，是這個系統不需要引擎或泵浦的幫助，只要將問題放到微小的世界中，讓存在於微小世界的物理原理產生作用，然後將這些微小的現象經過數百萬次的加疊，最終就會變成參天的神木。

表面張力、毛細現象、黏滯性……微小世界之中，往往比重

---

13 但是仍然有一個極限。為了將水吸往更高的地方，就必須要有更強的表面張力，也因此氣孔必須更小，但是較小的氣孔能夠吸納的二氧化碳就會比較少，因此光合作用的原料就會不足。目前的研究指出，太高的樹無法將二氧化碳變成生長的材料，因此樹生長的最高極限，大約是在 122 ～ 130 公尺之間。

14 有一些研究發現，霧氣對樹還有更多益處，不僅是減少樹葉中水的蒸發，還可以進入氣孔讓它充滿水分。

力與慣性更具有主導地位，也影響著我們日常生活的一部分。這些機制可能因為太小，所以我們往往看不見或是忽略它們，然而它們集合起來的結果卻是相當顯著。近年來，我們已經不再只是欣賞這些美妙又優雅的原理，而是開始化身為工程師，試圖掌控它們。

在一個正快速發展的微導管（Lilliputian plumbing）領域，出現一種控制流體，使其流經細小而狹窄管道的方法，稱為「微流控」（microfluidics）。雖然對大家而言是一個陌生的詞彙，但是往後它將為這個世界帶來很多重大的影響，特別是在醫療領域。

今時的糖尿病患者，已經可以使用一部簡單的電子儀器來測血糖。只要先用採血針讓指頭出現一個米粒大小的血滴，透過毛細現象，血液接觸血糖試紙之後就能迅速被吸收。血糖試紙中的微小孔隙內有一種酵素（enzyme），稱為「葡萄糖氧化酶」（glucose oxidase），當它與血糖產生反應之後，就會產生一個電子訊號，傳送到手持的電子血糖計，瞧！螢幕上馬上就出現血糖值。

很明顯地，這是透過毛細現象讓試紙吸收血液、進行分析測量。所以呢？我只是簡單地描述它的原理，實際的運作過程其實非常複雜。

如果你可以藉由微小的管道、過濾裝置來引導流體，將它收集並保存，接著與其他化學藥劑混合，就可以看到相同於實驗室處裡的結果，那就不再需要透過玻璃試管、滴管和顯微鏡來分析。這是一種正在發展的晶片實驗室（lab-on-a-chip）的概念，能透過微型的設備與裝置，進行醫學的分析與測試。沒有人喜歡在醫院檢查身體時，需要被抽一管的血液，但如果只是貢獻一滴血，我想大多數人更能接受。甚至有些小型設備因為不需要高分子或是半導體等昂貴的材料，而是透過一張紙就可以檢驗，因此往往較為便宜，甚至還可以量產。

哈佛大學（Harvard University）的喬治·懷特塞茲（George Whitesides）教授所領導的一群研究人員，已經設計出一套郵票大小、由紙張製成的迷你診斷工具，上面以許多疏水性的線條來分隔出親水性的通道。當你讓一滴血液或尿液接觸到這種試紙對應的部分時，毛細現象會將液體引導並分開到不同的檢測區域。這些區域的纖維中含有不同的生物檢測成分，每個儲存處（reservoir）都會依據檢測結果呈現不同顏色[15]。

研究人員建議，可以將這項成果應用在居住偏遠地區的人，提供他們醫療檢測，還可以用手機將檢驗結果拍照，再以email

15 這種試紙稱為「紙基微射流電化學裝置」（microfluidic paper-based electrochemical devices），或簡稱為「μPAD」。目前一個名為「全民診斷」（Diagnostics for All）的非營利組織，正在普及這項技術。

傳給在遠處醫院的專家進行診斷。這是一項重要的成就，因為紙張成本低廉、輕便，而且試紙不需要電力即可運作，唯一需要注意安全之處，就是加熱某些試紙需要的火源。未來這些試紙還需要經過檢驗與調整，才能知道簡單的方式是否真的能夠處裡複雜的現實。但無論如何，這些設備必然會成為醫療與醫學當中，相當重要的部分。

真正的天才在面對一些問題時，會想到如何從尺度上著手，藉由建造或大或小的裝置，往往可以簡化問題，甚至是獲得解決辦法，而這個時候，相關的物理定律就會變成我們手邊可以選擇而方便的工具。

小世界，真的很美！

第4章

片刻之間
——變化與平衡的狀態——

A moment in time:
the march to equilibrium

對一個慵懶的星期天而言，一間英式酒吧是午餐最好的去處。這些餐廳內部給人的印象，不是充滿設計感的裝潢，而是層層堆疊交錯的空間隱身在古老橡木梁柱之間。我常去的那間酒吧，其中一個角落有個黃銅的飼料盆，旁邊那張照片裡的是獲得喬治亞獎的豬，而某次我就坐在這些東西之間，點了一份標準的酒吧午餐。

附餐會有薯片，以及隨之附上的一罐番茄醬，但是這種組合需要你付出一點體力為代價。數十年來，這些橡木的梁柱已經見證過無數次這樣的儀式：擠番茄醬。為了要讓番茄醬離開瓶子，人們大多必須與它暴力相向。

大部分的人每次剛開始倒番茄醬時，都很樂觀地直接讓瓶口朝下，嘗試讓番茄醬自然流出，但通常什麼事都不會發生。因為番茄醬是厚實黏稠的物體，重力不足以把它拉出瓶子。廠商之所以讓它具備這種狀態，第一個原因是黏稠的番茄醬可以避免放置了一段時間後，裡面的香料開始沉澱，使得你必須在使用前將它搖晃均勻；第二個原因是大家喜歡薯片上有厚厚一層番茄醬，如果它不夠黏稠，淋在食物上只會有薄薄的一層，其餘都會流到旁邊。不過說了這麼多，我的番茄醬依然在瓶子內，還是沒有淋到薯片上。

當大家將打開瓶口的番茄醬倒置在薯片上方幾秒鐘後，終於開始明白瓶子裡的番茄醬對於重力的拉扯是絲毫不為所動。那些亟欲享用薯片的人開始搖晃瓶子，而且越來越大力，甚至還會用另外一隻手拍擊瓶子的底部（這時的「底部」是指朝上的那側）。當餐廳裡的人都開始注意這個人與瓶子之間的戰鬥時，忽然，四分之一瓶的番茄醬就這樣倒在薯片上。

這就奇怪了，它可以一次流出這麼多，讓薯片蓋滿厚厚的番茄醬（也可能噴了一大堆到桌上），那為什麼剛才一滴也流不出來？這種抗拒到了某種程度之後，才會大量出現的流動，原因是什麼？

這一切都跟番茄醬有關，當你嘗試緩慢而柔和地推動它時，它就如同一個固體，但是一旦你快速搖晃它，它就像是液體，因而流動自如。當番茄醬在瓶子內或在薯片上時，只有重力會輕微地吸引它，就如同吸引一個固體一樣，維持在原來的位置；但是快速搖晃就會使得番茄醬的內部開始移動，此時就出現液體的行為。這一切都跟時間有關[1]，如果使用不同的速度移動同樣的東西，結果就會大不相同。

番茄醬最主要的成分就是番茄，以及增加風味的醋與香料，而番茄本身除了大量的水，其他成分似乎也沒有什麼特別之處。但是這瓶番茄醬的祕密就在於其中 0.5% 的添加物，它們是

---

1 在固定的距離內來回，時間會決定速度。

由醣分子組成的長鏈化合物，稱為「黃原膠」(xanthan gum)。這種化合物最早的用途是在於細菌的培養，如今則是一種常見的食品添加劑。

當瓶子靜置在桌上時，這些被水包圍的長鏈分子彼此會輕微地交纏，因此可以固定番茄醬內的各種物質。但是隨著餐廳客人拿著瓶子搖晃，這些長鏈分子會暫時解開，不過很快又會恢復與其他的長鏈分子交纏。當瓶子搖晃得越來越劇烈時，就會有越多分子處於分開的狀態，直到它們交纏的速度比不上分開的速度，這時，番茄醬就不再像固體，而是變成了液體，從瓶子內流出來了[2]。

所有英國人每天花在倒番茄醬的時間，一定相當可觀，但其實有一個方法可以解決這個問題，卻很少人去做。大家常將瓶子倒置，然後搖晃、拍打底部，其實是事倍功半的做法，因為變成液體的番茄醬都在底部，而朝下的瓶頸內的番茄醬，卻依然像固體。所以最好的方式不是拍打底部，而是讓番茄醬的瓶子傾斜對準薯片，然後拍打瓶子的前端，這時變成液體的番茄醬就在出口，所以很容易就自然地流出來，而且不需要大力搖晃，不會弄出打擾其他客人的聲響，也不用擔心整瓶番茄醬都變成液體，忽然噴得到處都是，更不會讓你的薯片埋在一大灘的番茄醬底下。

在物理學的世界中，「時間」事關重大，因為它決定事情發生的速度。有時候，當你以一半的時間完成某件事情，它的結果可能和花了雙倍時間的結果一樣，不過在某些情況下，卻又會截然不同。時間是控制這世界非常有效的方式，也是一個非常有趣的事情。

時間的尺度對於不同東西而言，會有不同的意義與重要性，例如泡一杯咖啡、行走的鴿子以及建築一棟高樓。掌握時間不只是讓我們生活有效率而方便，事實上，我們之所以能夠生活，往往是因為在真實世界中，很多的行為會有延遲的現象。現在讓我們從頭說起，故事的主角是一種永遠落後的生物，也是一種代表溫和的吉祥物。

我待在劍橋時的某個晴天，必須承認自己敗給一隻蝸牛。

一般學生很少會在大學的最後一年，像我一樣開始對園藝產生興趣，但是我與三個朋友一起租的房子，有個十分誘人的花

2 這種現象稱為「剪切稀化」(shear-thinning)，我們之後會介紹蝸牛如何運用它。

園，因此在最後一年，除了學業和運動之外，我開始將一些閒暇時間投入於這片花園。首先，我割除了蔓延整座花園內的野生蕁麻，這時我發現原來花園裡面有大黃屬（rhubarb）的植物，以及一些薔薇灌木。我爸笑我竟然開始種植馬鈴薯，然而這只是我將要改造的一部分菜園而已。最讓我興奮的是，這裡有一個廢棄的溫室，地面布滿瓦礫，旁邊爬滿了葡萄藤，也許在春天來臨之前，我可以先讓韭菜與甜菜的嫩芽生長在這個避風港內。於是，我在 2 月下旬就開始播種，等待適當的時機將它們移植到溫室外。

播種之後過了幾天，我拿著澆水器要去巡視發芽的狀況，卻看不到任何幼苗。花盆中央的黑色土壤裡只有殘缺的芽葉，以及一大群若隱若現的蝸牛。我不能被蝸牛擊敗，於是我將蝸牛移走，並在花盆下面墊了磚頭，認為這樣蝸牛就無法爬上來，接著重新播種。2 週後，原來冒出了一點的幼苗又全部消失，並且出現我有生以來看過的最大一群蝸牛。

我嘗試很多方法要隔離蝸牛，但是都宣告失敗。最後我將空的花盆倒過來，在上面放置一個托盤，接著將有種子的花盆放在托盤上方，看起來就像有兩根蕈柄的香菇，然後將花盆與托盤的周圍塗滿油，接著把最後僅剩的幾顆種子放到土中，雙手合十地祈求這次會順利，然後就回房間讀凝態物理學（condensed matter physics）了。

幼苗安然度過了 3 週，但是不幸的事情終究還是發生了。當我要去檢查幼苗時，一踏進溫室，就看到花盆上原來應該是嫩綠幼苗的地方，變成了一隻肥胖而且看起來相當快樂的蝸牛。接下來的我就像偵探分析現場一樣，努力地思索這隻蝸牛犯人，究竟是如何突破我的防線。

我將調查的結果歸納成兩種蝸牛可能採取的方法，第一：蝸牛爬上溫室的牆壁，接著倒掛地爬在天花板上，然後找到正確的位置讓自己掉落到花盆內，但是這個難度太高，不太可能。第二，牠沿著長板凳爬到花盆邊，然後倒掛著爬過托盤的下方，接著再爬上有嫩芽的花盆，克服了我設置的障礙。但是無論是哪種狀況，牠都得到牠的美味大餐[3]。這兩種方式都必須經過一段上下顛倒的路，蝸牛是如何透過身上的黏液完成這項任務？如果你仔細看蝸牛的移動方式，會發現牠和毛毛蟲不一樣，蝸牛身體不會離開爬行的表面，而是會將自己固定在黏液上，而且還能設法平移前進。

蝸牛的祕密武器，原理其實和番茄醬一樣。

如果你看著蝸牛移動，可能不會有什麼收穫，因為牠的腹足

3　當然還有另外一種可能：當牠還小或是還未孵化時，可能隱身在堆肥當中而被放到花盆裡。不過我看到牠的時候已經非常大隻，很難想像牠會在這麼短的時間內有這樣的成長。

外緣是以一個恆定而緩慢的速度在移動。由於移動緩慢，因此黏液就像固定的番茄醬一樣，厚實、厚重、不會流動。然而腹足中間的組織在移動時，會形成從後面行進到前方、強而有力的波動，接著就會使黏液迅速移動，就像大力搖晃的番茄醬一樣，黏液會短暫變成容易流動的狀態。

蝸牛只要持續讓腹足形成波動，就可以在阻力變低的黏液上方前進。不過蝸牛也需要較厚的黏液，這樣才可以固定一部分的腹足，而讓另外一部分前進。蝸牛與蛞蝓可以移動的原因，是由於牠們分泌出來的黏液，可以時而為固體、時而為液體，這完全取決於牠們用多快的速度移動腹足。這種移動方式的最大優點是牠們就算頭下腳上也不會掉落，因為牠們的身體一直有一部分牢牢地附著在行進的表面上。

蝸牛的黏液是如何完成這項特殊的任務呢？黏液成分是一種非常長鏈的分子，稱為「醣蛋白」（glycoproteins），它在靜置的狀況下，會自然產生化學的連結，因此相當堅固。但是當蝸牛施予足夠的力量時，這些連結就會斷開而彼此滑過，就像攪拌的義大利麵一樣。但是這種狀況只會維持 1 秒鐘，接著黏液分子之間就會重新與彼此連結，變回凝膠狀的物體。

如果我當時就知道這一切，能夠保護幼苗嗎？事實上，就算我翻遍家中所有角落，也找不到任何一個平面可以讓蝸牛的黏液失效，讓牠無法攀爬進入我的花盆，即使是不沾鍋也一樣。科學家透過實驗，發現蝸牛甚至可以黏在疏水性極強的表面，也就是水幾乎沾不上去的地方。生物總是有超乎想像的能耐，不過這種掌聲，就留給不需要煩惱幼苗被吃掉的人吧。

此外，市面上有一種不滴油漆，也是應用了相同的原理。當這些油漆靜止的時候，他們相當黏稠而厚實，但是當我們使用油漆刷推動它的時候，油漆的黏稠度降低，讓我們可以均勻地塗抹在牆壁上。一旦刷子不再施力，它又會恢復成黏稠的狀態，並且維持在牆壁上而逐漸乾燥。

番茄醬和一隻蝸牛都是生活中的小事物，但是同樣的物理學現象，如果作用在大規模的區域，可能會造成難以想像的後果。基督城（Christchurch）是一個迷人的紐西蘭城市，我曾經在 2002 年造訪過它，那裡的土地是由亞芬河（Avon）所攜帶的微小顆粒，在數千年當中不斷沉積而成的地層，因此這個風景優美的地方，其實是一個不定時炸彈。

在 2011 年 2 月 22 日下午 12 點 25 分的時候，位於市中心東南方 10 公里的地方，發生了一場芮氏規模（Richter scale）6.3 的地震。地震本身就會搖晃人與物品而造成傷害與災難，甚至會毀壞建築物。這座城市下方的沉積物地層，只有在它維持堅固的固體狀況下，才能讓都市穩定地運作；然而地震帶來的劇烈搖晃改變了一切，如同搖晃裝有番茄醬的玻璃瓶一樣，這些沉積物液化了。雖然都是相同的物理現象，但是不同於番茄醬內的長鏈分子因為搖晃而彼此分開，從小尺度上來看，地震的晃動讓水進入這些沉積物，使得沙土分開而流動。

路面上的汽車之所以不會下沉，是因為雖然重力把它往下拉，但是地面同時也足夠堅固，可以抵抗這種牽引。然而在基督城地震的那幾分鐘內，這種平衡卻被打破了，這些數十年來沒有移動過的沙地，隨著振動而被迫彼此之間錯開、滑動。若是振動造成的平移速度慢，在它上方的車子就安全無虞，然而強大的地震造成快速的平移，沙子與空隙中的水分被迫離開原來相對的位置，於是沙子彼此滑動，形成一種流質的泥沙混合物，同時脫離固體的狀態。因為振動而流動的沙土失去支撐力，牽引汽車的重力獲勝，於是車子開始下沉；不過當地震的振動結束之後，晃動減緩的沙子很快找到彼此之間的支撐而重新固化，搖晃結束後，許多原來在沙地上的車子都呈現半掩埋的狀態。

這次的地震為基督城帶來史無前例的傷害，許多汽車掩沒在沙土當中，建築物的地基因為隨著周邊與下方沙土的移動而下沉、傾斜。這個稱為「液化」(liquefaction) 的現象，通常只有地震這樣強大的能量釋放，才能晃動由大量沉積物組成的地層。不過如果搖晃的速度比較緩慢，這些沙子組成的地層有足夠的時間傳遞能量，就不會將能量留在其中而產生液化。這就是為什麼在沙漠中遇到流沙時，拚命掙扎的結果往往使人萬劫不復。因為人在流沙當中快速而大力地擺動四肢與身體，周圍被他擾動的流沙就形同液體，使得身在其中的受害者逐漸下沉；如果他以很緩慢的速度動作，沙子就會呈現固體的樣貌，大大增加脫困的機會。

振動的頻率取決於時間，所以你如果用不同時間去完成一些事情，例如快速搖晃番茄醬，或是緩慢地爬行在流沙中，就會得到截然不同的結果，重點在於「掌握時間」。

跑步機與鴿子

當我們形容一件事情發生得很快，常常會說「一瞬間」，意思是眼睛一開一合的時間。人類眨眼的時間平均是三分之一秒，但最快可以達到四分之一秒，這似乎是相當快的時間，而這個時間內，我們的身體到底做了些什麼事情呢？當外界的光線進入我們的眼睛之後，首先會撞擊到我們視網膜上的細胞，這些細胞上有特殊的感光分子，會藉由一連串化學反應而產生微小的電流訊號；接著訊號透過神經傳達到腦部，刺激腦部的神經與細胞。當腦部的判斷結果，認為這是需要反應的事情時，就會將指令傳達到身體的其他組織。

來自腦部的訊號，藉由神經內的電流和神經之間的化學分子傳遞；神經之間的傳遞速度會慢於神經內的速度，最終傳遞到肌肉之中時，肌纖維（muscle fibre）的分子棘輪（ratchet）系統會讓肌纖維縮短，接著你的身體就會有所動作。你做事情的速度再快，體內都需要走完這麼多流程，才能在接收到訊息之後做出反應及動作。

這些超乎想像的複雜過程，犧牲了我們反應的速度。我一直認為人類是一種相當遲緩的動物，在已知的物理學世界當中顯得笨拙，畢竟我們對於一件事情的反應，需要經歷許多不同的生理過程。當我們好不容易快速地完成了一件事，但是同時許多過程簡單的物理現象，已經完成許多次了，因為它們發生得太快了。

如果你從相當高的位置，讓一滴牛奶滴到杯子裡，你就會知道我所言不假。當我們盯著液體表面，將無法看見從高空滴落而經過我們面前的那滴牛奶，只能看到牛奶滴落後撞擊水面的波，以及回彈升起的液柱，接著液柱又立即降落，而這些已經是人類肉眼追蹤高速物體的極限。

當我在攻讀博士的時候，指導教授曾經對我說過，如果我可以看到更快速的東西，將會重新思考眼睛所看到的牛奶的現象，並且獲得更多的知識。他同時也告訴我，如果要看到這些物體在高速移動下的樣貌，我們就需要借助一個比人眼看得更快又更小的設備。

我之所以攻讀博士的原因，就是想要知道緩慢的我們，身旁究竟有多少快速發生而我們卻渾然不知的事物。對於這個世界上所有發生在眼前的事，我都十分著迷，特別是那些太小、太快而肉眼無法察覺的現象。因此進入博士班，我便有很多機會可以接觸高速攝影，讓我看見常人看不到的世界。這世界有很多變化極快的事情，不過人類可以使用這種特殊攝影機；如果你今天變成了鴿子，要如何解決相同的問題呢？

在 1977 年的時候，有一位大膽的科學家巴立．佛斯特（Barrie Frost）將一隻鴿子擺在跑步機上。這是一件現在看起來會讓你愣一下，然後大笑，似乎有機會角逐搞笑諾貝爾獎（Ig Nobel prizes）的事情。隨著跑步機的輸送帶（跑帶）開始運作，鴿子不得不往前跨步以維持在相同位置，但是很快的，鴿子就在跑帶上駕輕就熟地走著，但是巴立發現事情不對勁了。

如果你曾經在某個城市內的廣場，看著鴿子在地上覓食，應該會發現鴿子在行走的時候，頭部會前後搖擺。我一直認為這種動作很不舒服，而且似乎是把力氣浪費在奇怪的地方。但是跑步機上的鴿子卻沒有搖頭晃腦，這讓巴立了解，擺動頭部一定有其重要原因，而且似乎與運動時的身體無關。這樣的動作實際上是在輔助視覺。在跑步機上的鴿子即使雙腳在走動，身體還是停留在原地，因此周圍環境不會產生變化，於是牠的頭只要維持在原位就可以看清楚周圍的環境。然而當鴿子在陸地上行走時，身處的位置不斷變化，鴿子的視覺跟不上自己移動的速度，所以牠並非單純地前後搖擺，而是在身體行走時讓頭部維持原來的位置，眼睛有更多時間看清並分析這個場景，接著快速換到下一個位置。

你可以想成鴿子的視覺是一臺照相機，但是拍攝一張照片的速度並不快，所以鴿子必須維持頭部不動去獲得明確的影像以及周圍的狀況，但這時，牠仍持續在走路，因此就會出現身體往前而頭部固定（或是看起來就像頭部往後）的樣子。接著，牠的頭部快速往前，讓眼睛拍攝下一張照片。如果你花一點時間仔細觀察，就會明白我說的現象（雖然牠的頭會停頓一下，但是也不會太久）4。

目前科學家還不完全明白，為什麼有些鳥類的視覺在收集周圍訊息時，會如此緩慢，使得牠們必須要這樣擺動頭部，但是有些鳥類卻不用。而且這些鳥類如果不讓自己的視覺變得像是一張張的停格畫面，似乎就無法行動。

我們的視覺可以跟上自己跑步或行走的速度，但如果你在行進時需要仔細檢視路邊的物體，通常會有一股「要停下來」的強烈念頭，這是因為我們的眼睛也無法在變動的環境中，快速地搜集訊息。

事實上，人類與鴿子的視覺有很多相似的地方（當然我們不會搖頭晃腦），但是因為大腦能夠將移動的圖像拼接在一起，所以我們很難察覺腦中形成的影像，其實是眼睛在不同點之間迅速捕捉畫面，並透過腦部處理不斷累積的資訊，最後形成我們意識能理解的形象。

這裡有一個簡單的實驗，找一面照著自己的鏡子，先讓你的眼睛看鏡子中的左眼，接著看右眼（左右順序可以顛倒）。你會發現鏡子中的眼球沒有動過，但是如果旁邊有人在觀察你，他會很肯定地告訴你，你眼球看的方向忽左忽右。這時大腦已經將你的視覺拼接在一起，因此你永遠不會知道自己眼球在轉動。但是我們的眼睛，的確時時刻刻都在轉動。

相較於鴿子，人類的視覺反應並沒有快上多少，這代表世界上仍然有很多超乎我們視覺感官的現象。我們生活中常見而習慣的時間尺度，大概是1秒鐘到數年這個範圍，如果沒有科學的幫助，我們無法看見千分之一秒內發生的現象，也無法理解需要數千年變化的事物。事實上，人類生活周遭面對的時間，對於整個自然而言不快也不慢，這就是為什麼電腦可以處理這麼多事情，而我們知道人類自己絕對做不來的原因。

4 佛斯特在他的論文中，還描述當他們意外地讓跑步機慢下來時，發現一件很特殊的事情。我很少引用科學期刊的文字來說明一個看起來很好笑的現象，但是我想在這裡非常適合這麼做：「在完成針對幾種特定鳥類的拍攝之後，跑步機的跑帶出乎意料地維持一陣子緩慢的速度，而不是按照我們設想的那樣立即停止。過了一會兒，我們發現跑帶上面的鳥逐漸將頭往前伸，然後就跌倒了。透過進一步的觀察，如果讓跑帶緩慢逆行（就是與正常跑步機運作的方向相反），也會造成跑帶上的鳥跌倒或出現奇怪姿勢。我們認為鳥無法察覺緩慢移動的跑帶，因此無法誘導牠們行走而頭部也不會晃動，最後牠們就會失去平衡。」

電腦的運作其實來自一套簡單的規則，但是當每一項簡單的工作都要在極短時間內完成時，就必須藉由數以百萬計的運算過程來完成複雜的工作，即使我們感覺不到明顯的時間流動。在科技日新月異的時代，電腦的運算速度也與時俱進，但是完成一件簡單工作的時間，從百萬分之一秒變成十億分之一秒時，因為兩者都太快，完全超越我們的知覺而無法分別差異；不過對於複雜的工作而言，區分這兩種時間的差異，就變得非常重要。

極快與極慢

短時間內的變化現象，往往迥異於長時間的改變。一滴雨與一座山，它們在速度與質量上有著極為明顯的差異，很適合作為解釋時間尺度的例子。

從靜止開始下降的雨滴，過了 1 秒鐘之後大約會落下 6 公尺，相當於 2 層樓的高度。而在這一秒內發生了什麼事呢？這個雨滴內有大量的水分子，而水分子則會緊緊抓住彼此，形成一個往內聚集的小群體，但是外在的力量則是不斷挑戰水分子彼此的拉力。

我們在上一章提及，水分子是由兩個氫原子，分別接在一個氧原子的兩側所組成，呈現一個 V 字形的立體結構。水分子組成的分子團可以彎曲或延展，因為數量龐大的水分子，彼此之間的網絡其實相當鬆散。在雨滴下降的 1 秒鐘內，單一的水分子可能改變了 2,000 億次的位置。當水分子要脫離水滴的邊緣時，會發現外界沒有什麼明顯吸引它的力量，但是內側的水分子依然在牽引著它，因此又會受到往中心拉回的力量吸引。

即便雨滴在掉落的過程中千變萬化，然而卡通影片中常見的那種一頭尖、一頭圓的狀態，其實並不存在，這是因為任何水滴上的突起，都會受到水分子內聚的力量而迅速消失並變得光滑。然而，儘管水有往內聚的力量，但是降落中的雨滴，卻無法變成一顆完美的圓球，因為它正不斷受到空氣的衝擊，必須不斷改變形狀來取得平衡。降落的雨滴可能剎那間被壓得極為平坦，然後又內聚成一團，接著變成橄欖狀；這樣的過程在 1 秒鐘內，可能發生了 170 次。

雨滴不斷擺動尋求新的平衡，但是平衡又不斷被外力打亂；有時候，雨滴會變得像一片薄餅，接著變成傘狀，然後噴開變成許多較小的水珠。我現在描述的一切都是在 1 秒鐘內發生很多次的現象，然而肉眼卻什麼也看不到，甚至在眨眼之間，水分子就變換了千百億次的位置。最後，雨滴落到一顆岩石上，而這顆岩石，卻要用截然不同的時間尺度去看待。

這塊岩石是花崗岩，它早在人類有文明之前就存在這裡，至今沒有移動或是變化。然而在 4 億年前，南半球一座巨型的火山下方，有許多在火山岩（volcanic rock）中遭受擠壓的岩漿。這些岩漿經過數千年的冷卻，逐漸分離而生成不同的礦物結晶，形成色彩斑斕而堅硬的花崗岩。在悠遠的時光中，花崗岩上方的雄偉火山逐漸受到冰河的侵蝕，以及植物、雨水與各種風化作用的摧殘而消失。

在火山消失的過程中，整個行星的地殼與大陸也正不斷地分開與合併，如同一件極為巨大的拼圖一樣。原來火山底下的花崗岩也同時向北旅行，其上的地表則有越來越多物種演化出來。到了今天，原來那座震懾人心的火山已經無跡可循，而這顆年紀大約是地球的十分之一的岩石，現在也高聳於地表之上，它是本尼維斯山（Ben Nevis），不列顛群島上最高的山峰。

無論是雨滴還是山巒，無論是你看或是我看，其實都很難注意到它們的變化。這是因為當我們看著這些事物的時候，用的是自己對時間的感受。

整個自然界的時間尺度，可以長達數億年，也可以短至數億分之一秒，而我們面對的部分，是在不快也不慢的中間位置，因此往往很難感受到其他的時間尺度。這不僅僅是為了區別「等一下」是要等多久，而是所謂的「現在」是什麼；這種思考很容易讓人腦筋打結，因為它可能是百萬分之一秒，也可能是一年。

於是，當你能夠藉由某些裝置，讓原來極為快速的事物，如同以慢動作播放時，你將會獲得完全不一樣的觀點。這時，你會發現無論快或慢，變化的過程都很相似，不同之處在於要花多少時間才能完成變化，到達一個穩定階段。這個「穩定階段」是什麼呢？就是「平衡」的狀態。回到事物的本身，它們所有的變化都有其原因，在沒有外力影響的狀況下，它們就沒有任何移動或變化的理由，因為這時已經與周遭環境和自己內部達到「平衡」的狀態。在物理學的世界中，所有事物都會朝一個方向邁進：平衡。

運河與水壩

運河船閘的工作原理，是一個關於平衡的極佳例子。船閘是由許多個閘道所組成，讓運河上面的船隻可以水平前進並逐次升高高度。無論是何種船隻都無法由下方橫越瀑布，但是藉由許多閘門的操作，能讓船往高處上升。

當船隻從開放的海面駛入運河的閘道時，會先封閉船隻後方的閘門（此時船隻前方也有一道閘門），接著引導高處或高水位區域的水，讓船隻所在的封閉閘道內的水位上升。當這個封閉閘道內的水位高過海面，並且與前方另一個區塊的閘道中的水位等高時，船前方的閘門就會開啟，接著船駛入下一個閘道區。此時，第二個閘道區的後方閘門封閉，而船所在區域的水位會逐漸升高。

在閘道區間內的船，因為增加的水受到重力影響，會將比水輕的船往上推，當然，水之所以可以注入閘道，也是因為重力能藉由管線將高處的水牽引到低處。在閘道內的船，則藉由許多閘門的開合與水位的上升，最後就會達到頂部水域的高度。位於頂部的運河，因為平坦而使得船隻可以自由往來。要通過運河而進入另一側的海洋時，也是藉由類似的原理與方式，這時則是讓高度不斷下降，直到與海面相同，船隻就能駛向大海。在這個過程當中，人類只有操控閘門與控制管線，其餘都是藉由重力影響水的流動，而水之所以會流動，就是為了尋求平衡。

運河是個優秀的老師，讓我們知道透過影響與控制平衡，可以讓物理學為我們完成很多事情。有時候只是放手讓事情自然運作，它們就會找到新的平衡，然後維持那個狀態。當我們改變平衡的條件，能讓很多事情動起來，並藉此執行一些工作，但是我們得先了解其中的規則，才能確保事情會依計畫進行，而且隨時在掌握之中。

物理學的世界中，所有的過程都是在尋求平衡，例如混合冷熱液體，它們最後會達到一個相同的溫度；或是在氣球內充氣，氣球內的壓力最後會與外界的氣壓、氣球的張力，獲得一個平衡。這一切與時間的關係非常密切，時間就像單行道，只能前進、無法倒退，因此水不會從較低處自然地流向高處。於是建造運河的時候，就能利用這項規則來判斷整個系統獲得平衡的方式，掌握了原則就可以控制閘道內的水位。透過蠻力直接搬動東西，往往會耗費大量的精力，但是藉由萬物自然尋求平衡的趨勢，往往就會事半功倍而且更有效率。

胡佛水壩（Hoover Dam）是上個世紀的工程傑作。當我一路開車經過拉斯維加斯，在廣闊而毫無隱藏、舉目都是紅色岩石的風景中，有一個非常不和諧的景色映入眼簾——那是一片湛藍的水面，波光粼粼地反射著耀眼的太陽。我在公路上轉過一個方向，就看到與沙漠格格不入的物體，那是在這崎嶇的美國風景中，一座 750 萬噸重的巨大混凝土建築。

發源於高大的落磯山脈（Rocky Mountains），朝西南方奔流於險峻峽谷，最後在加利福尼亞灣（Gulf of California）入海的科羅拉多河（Colorado river），一百多年前並不受人類的約束。科羅拉多河為居住在下游城市的居民及河岸的農民們帶來的問題，不是在於水量多寡（事實上該河的水量很大），而是在於一年中不同時期的水量差異太大。春天的時候，大量的河水帶來洪澇災害，沖壞農地與作物，但是到了秋天卻只剩下涓涓細流，這樣的狀況為不斷增加的人口帶來許多問題。河水的發源地與入海處始終一樣，但是問題是人類要如何控制河水，使它不會一下子就流入大海，而是可以留在河流的某段，當人們需要它的時候可以取用[5]，於是便修建了這個大壩。

滔滔河水從落磯山脈流下，奔流過大峽谷，最後發現自己身處在米德湖（Lake Mead）中，這是位於大壩後面的人造湖與水庫，因為它們已經無處再往下降，所以這些水會在這裡待上一陣子。在 1935 年之前，河水從河床上流過，而在 1935 年大壩完成之後，來自同樣高山的水卻停留在原來河床上方 150 公尺之處。特別的是，這個讓河水產生高度上的差異，並非來自於什麼特別的力量，只是巧妙地放置了一個障礙物，阻止水流去其他的地方。這是人類為河流中的水所給予的一個新的平衡狀態。

這時人類就擁有支配水的權力，可以決定要讓水維持在水庫內，或是讓它流往別處。透過控制大壩的閘門，就能調節科羅拉多河下游的水量，因此下游不需再擔心洪水，也不用面對缺水的問題。此外還有另一個好處：大量的水在深處造成巨大的壓力，而高壓的水經過水輪機之後，便能產生電力。水壩的建造讓數十萬人得以在美國西南部乾旱的沙漠地區生活與工作。

起初，胡佛水壩是為了調節河水而建，但是它所展示的物理學，卻不僅僅是在於用水方面。當我們讓原先河流的水為了追尋平衡而流到大海的過程中，出現了一道障礙，那麼河水就會達到另外一種平衡。然而河水從一處走向另一處，會伴隨能量的轉換，因此透過控制水流讓物理學帶著水走向下一個階段的平衡時，就會釋放出能量。

控制閘門的水流量，也意味著控制能量釋放的時間。接著，當高壓的水衝擊到水輪機時，也會與水輪機產生一種平衡，將能量傳到機械上而產生電能。我們無法憑空創造能量，也不能憑空讓能量消失，但是我們可以改變事物運行的方式而提取能量。

就像許多古代文明一樣，我們也正面臨著資源匱乏的問題。遠古時期的植物，將太陽能貯存起來而變成今天我們熟知的化石燃料；當年溫和的陽光如同河流一般，但是當植物深埋於地下而變成化石燃料時，能量就貯存在一個臨時平衡的狀態，就像河水在大壩中的平衡一樣。當我們挖掘出這些古老的植物化石，藉由許多過程讓它變成燃料，經過例如燃燒等等的化學變化，燃料就會尋求新的平衡，變成二氧化碳與水，並釋放它的能量來為我們工作。

我們所面臨的問題，在於化石燃料是長時間累積的資源，就跟水庫的上游一樣，但在人類短暫的歷史當中，我們已經釋出了古代生物累積數百萬年的成果。人類的過度使用造成化石燃料逐漸枯竭，而製造它卻需要數百萬年的時間。反觀再生能源，例如胡佛水壩的水力發電，則是一種將太陽能轉換成水力的資源[6]，

---

5 剛搬到美國西南部的時候，其實我並不知道在這樣乾燥的環境中，日常使用的水來自何處。當我讀到馬克．瑞斯勒（Marc Reisner）所著的《*Cadillac Desert by Marc Reisner*》（暫譯為《卡迪拉克沙漠》）時，在他講述爭奪水資源的故事中，我獲得了許多解答。當我撰寫本書時，加州正遭逢嚴重的旱災，即便水資源的處理與分配相當棘手，但已經是迫在眉睫的問題。

6 太陽的熱讓海水蒸發，變成雲，最後降雨到山區，再變成提供水力發電需要的位能。

而且它遍布世界。現代文明所面對的能源問題，是一種歷史上對於資源使用的重演，因此我們必須思考，如何有效地讓事物在動靜之間進入不同的平衡，卻在不會改變太多原有環境的狀況下，獲取更多的能源。

使用裝電池的電器用品時，當你按下開關，電池就會依照需求釋放出能量（同樣的能量，釋放的時間長短不同，影響也會不同），而電器內部的電路就會引導這些能量來達成某些任務。事實上，能量最後全都會變成熱而散逸。世界上有無數的開關、閘門在控制各種物體與能量流動的時間，而這些流動的事物，本質就是為了尋求平衡。如果我們讓這些流動迅速完成，所得到的結果，將會與同樣數量而緩慢流出的結果不同，因此控制時間就變得非常重要。

然而即便我們嘗試控制這個巨大的世界，但事情往往會出現意料之外的狀況，因而不會達到平衡並停止。當接近平衡點的速度過快時，許多事物會繼續往前走，並且進入另外一種狀態，這往往會造成另外的問題。

一杯茶與共振

下午茶的休息時間，是我生活中很重要的部分。但是最近我注意到，手上的那杯茶會占用一些時間，而那不只是因為我需要花時間燒熱水。

我在倫敦大學學院（University College London）的辦公室，與茶水間之間有一條長長的走廊，當我拿著一杯茶走回辦公室時，是一天當中行走最緩慢的時候（我正常的步行速度，大約是介於「快走」與「奔跑」之間）。問題來自於杯子裡有茶水，而劇烈的晃動會讓它濺出來，甚至一步比一步濺得還多。任何聰明的人都會認為放慢腳步是一個很好的解決方式，不過物理學家卻會做一些實驗，只為了確定放慢腳步是不是唯一的方法。你永遠不會知道事情有多少種解決方法，而我端茶時也不甘於放慢腳步，一定要探個究竟。

靜止在平坦桌面上的馬克杯，內部的水也是平坦而靜止，此時從一側推動杯子，就會見到水在杯子內搖晃；這是因為當你推動杯子時，水會傾向於維持原來的位置，因此就會堆積在杯壁旁。不過這只是一個瞬間，因為接下來重力就會將堆積高起的水往下拉。而一側的水被往下拉之後，就會擠壓到另外一側的水，因此水杯內會有一個瞬間恢復平坦，但隨即另外一側又開始上升，接著重力又將高起的水往下拉，直到過一段時間之後才會逐漸恢復平靜。

桌面上受到碰撞的水杯，內部的水會逐漸恢復靜止，但如果是行走時手持一杯水，狀況就不同了。

問題的癥結來自晃動的頻率。當我嘗試使用不同尺寸的馬克杯，都發現相似的晃動方式，但馬克杯內部越窄則發生得越快，越寬廣則發生得越慢。無論一開始碰撞的力道是強或弱，一杯接近滿水的馬克杯在 1 秒內晃動的次數都一樣（也就是說，晃動的頻率與碰撞的力道無關）。不同的杯子有不同的晃動次數，其中主要取決於杯子的內部直徑。

因為撞擊而高低不均的液體，作用的重力會與自己產生衝突。當重力將流體往下拉而進入一個短暫的平衡狀態時，這時的流體卻有最大的移動速度。在一個更大的杯子之中，因為有更多的流體與可移動的空間，因此完成一次晃動的時間就更長。每個杯子都有一個特殊的頻率，稱為「自然頻率」（natural frequency），當杯子受到碰撞之後，內部的水就依照這個頻率晃動，直到恢復平衡、靜止為止。

我的辦公室內有許多馬克杯，從直徑最小 4 公分到最大 10 公分都有。最小的馬克杯上印有牛頓的畫像，水在杯子中晃動的次數是 1 秒鐘 5 次；最大的是一個便宜而又醜又舊的杯子，內部的水晃動頻率大約是 1 秒鐘 3 次。我一直沒有很喜歡這個大杯子，但還是留著它，因為偶爾還是需要一次就裝很多的茶水。

當我帶著一杯裝滿的水離開茶水間之後，在走廊上行走幾步，茶水就開始晃動。我必須要防止晃動增加，以免回到辦公室之前就失去大半的茶。這正是問題所在，當我在走動時，無可避免會讓杯子隨著我身體擺動而晃動；如果行走晃動的頻率，剛好與水在茶杯內晃動的頻率接近，水的晃動幅度就會不斷增加。

就像你推著要盪鞦韆的小朋友，會配合鞦韆來回的節奏而推動它，使得鞦韆越盪越高，這和走路晃動了茶水，最後幅度越來越大一樣，稱為「共振」（resonance）。因此，當外部施加的晃動頻率與杯中茶水的晃動頻率越相近，共振的效應就越可能讓茶水溢出。大多數人的步行速度造成的晃動頻率，非常接近常見的杯子的自然頻率，而且走得越快就越接近。難道杯子這樣設計，是為了讓人走慢一點嗎？不，這只是一個無心的巧合，剛好造成我們的困擾而已。

看來似乎沒有一個更好的解決辦法，因為當我使用小杯子時，雖然我快步行走的晃動不會快到與杯內的水產生共振，使得茶水溢出，但是只夠我喝一口；當我使用較大的杯子，快步行走造成的震動就非常接近杯子內的自然頻率，甚至只要走三步就足以讓水溢出。所以唯一的解決方法就是放慢腳步，讓行走的搖擺頻率明顯低於杯子的自然頻率[7]。我很高興自己真的去做了測試，但是其中教會我的道理，就是我無法克服具有「時間依持

---

7 如果要解決這個問題，可以改喝卡布奇諾。因為這種咖啡表面會有一層泡沫，可以有效抑制振盪，因此行走時手持表層有泡沫的飲料，往往不易灑出。這個現象在酒吧內也很有用，但是啤酒迷可能不喜歡太多的泡沫，因為那會妨礙他們喝酒。

性」(time-dependency) 的物理現象。

所有的搖晃，科學上稱為「振盪」(oscillate)，都存在一個自然頻率。這種現象讓我們見識到，當一個物體在這種狀態下要回到平衡狀態有多麼困難，因為它們位於平衡點的時間只有一剎那，接著便快速離開。

盪鞦韆只是一個生活中常見的例子，此外還有古老時鐘使用的鐘擺、節拍器、搖椅及音叉等等。當我們提著裝滿東西的購物袋行走時，它似乎不會配合我們的走路步調而搖晃，這也是因為購物袋依照它的自然頻率在晃動。古剎沉重的鐘，撞擊之後會發出低沉的聲音，這是因為它們有巨大的尺寸，需要較長的時間讓鐘體延伸與再次擠壓，也就是 1 秒內可以完成的振盪次數較少，而這就是它聲音低沉的原因。物體的振盪頻率正反映了物體尺寸的不同，因為物體的大小往往決定其振動一次需要花費的時間。

這些特別的時間尺度，對我們來說非常重要，因為我們可以用這些規則來駕馭世界。當我們不希望東西越晃越劇烈，必須讓一個系統受到的推動頻率錯開它的自然頻率，例如端著一杯茶走路的時候。但如果我們希望東西越晃越高，或是維持振盪而無須花費太多力氣，推動時就得配合它的自然頻率。然而，不是只有人類會使用共振來解決問題，狗狗也可以。

印加是一隻狗，正專注看著我手上的網球，像個蓄勢待發的運動員，等待起跑的槍鳴。我把網球放在一根塑膠棒上面，然後從牠頭頂上甩出去，忽然之間，這隻狗變成一道輕盈而快速的影子，身上蘊含無限的能量。隨後，我與牠的主人坎貝爾開始聊天，任由印加興奮地在草地上奔跑。由於牠口中已經含著另一顆網球，因此牠無法啣著兩顆球回來，看起來就像一個貪心的小孩。有時牠會放下口中的球去追逐另外一顆，此時我們就走過去把球撿起來，丟往別處。半個小時後，印加終於趴在草地上快樂地搖著尾巴，望著我們且急促地喘氣。

我蹲下來撫摸印加的背，感受到牠因為運動而溫熱的身軀。但因為狗的身體不會流汗，因此我在摸牠的時候不會碰到汗水。不同於人類可以靠流汗，狗需要以其他方式散熱。看著趴在地上的印加，似乎要花很大的力氣才能維持急促的喘息，這個過程難道不會產生更多的熱？被我撫摸的印加非常開心，還流了一些口水，似乎沒有感受到我正在思考這個矛盾的問題。

我在跑步之後，急促的呼吸會逐漸放緩而恢復正常，但是狗狗在運動後固定而急促的喘息，會在一段時間後忽然改變回到正常的呼吸。不過即使印加還在喘息，卻已經看著我手上的網球，但是我還在好奇地觀察牠，看牠要多久才會恢復正常呼吸。

讓水蒸發是散熱最有效的方式，這是為何我們會流汗。由於將液態的水轉換成氣態需要大量的能量，因此水蒸氣就可以將身上的熱帶出去，並且逸散到空氣中。但是狗的汗腺不發達，因此牠是透過口腔內的水來完成散熱這件事。狗狗快速地喘息，就是不斷讓大量的空氣經過口腔，讓水分蒸發並帶走熱量。

彷彿是為了再示範一次以讓我更明白，印加此時又開始喘氣，而我觀察牠呼吸的頻率，大概是 1 秒鐘 3 次。這個看似辛苦的動作，實際上卻使用了巧妙的方式而非常輕鬆，因為牠正在讓肺部的空氣產生振盪，只要牠找到肺部的自然頻率，然後維持這個頻率，就能讓肺部有效而輕鬆地喘息。

肺部是由彈性的組織所組成的器官，因此吸氣時，肺部會擴張，接著放鬆時，空氣就會被擠壓出去，肺部會回到未吸氣的狀態。但是肺部並未進入平衡，而會再有擴張的趨勢，因此印加只要再施予一點力氣，能讓肺部擴張到與上一次一樣的位置，然後周而復始地收縮與擴張。

只是這樣快速地呼吸，牠也沒有辦法讓肺部深處的空氣與外界交換，因此不會獲得更多的氧氣，這也為何牠不會一直維持這樣的呼吸。

這個喘息的過程，主要並非讓印加獲得更多氧氣，而是為了將熱排出體外。只要藉由正確的頻率呼吸，狗狗就可以讓大量的空氣通過牠潮溼的舌頭，由於這個頻率是肺部的自然頻率，因此牠並不需要花費很多力氣。除此之外，空氣通過呼吸器官時，也能藉由水分的蒸發來加速身體的散熱。終於，印加恢復正常的呼吸速度，轉而盯著放在旁邊的網球，並回頭看了主人坎貝爾一眼，遊戲又開始了。

物體的自然頻率取決於它的形狀與材質，而大小更是決定性的因素，這就是為什麼體型越迷你的狗，喘息的速度會更快。由於牠們的肺較小，完成一次擴張與收縮的時間也就比較短。因此對於小型動物而言，喘息是一個有效的散熱方式；但是對於體型大的動物而言，因為肺部較大，呼吸的自然頻率較低，效率遠不如小型動物，所以大型動物通常會靠汗腺排汗來散熱（特別是像人類這樣體毛又短又少的生物）。

墨西哥城與臺北 101

所有物體都有一個自然頻率，如果物體有更多的自由度，就會有更多種的自然頻率，但是無論如何，在體積較大的物體身上，這些頻率通常也會比較低。要推動巨大的物體往往需要相當大的力量，不過就算是一整棟大樓也會因為持續的使力，使得它搖晃得越來越明顯。如果你住在高樓，當外面風勢強勁的時候，我想你應該特別有感覺。建築物晃動的週期可能在數秒鐘以上，這往往會造成住戶極大的不安全感。因此建築師在設計高樓時會特別花心力研究如何減少晃動，即使實務上無法完全消除，但透過改變建築物的彈性與結構，往往可以大幅減低搖晃的程度。

在建築法規完善且有效落實的地方，當你發現住家會在強風中晃動時，請別擔心，因為建築物雖然會擺動，但是它們不會斷裂而傾倒。

強勁的陣風很少會出現與建築物自然頻率相同的間歇性，因此強風造成建築物搖擺的幅度相當有限。然而，當斷層移動而造成地震，形成的震波在地表上如同漣漪一樣地擴散出去時，位於地表的高樓究竟會發生什麼事呢？

1985 年 9 月 19 日上午，墨西哥城（Ciudad de México）經歷了一場天搖地動。距離該城市 350 公里外，位於太平洋邊緣的板塊發生錯動，因而引發芮氏規模 8.0 的地震。這個地震讓整個墨西哥城搖晃了將近 4 分鐘，這短短的時間，卻讓整個城市出現非常多的斷垣殘壁。這場災難估計將近有一萬人喪生，城市的基礎設施嚴重損毀，並且面臨漫長的重建之路。美國國家標準局（U.S. National Bureau of Standards）以及美國地質調查局（U.S. Geological Survey）派出一組人員來評估災害損失，其中有四位是工程師，一位是地震學家。他們詳細的報告顯示，一個在振動頻率上的可怕巧合是讓災難變得如此嚴重的原因。

首先，墨西哥城是坐落在湖床沉積物（lake-bed sediments）上方，而沉積物的下方則是堅硬的岩石盆地。在地震儀顯示的紀錄中，這裡的震動幾乎是單一的頻率，而常見的地震，則是會在地震儀上留下由各種頻率組成的波形。因為這些地質學上的沉積物有一個自然頻率，只要地震持續 2 秒以上，就會產生共振而使得振幅擴大，並讓整個盆地的地層就像一張在單一頻率下晃動的桌子。

振幅（搖動的幅度）放大已經很糟糕，但是當工程師檢視具體的傷害時，發現傾倒的建築物，原來的高度大都介於 5 樓到 12 樓之間，而較矮或者更高的建築（該城有許多不同高度的建築）則大部分倖免於難。於是專家確信地震的頻率與中等高度建築物的自然頻率，一定有很重要的關聯。於是地震發生時，如果建築物的自然頻率與接收到的振動頻率接近，如同共振實驗中的音叉一樣，無處可躲。

最近這幾年，建築師已經將控制建築物的自然頻率列為重要的考量，甚至必要時會採取對抗晃動的策略。臺北 101 是臺灣具有指標性的建築物，也是一幢高達 509 公尺的建築巨獸，並且從竣工的 2004 年到 2010 年這段期間，還是世界第一的高樓。在 101 大樓內部 87 樓到 92 樓之間，有一個很特殊的觀景廊，可以看到大樓內部的一個中空區域內，懸吊著一個重達 660 噸的鍍金球形擺錘。

這個看似奇怪而美麗的物體，並不是一個單純的裝置藝術，而是一件對抗大樓搖晃的武器。它的專業名稱是「調諧質量阻尼器」（tuned mass damper），是為了應付臺灣常見的地震，當地震或強陣風出現時，它就會啟動。地震發生時，大樓會開始搖晃，而當大樓擺向一側時，周圍相關的裝置就會將阻尼球往反方向推；當建築擺回來時，阻尼球也會改變方向，這樣一來可以減少大樓晃動。

阻尼球可移動的最大擺幅是 1.5 公尺，而且不限方向，因此能有效減少大約 40% 的晃動[8]，讓大樓內的人不會感到不適。由於地震晃動會使得大樓離開它原本的平衡狀態，開始移動，雖然建築師無法阻止地震推動高樓，卻可以試圖抵消大樓偏離再晃動回來時的影響。建築物也無法逃離地震，只能任由自己的身軀擺向一側，接著短暫回到直立而平衡的位置，然後又往另一側晃過去，直到地震結束。大樓擺動的能量消耗完畢之後，才會恢復到原來寧靜的狀態。

物理學的世界總是在尋求平衡，有一個基本的物理定律是在解釋它，稱為「熱力學第二定律」（Second Law of Thermodynamics）。不過這個定律沒有描述達到平衡需要的時間。對於處於平衡狀態的系統而言，只要有能量流入，它就會脫離平衡的狀態，進入一個新的階段。生命之所以可以存在，其實就是透過這套原理，藉此控制能量的流動來決定生物系統到達平衡的時間。

即使我生活在一個水泥叢林之中，植物依然伴隨左右。我廚房裡的萵苣幼苗、草莓與藥用植物，都在承接著自天空灑落的陽光。有些陽光透過窗戶照射在木質地板上，陽光中的熱因此分散到空氣與建築之中。陽光與建築的裝潢之間，很快就會達到平衡，因此看起來並沒有什麼驚人之處。然而葉子內的微型工廠，在陽光進入之後並非直接變成熱能，而是變成光合作用需要的能量。當植物引導光讓原有的分子脫離平衡，這些微型工廠便開始利用不同階段的能量變化，讓分子變成化學電池，供給並控制分子回到平衡的途徑，藉此讓二氧化碳與水轉變成醣類。

當陽光灑落在香菜的葉片上，就像一個複雜而巧奪天工的能量運河，藉由類似船閘、旁通區域、水位落差、水車等等的結構，精細控制每一個環節的速度以獲得不同的能量流動。陽光進入葉子之後的能量不會一下子就釋放掉，而是會在一個接一個的步驟中，逐漸獲得平衡與釋放。只要香菜的葉子持續受到陽光的照射，就像工廠擁有源源不絕的能源，能夠讓原料經過很多階段的製造過程，形成最終的產品。

最後，我將香菜摘下來吃，當它進入我體內之後，又會變

8 臺北101還有另外兩座較小型的阻尼器。

成一種材料與能量，讓身體這座工廠開始運作。只要我持續進食，身體就會一直轉化能量與物質而不會達到平衡狀態。我決定何時進食，身體決定如何使用能量，這一切都是由身體內大量如同閘門的生理變化，來控制能量變換過程所需的時間。

生命幾乎是地球上最尋常的事情，但是特別的是，我們至今無法給予「生命」單一的定義。雖然我們說不上來生命確切是什麼，但是我們都能辨認出來，而且不同的生命都有其獨到之處。生命中不可或缺的，就是它總是處在一個不平衡的狀態之中，這樣才能驅使複雜的分子工廠，藉由操控能量之間的流動速度與多寡，維持生命的運作。因此，沒有任何進入平衡狀態的物體能夠擁有生命。但也就是不平衡的特性，造就了目前人類面對的兩大謎團：生命如何在地球上誕生？外星球會有生命嗎？

根據目前的研究，地球上的生命最早起源於 37 億年前的深海熱泉（deep sea vents），熱泉噴發出溫熱的鹼性水，周圍則是較低溫的弱酸性海水。在熱泉之外，兩種水混合與平衡的交界處，可能就是生命誕生的地方。因為在平衡的過程中，有機分子之間會有許多轉移能量，因此產生不同的分子。其中最關鍵的部分，應該就是這些分子最終聚集起來，形成了細胞膜（cell membrane）的構造。

如此一來，細胞膜就像城牆一樣，能夠區隔內部的空間與外部的物質，決定了內部就是生命運作之處，也就是第一個成功變成生命的細胞，並開啟了複雜而美麗的生命之門。也許在宇宙的其他地方，生命也會因為同樣的原理而誕生。

生命，很可能不是地球的專利，也會出現在宇宙其他地方。宇宙中的恆星多到難以想像，其中一部分的恆星會有行星系統，因此行星的數量很可能不亞於恆星。無論生命的誕生需要多少巧合，或是需要何等特殊的環境，因為行星的數量極為龐大，地球很可能不是唯一擁有生命的地方。

然而，縱使外星球存在高等的智慧生命，他們只有微乎其微的機會能與我們取得聯繫。因為宇宙實在太大了，即便是以光速傳播的訊號，在銀河系內可能都要耗費數千、數萬年的時間，才能傳遞到另外一個行星上，屆時送出訊號的那方，文明可能早已終結。

除了被動接收訊號，或是發送電波到宇宙之外，其實科學家還嘗試直接研究鄰近的行星。在夏威夷毛納基火山（Mauna Kea，或譯為「茂納開亞火山」）的峰頂，有兩顆像白球一樣的巨型圓頂，成對地坐落於山脊上，它們是凱克天文臺（Keck Observatory）的兩座望遠鏡。我第一次看到時，覺得它們就像一雙巨大的青蛙眼睛，永恆地凝視著宇宙。

透過凱克天文臺，科學家看到了太陽系外生命的一條線索：當其他行星圍繞著它們的恆星公轉時，恆星的光會照亮行星的大氣層；不同的氣體會吸收不同的光線，因此得以讓遠在地球的我們，知道遠方的行星上氣體的成分。科學家經過分析後，發現有一個行星的大氣層含有過多的氧氣與甲烷，這代表該行星的大氣並未達到平衡，並暗示著大氣層內與地表可能有生命的活動。

我們也許永遠無法踏上那個行星來證實這個想法，但是這已經是目前我們所發現，證實生命可能存在的最有力證據。當某種事物正在操控著大氣的變化與平衡狀態時，就有機會組成美麗而複雜的生命。

第5章

波動 ——從水波到 WiFi——

Making waves:
from water to wifi

在海灘上的時候，我們幾乎都會望著海洋，不會背對它。這是因為我們不想錯過這個宏偉的景色，也深深受到海面不斷變化的吸引。當我看著浪花與陸地之間你來我往，不知道為什麼特別讓人安心。住在加州的拉荷雅（La Jolla）時，結束漫長一天之後的最大享受，就是可以漫步在海邊，坐在岩石上看著一波波朝我過來的海浪，以及西下的夕陽。遠處的海浪往往難以察覺，只有當它們來到距離海岸 100 公尺內的範圍時，才會越來越高且明顯，直到它們拍打在沙灘上。面對這些不斷生成的浪花，有時候我會出神地欣賞好幾個小時。

我們都知道波浪，卻很難貼切地形容它們，海上的波浪就像移動的山脊，在不斷地擺動中從這一處前往那一處。在連續波浪當中，每個波浪的波長就是相鄰波峰之間的距離，波可以小到是吹涼茶水時所引起的細紋，也可以大於一艘郵輪的海浪。

波浪有一個很奇怪的特徵，藉由居住在拉荷雅的鵜鶘的行為，我們可以清楚看到這個現象。生活在海岸的棕色鵜鶘，看起來就像一種古代生物，甚至你會好奇牠們是不是生活在幾百萬年前，剛剛才走出時光隧道。牠們有一個看起來很可愛的長喙，常與頸部交疊在一起，並且成群結隊地漂浮在岸邊的海浪上，以平行於海岸線的方向認真地划水，偶爾會停在海面上休息。但有趣的是，雖然波浪會不斷從鵜鶘的身體下方通過，卻不會把牠們帶往岸邊或是別的地方。

下次有機會，你可以站在海邊看著波浪朝你襲來，然後注意休憩在海面上的海鳥[1]。你將會發現牠們只會上下移動，依舊愉快地留在原地[2]。因為波浪經過的時候，鳥與海水都是在原地上下移動而已，雖然來自海面的波浪會朝岸邊前進，但是波並沒有將海水往岸邊推去。當波產生之後，就會一直傳遞出去，而傳遞波的介質則是透過形狀的改變，將這些能量傳開。波所攜帶的是能量，而非物質，這就是為什麼我坐在岸上，會覺得大海有撫慰我的能力，因為海水並沒有移動，而是不斷重複運動的波浪，將能量傳遞到海岸上。

國王與衝浪

世界上有各種不同的波，但很多是來自相同的基本原理。發自海豚的聲波、將石頭丟入池塘而產生的水波，以及來自遙遠恆星的光波，都有相似之處。隨著人類科技文明的發展，我們如今

---

1 我在海邊的時候，無意間發現一個可以讓鳥類愛好者結束話題的方式。就是問他們什麼是「海鷗」，因為海鷗種類非常多，有些生活在海岸邊，有些是在海上、或是附近的陸地；但是海鷗是鷗科鳥類的俗稱，鳥類愛好者必須要花數小時的時間來說明。當然，他們往往會放棄解釋。

2 事實上，如果你仔細觀察，會發現波浪讓牠們繞著小圈圈，但是牠們無論如何都不會隨著波浪前進。

已經不再只是回應大自然提供使用的波，而是已經能夠創造更多更複雜的波，並讓它變成現代文明極為重要的一部分。人類對於波的利用其實早就不是新鮮事，故事可以追溯到數世紀以前，地點是一個汪洋大海中的小國家。

國王在衝浪板上衝浪，聽起來很像是一個白日夢的場景。但是在 250 年前的夏威夷王國，國王、王后以及每個部落的酋長們都擁有衝浪板，這種國家級的體育賽事，是皇家相當自豪的實力展示。

衝浪板主要分成兩種，狹長的「歐羅」（Olo）專屬於貴族，而普通人則使用較短、易於操控的「阿拉亞」（Alaia）。那時常常會舉行衝浪比賽，並為夏威夷留下許多重要的傳說與故事[3]，在這個被湛藍海洋包圍的國度，這種海邊運動正是文化的精神所在。然而對於夏威夷這個海島上的衝浪先驅而言，並非只是為了展示技巧，更是為了了解浪潮。夏威夷特殊的地理位置，讓物理學過濾了許多海洋的複雜性，因此國王與王后才能盡情地衝浪。

夏威夷人正在唸唸有詞，祈禱溫和而無風的大海，能夠給予一些大浪。當我們把鏡頭拉遠，也許就會看到數千公里外的海面上，有一個巨大的風暴正在攪動海水，狂風將能量傳遞到海面上。受到風暴襲擊的海面，會形成大量混亂而短的波，朝不同的方向行進，並且不斷互相干擾、有所消長。冬季的時候，風暴大多形成在夏威夷的北方，位於大約北緯 45 度的海面上；而夏季時，影響夏威夷的風暴則是在南半球。

這些波浪需要花費很長的時間，才能跨越數千公里的海面到達夏威夷，而且即使風暴正在消失，它的影響力還是會隨著海面擴散到遠處的晴空之下。這些看似混亂的浪，其實並非全然無秩序的混亂，而是由許多的波彼此疊加而成。其中波長較長的浪（相鄰波峰的距離較遠）波速較快，因此最早離開暴風的波，都是最長的浪。其他一起生於風暴中、波長比較短的兄弟們則跟隨在後。

然而這些波在往外擴散與傳遞的過程中，能量也會傳遞給外圍的海水，而波長越短的波，散失能量的速度就越快；換句話說，波長較短的海浪不僅速度上吃虧，能量也消耗得很快。幾天之後，在數千公里外的區域，只會見到正在橫跨整個海洋、平穩起伏而最長的波浪。

夏威夷之所以能變成衝浪聖地，首先是因為這裡遠離風暴，只有緩和而穩定的長浪可以到達；其次是因為夏威夷島周圍的太平洋非常深，形成該島的火山在海洋中的部分也非常陡峭，因此這些長浪能夠在橫越海洋時，保持它的能量。但是當這些長

---

3 其他在太平洋上的島國，例如廣為人知的大溪地，其實也有衝浪板，但是他們似乎大多是坐著或是趴在板子上。夏威夷人開創了站在板子上衝浪的想法，至今仍深刻地影響我們認為的「衝浪」的模樣。

浪忽然遇到陡峭的坡度、海水深度快速變淺時，那麼分散在深處的能量就被迫往淺層集中，於是海面上的波浪起伏開始增大。最後，這些長浪在岸邊釋放出它最後所有的能量，變得越來越陡峭，而夏威夷人就是在等待這一刻。待浪破碎，也是國王與王后的衝浪板蓄勢待發的時刻。

水面上的波浪，是我們最早認識也最容易聯想的第一種波，因為鴨子戲水的地方，總是很容易見到與了解。然而，波卻有其他更多種的類型，也都有相同的基礎原理：首先，兩個波峰之間的距離，稱為「波長」；第二，因為波會移動，而固定時間內（通常是 1 秒）通過固定位置的波峰數，或是完成一個週期（由波峰到波谷再回到波峰）的次數，就是波的頻率；第三，波在移動時的速度，稱為「波速」，這項特徵通常與頻率無關、與介質有關，但是也有許多例外，例如水波的波速與波長有關。大多數的波在傳遞時，肉眼都無法察覺，例如透過空氣傳播的聲波，屬於壓縮波（compression waves），它們與上下移動的繩波不同，空氣會一疏一密地將能量推送而傳遞。

最難想像卻無所不在的是光波，它們是電場與磁場的相互振盪而傳遞的能量，雖然我們看不見其中的電與磁，但可以看到生活周遭各種光波的影響[4]。

鯡魚與馬克杯

「波」之所以有趣而且有用的原因之一，就是當它們經過不同的環境時，常會發生改變。當我們看到、聽到或是以其他方式接收到波時，都會獲得它在生成的當下，以及在路途上取得的單純訊息（例如物體反射的光會讓你知道它的顏色）。波在傳遞的過程中，會在某些情況下出現三種主要的特性：反射、折射、被吸收。

如果你走在市場、經過魚攤，除了紅帶海緋鯉（red mullet）和紅笛鯛（red snapper）這類熱帶魚，以及棲息於海底的比目魚（sole and flounder）之外，應該會注意到大多數魚的身體呈現銀色；甚至如果坐船到較遠的海域，看到鯡魚、沙丁魚與鯖魚，也都是銀色。但事實上，「銀色」並非一種顏色，而是我們用來代表會反射所有光線到眼睛而成的視覺效果。

有波浪的水面往往都會反射一些光，而幾乎所有材料都會反

---

4 確認光具有波動性質而不需要介質來傳遞的實驗，相對其他物理實驗而言簡單許多。實驗人員非常聰明地利用地球繞行太陽的速度與方向，揭示了一個與大家預期相反的結果：光在傳遞時並未造成任何「物體」的振盪，而是電場與磁場相互擾動的結果。這就是著名的「邁克爾遜—莫雷實驗」（Michelson– Morley experiment），是我非常喜愛的一個實驗，因為它容易理解、非常優雅，並且把地球和太陽當作實驗器材來測試他們的假說。

射光線，但是當所有光線[5]都一視同仁地被反射時，那個表面看起來就是銀色。許多金屬在拋光後，能夠將照射到它表面的光線，依照相同的角度反射出去，因此當你利用這些拋光表面反射的光線去看一張世界地圖，會發現上面的圖案完全按照比例地左右顛倒。這是因為光線在經過反射之後，彼此相對的角度不會改變。金屬表面拋光的程度越接近完美，它們反射出來的光就會與入射光越一致，而能獲得完美的鏡射影像。

自古以來，要製作一面好的鏡子並不容易，因此鏡子往往稀有、非常珍貴，卻不能理所當然地這樣看待魚身上的銀色。實際上，魚並非使用拋光的金屬，因此要擁有銀色的外表，需要依靠複雜的有機分子，藉由相同的物理原理來達到反射所有光線的目的。魚類要演化出這種特殊功能，必然不是一個簡單的過程；如果你是魚類，為什麼要辛苦地演化出這項功能？

鯡魚群優游在海中，覓食蝦子等小型生物，卻得避開大型的掠食者，例如海豚、金槍魚、鱈魚、鯨魚及海獅等。海洋是一個巨大的空間，魚與魚群在這裡往往無處躲藏，因此避開掠食者最好的方法就是隱形，或是讓自己看起來與背景融為一體。雖然淺層的海大多呈現藍色，但是精確的色調會取決於天氣和許多因素，所以鯡魚如果要配合海水的顏色，避免被掠食者發現，最好的方式就是讓自己變成一面會游泳的鏡子，藉由身體反射出前方空蕩蕩的海洋，讓自己隱身在同樣是空蕩蕩海洋的背景裡。鯡魚身體表面可以反射 90% 的光，如同一面高品質的鋁鏡，在掠食者的眼中，也就很難分辨鯡魚反射的光與背景的光，因此鯡魚等於隱形了。

並非所有物體都能完整地反射光線，大部分的物體只能反射一部分的光；這樣的現象其實非常重要，例如我的馬克杯反射藍色的光，而我妹的杯子則是反射紅色的光，這樣能讓我判斷哪個是我的杯子。反射光線的顏色取決於反射表面的特性，但是當光線碰到一個邊界時，不一定只有反射，有時候還會出現更微妙的「折射」現象，讓光通過這個界面並改變行走的方向。

我們繼續回到兩百多年前的夏威夷。當女王站在懸崖邊俯瞰海岸的衝浪活動時，她應該曾經注意過，無論那些長浪來自哪個方位，都會在靠岸的時候逐漸轉向，並與海岸平行，最終以同樣的方向拍擊海岸。也就是說，當我們在海邊朝著垂直於海岸的方向看大海，會發現海浪筆直地朝我們而來，且不會有從海岸側邊過來的海浪。這是因為海浪的速度與海水深度有關，在越深的地方，波傳遞得越快。

先想像有一個又長又直的海灘，當長浪從遠方逐漸接近，但是前進的方向並非與海岸線垂直，也就是高起相連的波峰線並未

---

5 指我們肉眼可以看到的可見光。

與海岸線平行。當這個浪接近海岸時，其中一側的波峰（wave crest）會比較靠近海岸，而這一側的水深已經開始變淺，但是另一側因為離岸較遠，水深也較深，因此波的速度較快。於是這個海浪越靠近海岸的部分越慢，而越遠的部分就越快，海浪就此逐漸轉向，直到與海岸平行，接著變成碎波而出現大量白色浪花時，就會幾乎在同時間打上岸。因此，當波在行進的時候，每個波的波速在一側開始改變[6]時，也會改變行進方向，這個現象稱之為「折射」（refraction）。

波在水中的速度變化不難想像，但是光呢？物理學家常常談論的「光速」，是一個快到難以想像的速度，也是在愛因斯坦最著名的《狹義與廣義相對論》（*Relativity: The Special and the General Theory*）中，非常重要的部分。「光速不變」的原理曾經受到很多挑戰，許多科學家也曾經難以接受，如今卻已是物理學中輝煌的成就。

不過我必須要潑你一盆冷水，告訴你在生活周遭所測量的光速，並不是真空中的光速，因為即使是水都會讓光的行進變慢，而且只要把硬幣放在馬克杯內就可以看到這個現象了。

首先，準備一枚硬幣與馬克杯，將杯子放置在桌上，旁邊準備一個水壺，接著自己坐定在固定的位置，並將硬幣放到杯內靠近自己的這一側，直到剛好讓杯子遮住硬幣。這時，你剛好看不到硬幣，但是將水慢慢倒滿杯子時，你就會看到硬幣；但是硬幣並沒有移動位置，為什麼我看得到？因為硬幣會反射光線並往四周發散，而眼睛所在的位置，剛好讓硬幣反射的光線被杯子擋住，但是硬幣仍有其他從杯口反射出來的光線。

在注入水之前，這部分的光線就從你頭頂上過去；但是當水注入後，硬幣反射出來往上的光線，經過水與空氣的交界處時，先進入空氣的光會變快，而還在水中的光較慢，於是光就會改變方向而朝著你的眼睛前進。這個現象間接證明光在水中的速度比較慢，至於這種從水到空氣發生偏折的折射現象，不僅會出現在水與空氣的交界處，也會出現在玻璃與空氣，甚至是鑽石與空氣之間。

相較於空氣中的光速，水中的光速只有 75%，玻璃大約是 66%，而鑽石甚至只剩下 41%。當介質中的光速越慢，光從介質進入空氣時的偏折也會越明顯，這就是為何鑽石的光芒永遠比其他寶石來得耀眼[7]。實際上，我們能夠看到玻璃與鑽石的原因，主要是因為它們會讓光發生折射，讓進入它又出來的光線與背景產生差異。如果沒有這個現象，我們要如何看到透明的東西呢？

---

6 通常是指傾斜通過不同介質。

7 如同許多的透明材料一樣，鑽石也會讓不同波長的光發生不同的折射，因此從鑽石出來的光才會色彩斑斕。此外，我們看到的不只有折射光，還有在鑽石內部及表面的反射光。

我們很喜歡看到鑽石（而且很多人願意花大錢購買它），但是折射不僅僅是一種光學的藝術，更造就了透鏡，成為探索科學世界的重要利器。這些透鏡經過設計與組裝，可以變成讓我們窺見細菌的顯微鏡，也可以變成遙望宇宙深處的望遠鏡，甚至是變成記錄生活每一刻的相機、攝影機的鏡頭。如果光線永遠以相同速度行進，不受到任何物質的偏折，我們的世界就會截然不同。

自來水與閃電

我們生活在一個光線不斷反射、折射的世界中，就像海洋表面的暴風雨讓海面波濤洶湧，而混亂的波朝各個方向旅行的過程中，因為過濾與折射而剩下來的一部分，進入我們的眼睛，使得我們可以接收外界的訊息。站在懸崖上觀看衝浪的夏威夷女王，正因為眼球折射光線才得以「觀看」事物；同樣的物理原理，也會讓「海浪」在靠近岸邊時逐漸與海岸平行。

光線在經過反射、折射之後進入你的眼睛，就是我們看見事物的原理。但如果，這些波沒有到達你的眼睛又會如何呢？

有一件很奇怪的事情，很多時候，小朋友拿蠟筆畫水龍頭流出的水時，都會把水畫成藍色，但是事實上我們的自來水不是藍色，如果真的流出有色的水，我建議你趕快檢查水管與水塔；我更相信沒有人敢喝藍色的自來水，就算大家習慣把水畫成藍色。

從衛星上看地球時，會發現這是一個藍色行星。然而海洋之所以呈現藍色，並不是因為鹽分，畢竟淡水河、湖泊也呈現出美麗而深邃的藍色，好像這些區域被染上濃濃的藍色顏料。但如果你在地球上看看小河的水，卻會發現它們是透明無色。造成這樣差異的原因不在於水中有什麼物質，而是在於水的量。

陽光中有各種波長的光，所以雨後才有機會看到彩虹。當太陽光照射到海中時，不同深度的海水會吸收不同波長的光，其中波長較長的紅光、黃光比較容易被海水吸收，大約在離海面數公尺深的地方就會被吸收殆盡；而黃色接近綠色的光線，則是可以到達水深十幾公尺才會完全消失。至於藍光，則更不易被吸收且穿透力較好。

因此當陽光進入海水中，未被吸收的藍光照射到海洋中的小微粒時，就會漫射出藍光，於是無論是在海水內或在海面上，都會看到海水呈現藍色。但是由於小河流或是水龍頭，流出的水都太淺，以至於光線大多會透過去，水中產生的藍色漫射光太淡，以至於難以察覺。自來水與其他多數湖泊、河川以及海洋的水，顏色都差不多，因此關鍵就在於需要大量的水，才能讓不同波長的光在水中產生不同的結果[8]，將藍色凸顯出來。畫畫的時候將水塗成藍色是正確的選擇，但你很難在水龍頭下看到它。

當波在傳遞的時候，它們通過的介質也會逐漸吸收它們，這是一個能量緩慢轉移而逐漸削弱的過程。不同波形與波長的波，行進時喪失的能量也有所差異，因此造成波在傳遞了一些距離後，會產生豐富而有趣的變化。暴風雨就是一個我非常喜歡的大氣現象，也是一個很好的例子。

暴風雨是一個相當壯觀的現象，而且讓人驚訝於空氣不只是一種天地之間的填充物而已。地球的大氣層內蘊含大量的水與能量，這些能量通常會緩慢地變化、移動。當水氣聚集成積雨雲的時候，它所擁有的能量必須要透過一個激烈的過程，才能恢復與周遭環境的平衡。這個暴風雨系統的形成，是來自靠近地面溫暖、潮濕而輕盈的上升空氣，進入、推擠上方較冷的空氣而蓄積能量。

當這些熱空氣進入雲層內攪動，就會解放出大量的雨水。最令人驚訝的是這種推擠與攪動的過程，會讓雲中的電荷產生不同的分布；當電荷累積到達某個程度時，巨大的電能就會凌空變成閃電，讓電荷在雲層之間，或是雲層與地球之間彼此平衡。每道閃電持續的時間都不到千分之一秒，但雷聲卻會在暴風中迴盪好一陣子。我喜歡閃電，因為它有強大的視覺張力，同時也是一個重要的大氣引擎。巨大的能量轉移時，有時候會放出明亮且劃過天際的閃光，有些則是隱藏在雲層之內的低沉嘶吼，但這兩種精采絕倫的現象，都可以展示聲波傳遞時的複雜現象。

閃電是一個變化倏忽的大氣現象。閃電經過的路徑是一個被瞬間加熱的通道，連結雷雲與另外一團雷雲（雲間放電）或地面（雲地放電）。這個短暫出現的通道，由於大量能量經過，在短時間內的溫度會暴增至大約 50,000℃，因此放出藍白色的閃光。明亮的光在閃電結束後也迅速黯淡，但是閃電產生的高溫讓所經之處的大氣迅速膨脹而產生震波，這些強大的震波隨著空氣向外散播。然而聲音傳遞的速度遠低於光速，所以我們會在看到閃光之後數秒才聽到雷聲。我們之所以知道有打雷，就是透過閃電的光與雷聲。

波的重要性在於它是一種「能量轉移」的方式，而它傳遞的過程中，經過的介質不會隨之一起前進。我們的世界不斷有能量在轉移，意味著有大量的波在我們周遭不斷地散播、傳遞。我們並不需要為波的傳遞而恐懼，因為它們通過的時候不會中斷我們周遭事物的運作。

閃電中蘊含大量的能量，它以光與聲音的方式釋放到大氣中，然而巨大的聲響並不會將空氣吹散，只會讓空氣產生疏密的振盪。當雷聲經過時，它們依舊維持原來的流動狀態與位置。光與聲音是不同類型的波，而且都適用波的基本原理。光波會受到

---

8 看到小朋友選擇用藍色蠟筆來畫「水」，是一件相當有趣的事情。當我們看到海洋是藍色，空中拍攝乾淨的游泳池也是淡藍色，因此就習慣看到圖畫上藍色的水。這應該是近來才產生的藝術習慣，而小朋友之所以將水畫成藍色，是因為自然而然認為它是藍色，還是單純地學習與模仿其他人的圖畫呢？

介質的改變而影響其行進的方向，聲波也會，就發生在你聽到的雷聲當中。

我喜歡發生在距離自己大約 1.5 公里外的閃電，一旦看到明亮的電光，我便開始想像有一個巨大的壓力波動，即將向我襲來。在閃電發生後，透過周圍的景色也會見到逐漸散開的波，並在數秒之後抵達我所在的位置，讓我聽到巨大的聲響。聲波行進的速度大約是每秒鐘 340 公尺，換算成時速大約是 1,224 公里，也就是說，雷聲大概要 4.5 秒鐘才能抵達 1.5 公里外的地方。當閃電劃過天空，最先聽到爆裂的聲音是從地面上發出的閃電。目前科學家還不清楚閃電的全部機制，但一般而言，閃電會先從雲層底部向地面發出先導閃電，接著地面會快速發出回擊閃電。由於這個過程非常快速，即便可以聽到雲層底部發出先導閃電的雷聲，也會是在地面回擊閃電的雷聲之後了。

在 1.5 公里外，大約 5 秒鐘可以聽到閃電的聲音，而該處上方 1.5 公里高的半空中，因為傳遞的距離比較長，大約還要再花上 2 秒的時間才聽得到。至於積雨雲底部因為位置更高，可能還會再慢幾秒。這些聲波表現出來的行為大致相同，主要差異只在於發出聲音的位置，究竟是離我比較遠，還是比較近。聲波在大氣中傳播的時間跟距離有關，由許多頻率組合而成的聲音，在傳遞的過程中，越高頻率的聲音衰減越明顯，因此距離我越遠的聲源所發出的聲音，傳到我耳朵時就會顯得越低沉。

雷聲在傳遞的過程中，隨著距離越遠，高頻率的聲音就越小，而衰減較慢的低頻聲音最終也會衰減殆盡，使得位在更遠處的人聽不到任何聲音。但是閃電發出的光線，因為不需要倚賴空氣作為傳遞的媒介，因此也不容易被空氣吸收，只不過依然會受到大氣的影響而出現變化。

在許多方面來說，波是一個很單純的東西，一旦產生了波，它們就會一直前進。無論是聲波、水波或是光波，都會受到環境影響而發生反射、折射或是被吸收。我們的生活周遭充滿了各種波，我們的感官則是藉由接收其中一些波，得以知道環境的狀況與變化，例如眼睛接收到光波、耳朵接收到藉由空氣振動傳遞的聲波。波之所以能讓我們感受到環境，來自於組成波的兩項要素：「能量」與「訊息」。

烤麵包機與恆星

在又寒又凍的日子，來一片烤吐司似乎是個完美的決定，不過唯一的缺點是你需要等上幾分鐘。冬季時，我常常點燃瓦斯爐來燒開水，接著將吐司放到烤麵包機裡，然後有點殷切地想知道它們麼時候會完成。但我也沒閒著，在等待的時間中，我會把茶杯洗乾淨，整理一下廚房。有時我會看一下烤麵包機，確定它正常運作。

要知道吐司是否正在加熱的方法不難，就是從烤麵包機縫隙看看旁邊加熱的金屬絲是否有變紅。這些電熱絲在通電之後，不僅會加熱周遭的空氣，也會放出淡淡的紅光，這樣的紅光正是反映電熱絲的溫度已經到達攝氏1,000℃，這是一個足以熔化鋁或銀的可怕高溫。依照科學家所知的物理定律，不同的溫度會放出不同顏色的光，因此當物體達到1,000℃時，就會放出櫻桃紅的顏色；在燃煤的鍋爐當中，亮黃色的光代表溫度已經達到2,700℃，至於4,000℃以上的物體，就會放出白熾的光。也許你已經開始好奇，為什麼溫度會讓物體放出光，而且不同溫度還有不同的顏色？

我盯著烤麵包機，看著電能轉換成光與熱能。任何具有溫度，也就是高於絕對零度的物體，都會不斷將一些能量轉換成光波，這是宇宙中最美妙的一件事情。一旦光生成之後，便開始旅行，因此能量會被傳遞出去。烤麵包機內的高溫電熱絲，將它身上一部分的能量轉化成紅色的光，這種顏色的光，在我們人眼看得到的光譜中，屬於波長較長的一種。但是高溫的電熱絲還會放出波長更長、我們眼睛看不見，卻可以感受到溫暖的紅外線。這種長波長的光是烤麵包機最重要的一部分，就是它將熱能傳遞給吐司。

如果我們觀察一個範圍內的波長，越熱的物體放出的量會越多。然而每一個具有溫度的物體，都會放出在一個波長範圍內所有的光，形成一個連續的光譜。其中會有一段波長的光特別明亮，使得光譜看起來就像一座單峰的山，在離開山峰之後，朝兩側更短波長或更長波長的方向遞減。

烤麵包機的電熱絲運作時，最明亮的波長區域其實是紅外線，而可見光的紅光部分，則是位在旁邊的山坡。因此電熱絲發出的光，我只能看到在這光譜邊緣的一小塊紅色可見光，至於真正明亮的部分，是我看不見但正在加熱吐司的紅外線。

如果我有一臺超級烤麵包機，可以將溫度調得更高，那會發生什麼事情呢？當溫度升高到 2,500℃時，加熱的電熱絲會看起來更黃，這是因為越熱的物體會放出越多短波長的光；而這個溫度所放出的光，涵蓋範圍就會有紅色、橙色、黃色與一點綠色，因此當這些光混合在一起時，就會呈現黃色，而且只有物體處於越高溫時，放出的光才會包含越多彩虹般的顏色。

當我將超級烤麵包機的溫度調到 4,000℃時，藍光也出現了，這時顏色更加豐富；這些顏色的光混合在一起，就是我們看到的白光。換句話說，白光實際上就是一整個彩虹的光，包含紅光到藍光所有的波長。但是超級烤麵包機的缺點，就是超高溫會熔化大多數的東西，它可以快速幫你烤好吐司，只是也可能同時燒毀你的廚房。

打開烤麵包機的電源，只是一種產生波的方式，而你所看到的紅光，則是來自電熱絲高溫產生的電磁波。當這些帶有能量的紅外線照射吐司時，吐司在吸收之後就會變成熱能，因此吐司就會逐漸升溫、出現棕色的表面。等待吐司烤好並從烤麵包機跳起來的時間裡，我雖然看不見紅外線，但因為它會伴隨著微微的紅色可見光，讓我知道吐司正不斷地加熱中。

不過這也有個壞處，當物體因為溫度而產生光波，實際上必然會包含許多不同波長，我們沒有辦法讓物體只產生其中特定的波長。有趣的是，因為溫度而放出的光波，與物體的材質無關，因此無論是煤或是鋼鐵，當它們的溫度達到 1,500℃時，都會放出相同的色光。所以我們可以透過測量一個物體放出的光波波長（顏色），計算這物體的溫度，當然這個物體需要到達一定的溫度，才會發出我們看得見的光。

太陽的表面大約是 5,500℃，所以它放出的是白光。我們之所以能看見天上的恆星，也是因為恆星的溫度很高，因此會放出大量的可見光；當這些光抵達地球之後，科學家還能根據光的顏色來判定恆星的溫度。

無論是你還是我，也都會放出特別顏色的光（有一個範圍的連續光譜），而這些光來自於我們的體溫。不過因為身體的溫度較低，所放光的波長範圍，大概比電熱絲放出的波長還要長 10 到 20 倍，畢竟電熱絲的溫度比我們的體溫高了非常多，所以只有紅外線攝影機才能捕捉到身體的熱影像。我們每個人都是一盞紅外線燈，貓、狗、袋鼠與河馬等恆溫哺乳類動物也是如此；事實上，任何比絕對零度（-273.15℃）還要高溫的物體，都是一盞燈，不過越冷的物體放出電磁波（光）的波長越長，甚至可到達微波的範圍。

我們完全是沉浸在波的世界之中，只要我們使用正確的方式，便可以發現這些波的存在，從太陽光、身體發出的紅外線以及人類通訊的波，都照耀著我們生活的四周。聲波也是如此，不同波長的聲波功能也不同，從蝙蝠使用超音波搜尋獵物，到氣象儀器追蹤天氣使用的次聲波（infrasound），都各有不同的用途。但令人驚訝的是，光波與聲波可以交錯經過同一個空間而互不干擾。

當你在聆聽音樂的時候，無論房間是黑暗還是充滿迪斯可的燈光，聽到的聲音都一樣；當你在欣賞風景的時候，旁邊是鋼琴協奏曲或是哭鬧的嬰兒，一點也不會改變映入你眼簾的光波。我們使用不同的感官接收聲波與光波，並且只會擷取其中對我們有用的訊息。

但我們要如何選擇呢？對於自動駕駛的車輛及森林裡的動物而言，需要接收的訊息必然完全不同。身處在龐大的訊息當中，需要接收對自己最有幫助的波，因此生物會按照不同的需求演化出不同的感官；這就是為什麼藍鯨發出的聲音，海豚聽不到，而海豚發出的聲音，藍鯨也不會接收得到。這兩種動物也不會在乎你身上穿什麼顏色的衣服，因為牠們視覺上無法分別顏色的差異。

海豚與鐵達尼號

在墨西哥西北方的海岸與太平洋之間，有一個長達一千多公里的加利福尼亞灣，向南連接太平洋。海灣內的海域受到兩側高聳山脈的保護，而這些山區大多仍維持原始的狀態。許多海洋生物在遷徙的過程中，都會進入這個區域休息與覓食，這裡的海象較為安穩，漁夫也可以乘著小船悠閒地捕魚。白天的陽光讓藍色的海面波光瀲灩，漁船受到海浪的搖晃而吱吱作響，這是平靜大海上唯一的聲音。

忽然，一隻海豚從一望無際的海面一躍而出，然後伴隨飛濺的水花回到海中，水面上的世界很快地恢復如常的平靜，但實際上，海面下卻一直是個喧鬧的生態系統。

海豚潛入水中時，會開始發出高頻的口哨聲（whistle）來識別身分，並利用脈衝式的聲音（clicks）與海豚群交談。每隻海豚都可以透過前額的組織發出尖銳的聲音，這些聲音會藉由海水傳遞到其他海豚的身上，而海豚的下顎骨則會收集聲音，然後傳到內部的中耳產生聽覺。海豚不斷發出的口哨聲、脈衝式的聲音和啁啾聲（chirps），會形成一個吵雜的環境，但是這些聲音不只幫助海豚溝通，還可以用來感測周圍的環境。海豚群時常在海面附近玩耍與呼吸，但是往往在忽然之間，牠們就會整群開始下潛，進入海洋更深更藍之處，因為牠們要執行一項重要的任務：狩獵。

海面上充斥的陽光到了海下會迅速被吸收，因此光可以傳達的訊息非常有限，換句話說，視覺在海面下越深的地方就越沒有用處。雖然海豚擁有視覺，可以在淺層的海水中和跳出海面時使用，但對於光線的感知能力卻相當有限，無法區分顏色。這是因為在海中，顏色幾乎沒有變化，因此牠們的眼睛在演化上就不會出現對應的需求。雖然鯨魚身處在一個湛藍的世界中，不過牠們無法感受到藍色，海水對他們而言相當灰暗。可是鯨魚仍能看到魚身上反射的閃爍光點，這也證明動物之所以看到什麼，完全是依照牠們的需求演化而來。

海水的表面就像一面愛麗絲夢遊仙境的鏡子，雖然我們要穿過它不難，但是對於波來說，它卻隔開了兩個世界。海面上的聲波大部分不會進入海水裡，會從表面反彈回空氣中，至於海洋中的聲音也會留在海裡。空氣中的光波傳遞，往往有效而快速，但是光波到了海中就很容易被吸收；因此如果你在海中要獲得關於周圍環境的訊息，聲音是比光更好的選擇，除非是在海面附近，並且是觀察近距離的東西。

海洋當中的聲音非常豐富，海豚能夠發出人耳聽不見的超音波，頻率是我們聽覺極限的 10 倍，而發出與接收這些短波長

（高頻率）的聲波，意味著海豚可以利用回聲來獲得精確的定位，並感知到物體的細節。但是高頻率的聲音無法傳遞太遠，因此在一段距離之外，就不會聽到海豚群喋喋不休的聲音。不過若是頻率較低的聲音，就能傳遞得比較遠，例如一艘遠洋漁船引擎發出的轟轟聲，或是槍蝦（snapping shrimp）發出的衝擊聲，以及深海中一些低頻聲音，只是這些對於海豚來說都是聽不見的。

不過也有另外一群海洋動物會使用較低頻的頻道來溝通，牠們就是鯨魚，發出的聲音可以傳到數十公里外。此外，因為鯨魚不需要使用回音定位（echolocation），也就不會像海豚一樣發出高頻的聲音。於是，例如鬚鯨（baleen whales）需要與遠距離的鯨魚溝通，衰減緩慢的低頻聲音是更好的選擇。鯨魚聽不到海豚的高頻聲音，海豚聽不到低頻的鯨歌，但這些都發生在海洋當中，因此海洋生物透過選擇不同的頻段，發出或接收屬於自己族群的豐富訊息，可以生活在相近的區域，卻又不會彼此干擾。

即使海洋中有光波也有聲波，但是不同於海面上或陸地上的世界，聲音是在海中傳遞訊息最重要的方式，因此鯨魚與海豚都是色盲，畢竟在海裡的光線已經缺乏細節，深一點的地方甚至是漆黑一片。

然而海洋內的聲波與大氣中的光波，還是有相似之處。一如波長越長的聲波可以長途傳遞訊息，波長較長的光波也可以在大氣內傳遞相當遠的距離，不會快速衰減。就在一百多年前，人類開始利用波長非常長的無線電波通訊，因為我們生活在大氣中，光波傳遞的效率遠比聲波來得好。無線電波最早用於橫跨大洋的通訊，當年的鐵達尼號要是可以善用這套系統，接收並重視另外一艘船發出的警告訊息，也許就不會沉沒了。

1912 年 4 月 15 日的凌晨，就在鐵達尼號撞擊冰山後一個小時內，北大西洋的海面上有少數無線電波的圓形脈衝，間歇性地往外擴張，越往外就越弱，並逐漸消失。有些波紋抵達遠處的接收天線，訊息就成功地傳遞到遠方。其中最強烈的波紋，是位於加拿大紐芬蘭（Newfoundland）南方 650 公里處，來自電報員傑克．菲利浦（Jack Phillips）的求救訊號。他利用當時最強大的海上無線電發報機，不斷向周邊的船隻發送訊息，告訴他們世界上最大的船——鐵達尼號正在下沉，並且請求救援。傑克藉由發報機送出的電子脈衝訊號，從甲板上的漏斗狀電線引導到上方的天線，而高高橫掛在空中的天線藉由振盪的電流放出強烈的無線電波，因此在廣大區域內的船隻，藉由船上的天線都能收到訊號，並且解讀訊號中的訊息。

電報之所以能夠發送出去，是因為無線電在天線上產生後，會朝四面八方擴散出去，因此你不需要知道接收者所在的位置，所有在周邊的天線都能接收到無線電訊號。鐵達尼號發出的無線電波，可以傳達數百公里遠，在這範圍內的許多船隻，例如卡柏西亞號（Carpathia）、波羅的號（Baltic）、奧林匹克號（Olympic）等等，接收到求救訊號之後即刻前往救援。雖然電報所能夠傳達的訊息相當有限，以今日的角度看起來非常原始，但這是人類最早的海上通訊方式。如果鐵達尼號的悲劇提早 20 年發生，那麼這場災難將會無聲無息地沒入冰冷的海水內，而在 1 週之後，人們才知道這艘船消失了。

事實上，鐵達尼號航行的前 10 年，人類才第一次將無線電應用在橫跨海洋的通訊。只是那個發生在凌晨的恐怖船難，即使附近的船隻盡力救援，但現場黑暗而混亂，許多救援的船也只能無奈地看著悲劇發生。

這些像鋼琴斷音彈奏的電報，並不是隨機的訊號，而是先藉由固定模式編排，以此代表一連串的訊息。當電報員將安排過的訊息，藉由一些裝置讓天線產生無線電波後，它就會以光速往外傳播出去。人類從此進入大量無線電通訊的時代。

鐵達尼號的嚴重船難之所以有名，有一部分是因為它發生在一個新時代的開端，顯示出無線電波的巨大通訊潛力，能夠發出求救訊號，讓卡柏西亞號在 2 個小時後趕來救援，及時挽救了許多人的性命，但是同時也暴露出當時的無線電系統存在著巨大的瑕疵。

電報傳遞的訊息往往會互相干擾，鐵達尼號在出事之前曾經收到另外一艘船的冰山警告，當時鐵達尼號正在與另一方通訊，使得同時間還有其他訊號混雜在其中，造成聽報、發報混淆的狀況，因此有些訊息的片段就會遺失，或是根本沒聽到。

在當時，發送電報必須要透過其他方式通知對方打開收報機，而且船上發報的系統實際上只是一個開關，藉由開開關關的方式傳遞訊息，再者所有船上的無線電報系統都共用一個頻道。

鐵達尼號並非只有透過無線電求救，同時也發射求救照明彈（distress flares），當時鄰近的加州人號（Californian）曾試圖以摩斯信號燈（Morse lamps）與其聯繫。無線電通訊還有一個方式可以讓它傳遞更遠——當無線電進入大氣層上方（電離層的位置）時，會像遇到鏡子一般地反射回來，因此鐵達尼號的求救訊號不只在海面上向外擴散、掠過，還會藉由反射而傳遞到更遠的地方（因為地球的表面是曲面，如果不經由大氣層的反射，那麼直線傳播的無線電波，將使得在水平線的另外一方無法接收到訊息），達成無線電跨越大洋的通訊。藉由電離層這片「鏡子」，無線電波得以從高空反射到地平線的另外一端，但是對於波長較短的可見光而言，電離層不再是一面鏡子，因此傳遞的距離相當有限。

夜空中充滿電報員傑克發送的無線電波，試圖向所有正打開收報機的船隻傳達求救訊號與鐵達尼號的位置，直到最後，海水淹入電報室而他殉職為止。

由於無線電的通訊，趕來救援的船隻得以讓載滿 2,223 人的鐵達尼號在沉沒時，能有 706 人倖存。這些因為無線電而獲救的人，也見證了往後無線電通訊的發展，從沉默無聲到滿天喧囂，透過這些看不見的波，讓人類的通訊發生史無前例的變革。如今，無線電訊號覆蓋地球所有的角落，人類彼此的通訊達到歷史上從未有過的便利。

「光」是人類最重要的東西，太陽發出的光只有極小部分到達地球，卻是地球表面能量的來源，也是生命不可或缺的部分。此外，來自星辰的光芒則讓我們看見宇宙的奧祕。在過去的一個世紀當中，我們的文明已經開始從被動的接受能量與訊息，轉而主動發展光的應用，如今，我們已經了解許多技術，能夠應用並讓我們掌握世界。現在只要擁有手機，就可以輕易傳達訊息給他人，或是與別人取得聯繫，即使對方遠在天涯。

但是有這麼多往來交錯的光波，我們要如何從中接收屬於自己的訊息呢？幸運的是，波的本身就提供了答案，而且你不需要透過任何專門的工具。

位於美國田納西州的大煙山（Great Smoky Mountains）有著壯觀的景色，深綠色的茂密森林覆蓋了巨大的山峰與峽谷。我特別喜歡這種寧靜、不受打擾的地方，當我們開車到達目的地之前，還經過鄉村歌手桃莉．巴頓（Dolly Parton）的家鄉。雖然我對於這位才華洋溢的音樂家並不陌生，但是不知道這裡有座桃莉塢主題樂園，而在樂園中央的區域，有著歡樂的田納西鄉村音樂、遊樂場。廣布在周邊城鎮、隨處可見的，是華麗的民謠吉他、粉紅色的牛仔帽，以及無所不在的鄉村音樂，當然還有頂著滿頭蓬鬆金髮，屬於南方式熱情迎接的形象。

我們在這個歡樂的地方停留了一個晚上，隔天起床出發到山上之後，一切變得截然不同。到達目的地後，大夥兒聚集在躺椅和置有飲料的冰桶旁，安靜地等待夜晚降臨這片森林，並將所有的燈光關掉，因為接下來有一場在黑暗中才能欣賞的節目，即便是手機或打火機的火光也被禁止。暮光越來越黯淡，森林中逐漸浮現黃綠色的光點，螢火蟲的舞蹈正拉開序幕。

這裡有上百萬隻的螢火蟲正在飛舞，而我們來到這裡的主要目的是拍攝科學紀錄片，但我們只有一個晚上的機會。為了取景需求，我們偶爾必須要移動位置來取得更好的畫面，因此為了不要打擾到螢火蟲，相關專家告知我們，如果真的不得已需要照明，切記要使用紅色的光，因為白光會明顯地干擾螢火蟲。因此我們在移動拍攝的過程當中，幾乎都是壓低身體，並以微弱的紅光照路。

到了凌晨 1 點左右，大部分的螢火蟲都停止活動。那時我們正準備拍攝最後一部分，導演與攝影師在調整燈光，我在黑色的帳篷內將黑色的布蓋在自己身上（因為這時相當寒冷），然後用發出紅光的頭燈照著我的筆記本，寫下待會兒訪問要說的內容。當大家都準備好了之後，我帶著筆記本前往燈光下，準備練習要說的內容。只是當我打開筆記本想要尋找小抄時，卻發現我看不懂在白光下的筆記內容，因為紅筆與藍筆的字跡交疊在一起，彼此混淆，使我無法辨別。

要如何將兩種不同波長的光分開，以上就是最好的展示。我在白天的時候用紅筆在筆記本上寫字，因為在日光底下，這種顏色的字跡相當明顯；但是當我在黑暗中用紅光照著我的筆記本時，原來寫滿紅色筆記的那頁，字跡完全消失，我也沒察覺。這是因為在白光（提醒一下，白光是由各種顏色的光所組成）下，紅色字跡吸收了大部分的光而僅將紅色的光反射出來，但是當我處在紅光下，白紙反射出紅光，紅色字跡也反射出紅光，看起來就像沒有寫過東西一樣。

為了在紅光下可以看到字跡，我選擇使用藍筆，因為藍筆的字跡只會反射藍光，而紅光之中幾乎沒有藍色的光，因此字跡就會完全吸收我頭燈發出的紅光而呈現黑色，明顯的對比讓我可以在微弱的紅色燈光下書寫與記錄。同樣的原理，轉動無線電的刻度盤，如同選擇不同顏色（波長範圍）的光來閱讀筆記本上的字跡，等同於只接收特定波長範圍內的訊號，因此得以避免干擾而獲得正確的訊息。

事實上，廣播之所以能切換不同頻道，其中一個方法就是來自這種原理的應用。當科學家在分析光波時，大多數的狀況下也會選定在一個範圍內的波長，因此如果其他波長的波同時經過檢測器，也不會被檢測出來。我那頁筆記上的紅色筆跡與藍色筆跡都是同時存在的資訊，但是在紅光下，有的隱形，有的顯現。我們生活的周遭充滿各種不同波長的電磁波，如果你要接收無線電廣播，就得使用能接收長波長的器材；當你需要調整電視音量時，就需要能發出紅外線（比無線電波的波長短）的遙控器。或者當你需要看清楚紅藍字跡混雜的筆記本，就得選用正確顏色（波長）的光線，當你試圖讓手機連接上 WiFi 網路時，也是在微波波段中選擇出特定的波長。

這些不同波長的光波同時存在於我們周遭，透過正確的方式與器材就能夠接收到它們。肉眼看到可見光的波長範圍，只是自然界各種光波中窄小的一段，即使各種顏色的可見光會混合成白光，也只是視覺上的顏色，不同波長的光不會彼此干擾。因此當白光透過稜鏡時，還是會分離成彩虹的樣子。

不同波長的光不會彼此影響的特性，使得我們可以從中過濾出有趣的東西，不怕受到其他光波的干擾。自然界各種波長的波都有其特性，以及正在傳遞的特別訊息，不同的環境也會過濾不同波長。即使是我從小成長的曼徹斯特（Manchester），大多數的日子都是陰天而且很難看到星空，卻有一座英國最大的望遠鏡。距離我家只有22公里，位於卓瑞爾（Jodrell）河畔的洛弗爾（Lovell）望遠鏡，直徑達76公尺，即使是在曼徹斯特空氣汙染最嚴重的時期，這架望遠鏡看到的依然是清澈的天空，因為這是一架無線電波望遠鏡。

對於波長小於百萬分之一公尺的可見光來說，當它們遇到雲或塵埃時，就像進入一個巨大的彈珠臺，不斷碰撞而最後被吸收，但同樣是光波的無線電波，因為波長達到5公分，可以輕易經過這些微小的粒子而不受妨礙。如果你有機會造訪下雨的曼徹斯特，請記得，即使烏雲密布，科學家還是可以透過無線電波看到壯麗的宇宙[9]，或許這讓你不至於太討厭這裡的陰雨天，雖然在下雨的夜晚，你可能連天上的烏雲都看不到。

溫室效應和地球

地球之所以適合居住，是因為不同波長的光與不同的物體，會產生各自的交互作用。太陽送出大量的能量，就像演奏一個無止境的光波樂章，其中只有一小部分照射在我們這個岩石組成的行星上，但這些能量已經足夠讓我們獲得溫暖。然而科學家計算我們與太陽的距離，發現地球的表面平均溫度理論上是-18℃，而非舒適的14℃，我們為什麼可以免於生活在冰凍的世界呢？

答案就是地球上有「溫室效應」(Greenhouse effect)，一種讓不同光波進入大氣層與接觸地面後，產生不同交互作用的現象。

想像一下，你現在站在山腰上，看著一片藍得像幅畫的天空，伴隨幾朵白雲由遠而近。接著你望向山下，看到一些綠樹、草地以及深色泥土，陽光從你的頭頂上灑落，除了地上有一些雲的影子之外，萬物都被陽光照耀著。這時你會發現，舉目所及的景色當中有各種不同顏色，但實際上，照射到地面的陽光與大氣層外的陽光已經不同。

我們看似透明的大氣會吸收波長較長的紅外線，以及許多波長較短的紫光、紫外線。大氣如同一個過濾器，只讓部分波長的光通過，稱之為「大氣窗口」(atmospheric window)，其中可見光大多不受影響。此外還有一個波長範圍的光也不受影響，那就是無線電波，這也是為何無線電波望遠鏡，可以在地面接收來自

---

9 雖然天文學家總是會懷疑他們觀測到的訊息，是不是真的來自宇宙。羅伯特・威爾森(Robert Wilson)與阿諾・彭齊亞斯(Arno Penzias)在 1964 年建造了一個裝置，打算研究無線電波天文學以及衛星通訊，卻發現天線總是會接收到一個在天空中不隨方向、天氣以及季節狀況改變的訊號。起初他們以為這個「雜訊」是源自天線內的鴿巢及鴿糞(他們撰寫論文時委婉地稱之為「白色的介電材料」)，但是清除後，這個訊號依然存在。當他們確定天線沒有問題，最終證明了那是宇宙大爆炸留下來的線索，是宇宙中最古老的光芒。這個實驗的小插曲，讓我們了解到科學家必須很謹慎地區分接收到的光波，究竟是來自鴿糞的干擾，還是宇宙誕生時的訊息。

宇宙的訊號[10]。

地表上的土壤越黑，代表大多數的可見光都被吸收，帶有能量的光波最終會轉換成熱，因此當你在豔陽高照的時候觸摸深色的地面，會感覺到它特別熱。其他沒有被吸收的光線，例如葉子反射的綠色光線，就會通過大氣窗口回到太空中，如果有外星人經過，這會是他們看到的地球樣貌。

我們回來看看溫度升高的地面會發生什麼事情。它就像前面提到過的烤麵包機裡面的電熱絲，也會依照它的溫度釋放出對應的光波，但是不同於高達1,000℃的電熱絲會放出紅光，溫熱的土壤放出的光波幾乎都是紅外線，而這就是溫室效應的第一步。大氣中，大部分的氣體都會讓紅外線通過，但是其中另外的某些氣體，例如水、二氧化碳、甲烷與臭氧層，雖然只占了大氣的一小部分，卻有很大的影響，因為它們會大量吸收紅外線，因此稱之為「溫室氣體」。

我們在山腰上看到的景色都是來自可見光，但如果你看得到紅外線，會發現地面也正在發光，只是往上傳遞不遠就被大氣吸收而消失。吸收紅外線的溫室氣體，也會將吸收的能量再次以紅外線釋放出來，但是不同於地面放出的紅外線會朝向天空，這些再次被放出的紅外線會平均地往四面八方照射。

在不斷吸收與放出的過程，只有一部分會回到太空當中，其餘的都被保留在大氣當中，這樣的效應使得我們的星球更加溫暖，使得水能呈現液態。然而太陽給予地球的能量，最終必須與散失出去的能量達到平衡，否則大氣會保存越來越多能量，並使得溫度不斷升高。換句話說，當地球接收陽光而變熱後，散播回太空的紅外線也會變多，直到彼此平衡，而平衡的點就是我們現在地球的平均溫度。

這就是我們熟知的「溫室效應」（greenhouse effect）運作的原理[11]，這是自然界本就存在久遠的現象。當地球位於原本溫室效應的平衡點，平均溫度大約是 14℃，但是隨著人們大量使用化石燃料，釋放更多的水氣與二氧化碳進入大氣中，加劇了紅外線的吸收，因此地球的平均溫度勢必要上升，以到達新的平衡點。二氧化碳的濃度雖然遠遠低於氧氣與氮氣，但是它會吸收特定波長的光，因此二氧化碳即使是從 1960 年的百萬分之三百一十三（313 ppm），增加到 2013 年的 400 ppm，也會顯著增加地球的溫度。

此外還有另外一種溫室氣體：甲烷，它吸收紅外線的效率比二氧化碳還高，因此即使溫室效應為地球帶來溫暖，如果溫室氣

10 由於紅外線以及 X 光難以到達地面，因此很多觀測這些光波的望遠鏡都安裝在人造衛星上，在大氣層外進行觀測。

11 地球的溫室效應與實際園藝使用的溫室，有相當大的差別。

體增加太多，就會讓地球變得過於炎熱。雖然我們無法直接看到紅外線，但是近幾年的氣溫改變，確實已經讓我們體會到溫室氣體排放過多的後果。

珍珠與電磁波

我們身處在一個充滿波的世界，有波長很長的無線電波、波長很短的可見光波，還有鯨魚發出的深沉聲波，或是蝙蝠用來定位的超音波。這些波可以同時存在於一個區域卻又不會互相干擾，但我們不禁想知道，如果有完全一樣性質與波長的波，彼此相遇的話，會發生什麼事情呢？如果你手上有一顆珍珠，那上面的彩色光澤，就是它們相會的美麗結果，但是如果你正在使用對講機，那就會造成一些困擾。

白蝶珍珠蛤（Pinctada maxima，或稱為大珠母貝），是一種棲息在海床上的生物。大溪地有著美如綠松石的海水，在海面下數公尺之處往往可以見到這種貝類，此外，其他南太平洋的島嶼也可以見到它的蹤跡。這種貝類在進食的時候，會將殼微微分開，吸入海水。白蝶珍珠蛤每天會過濾大約 4 公升的海水，並且從中擷取出食物。因為牠們的殼粗糙斑駁，上面有著米色與棕色的斑點，所以當你在海面上游泳，或者浮潛時看著海床，很容易忽略牠們的存在。

這種像是海底吸塵器的生物有著極為不起眼的外表，但是在貝殼內卻隱藏了一種世人追逐的美麗。埃及豔后（Cleopatra）、法國王后瑪麗·安東尼（Marie Antoinette）、瑪麗蓮·夢露（Marilyn Monroe）以及伊莉莎白·泰勒（Elizabeth Taylor）都深深著迷於它體內的寶物——珍珠。白蝶珍珠蛤是南太平洋中的珍珠牡蠣。

有時候，這種牡蠣會讓一些殘渣留在身體的錯誤位置，導致無法排出，因此開始分泌一些與內層殼相同而無害的物質，層層包覆這些顆粒。這些軟體動物就像用毯子包覆東西一樣，將分泌物藉由其中有機黏液一層層地堆疊起來。一旦開始包覆雜質，牡蠣就會讓這個過程一直持續下去。近來更發現每五個小時，牡蠣就會分泌一次包覆的物質。一顆又大又漂亮的珍珠，就是在潮起潮落、春去秋來的數年間，在無數鯊魚、海龜與蝠魟魚往來水域的海床上，隨著牡蠣過濾海水覓食，靜靜地在黑暗中生成。

在經歷過許多寧靜而安詳的日子之後，這顆牡蠣迎來牠一生最悲慘的時刻——人類將牠撈起後，硬生生地打開牡蠣的殼，讓刺眼的陽光照射到這個軟體動物身上。這也是牠體內的珍珠，第一次接觸到陽光。照射到珍珠的陽光，並不是只有最外層會反射，還有許多陽光會從下面幾層反射出來，甚至有一部分的陽光會在這些薄層中來回反射數次。這就出現了一個有趣的現象：同樣的陽光從不同層反射出來，意味著有相同的波來自珍珠表面不同深度的薄層。

我們先拿太陽光中的綠光做例子，從不同薄層反射出來的綠光，如果它們的波峰或波谷位置相當接近，就會產生疊加，但是不同波長的光依舊不會互相影響。由於珍珠表面是由許多薄層結構堆疊而成，因此從某個角度來看，下面幾層反射的綠色光波，剛好與上層反射的綠色光波產生疊加時，會讓這個波長的波變得更明亮。這是因為這些薄層之間有一個微小的距離差別，光波在經過這個距離之後，剛好讓波峰與波峰對上。不過同樣的距離差別，對於波長不同的波而言，便無法對上而疊加。因此當我們從這個角度看珍珠表面時，剛好是綠光疊加而更明亮的角度，相對來說，其他顏色的光就顯得黯淡。

珍珠上這些極薄的分層，使得人類社會為此追逐它的美麗，且很難想像它竟然是生成於南太平洋中，一個外觀毫不起眼，藉由吸取、過濾海水進食的軟體動物內。這些薄層的厚度非常之薄，可以用來影響光波的排列；這些薄層的厚度，剛好讓光波在行進時建設性地疊加起來（物理學上專門的稱呼是「干涉」〔interfere〕）。

透過不同的角度，由於通過的薄層有不同的厚度，以及傾斜而造成光波行進距離的差異，就會有不同波長的光波在不同角度上獲得疊加，因而可能在這個角度是綠光特別明亮，旁邊一點也許是藍光，或是只有白光，造就了珍珠表面獨特而美麗的色澤。珍珠創造的是一個不規則的光波圖案，隨著我們觀看角度改變，這些光澤也會隨之改變，看起來就像是珍珠本身放出來的光芒一樣。雖然人類已經能夠產生與接收各種光波，但即使是今天，我們仍然深愛這種由軟體動物製造的美麗飾品。

珍珠上的彩色光芒，顯示了特定波長的光波重疊時的效果，這是由於不同薄層反射的光波，波峰與波谷都相當一致。如果位置剛好相反，當兩個薄層反射的光波是彼此的波峰對上波谷，那麼這兩道光就會互相抵消。當波長相同的光波從不同的面上反射，或是有多個光源，他們就會彼此疊加而形成另外一道光（這邊可以想像成將兩個石頭丟到池塘的相鄰區域後，形成彼此疊加的漣漪）。

但是，這樣問題又回來了，如果波長相同的光會彼此疊加或是抵消，那麼手機訊號怎麼辦？如果有一群人使用相同的手機，並且聚集得相當靠近，要如何各自進行獨立的通訊呢？甚至整個城市內有數百或是數千個人，同時在使用相同頻率的電波進行通訊，會發生什麼事情呢？

前面提到的鐵達尼號在使用無線電發送電報的時候，曾面臨互相干擾的問題，因為當時整個北大西洋上，有二十幾艘船都使用相同技術、相同類型的電報機和天線來發送電報，但是為什麼今天在同一棟大樓內，數百個人可以各自使用自己的電話而不會互相干擾？我們是如何在大量而雜亂的電波世界中，組織出一套秩序呢？

接下來，需要你跟著我想像一下：在繁忙的城市當中，一個走在街上的男子拿起口袋內的手機，手指在觸控螢幕上點了幾下，接著開始撥號，並將手機放在耳旁。現在，你擁有超人的視覺可以看到無線電波，不同的顏色代表不同的波長，那位男子的手機發出綠色的光波，手機就像光源一樣是最明亮的點；隨著距離越來越遠，這個綠色的電波也越來越黯淡。

此時，男子、手機與基地臺相距 100 公尺，基地臺接收到綠色的電波，開始將加密的訊號解開，並獲得撥號的訊息。接著基地臺發送訊號，形成另外一道綠色的電波光源，但是基地臺發送出去、讓手機接收的電波稍有不同，這就是現代手機通訊的一個技巧。當年的鐵達尼號受限於技術，送出的訊號是由大量不同波長的無線電波所組成，但是現今的科技，已經可以非常精確地控制送出與接收的波長。例如，從手機發出的無線電波波長是 34.067 公分，基地臺回應的波長是 34.059 公分，兩者之間通訊使用的波長，差異可以小於千分之一。

對於肉眼來說，如果兩道可見光的波長差異只有 0.1%，我們幾乎無法察覺出差異。但是對於現代的通訊設備來說，如同我使用紅光閱讀混雜著藍筆與紅筆的筆記一樣，可以明確地分別兩者的差異，讓兩個不同波長的波各自獨立傳遞訊息。

隨著男子在街上行走，作為綠色電波光源的手機也跟著移動，並不斷放出帶有訊息的無線電波。同時，附近街道上的另外一位女子也撥通手機，而她的手機發出的波長，又稍微與男子手機使用的波長不同，但是基地臺依舊能夠分別兩者的差異，並且分別與他們進行通訊。當政府出售頻道給電信業者時，所提供的頻道是一個波長的範圍而不是單一的波長。電信業者在設置基地臺的時候，也會在手機可以分別的差異上，讓傳送與接收的波長盡可能地細分；因此只要你的手機在基地臺的範圍之內，就可以不受干擾地使用這個通訊網絡。當你以超人的視覺看著整個城市時，會發現很多來自手機的無線電波，它們會在建築物之間反射並逐漸被吸收，但是大多數的訊號會在還有一定強度的狀況下抵達基地臺。

不只有手機傳遞的訊號會逐漸衰減，基地臺的訊號也會隨著距離而減弱，因此那些在街上行走，或是搭乘交通工具的人，他們的手機逐漸遠離原來的基地臺之後，就會轉而連向另一座較近的基地臺。請再次啟動你的超人視覺，原來那位男子行走一段距離後，手機與基地臺的綠色訊號消失，開始出現紅色的訊號，並與另外一座基地臺取得聯繫。這時，手機發出與接收的無線電波波長已經不同，但是男子不會察覺；如果他走得更遠，手機會連上另一個基地臺相互通訊，此時他發送的無線電波可能就變成藍色或黃色。

在相鄰的區域內，基地臺與手機使用的電波往往不會在重複的波長範圍內；但是在相距較遠的區域，也許又會開始使用新的綠色無線電波，這也是現代手機通訊的另外一個技術。因為距離很遠的兩個基地臺發出的訊號，到達手機時已經很微弱、不會相互干擾，所以可以重新使用相同的波長。每個基地臺負責的區域稱為「網格」（cell），也是基地臺與手機通訊的最大範圍，它們不會與其他區域的基地臺互相干擾。

在同一個區域內的每個人可以同時使用手機通訊，因為現代的技術已經能夠極為精細地調整接收與發射器，將一個頻寬內的訊號分得很細，產生大量差別細微的無線電波，提供給該區域內的用戶使用。因此，如果你的手機發送無線電波的波長有些微偏差，將無法與基地臺聯繫，但是目前的科技已經擁有難以置信的技術，可以分出這些細微的波長差異，以及精確地發出特定波長的無線電波。

傳遞能量與訊息的各種波，實際上早已深入我們的生活，有太多電磁波在我們面前交錯、通過，無論是手機、WiFi 網路、電臺廣播、太陽、暖爐或遙控器。此外還有很重要的聲波，例如地球偶爾發出的低沉聲音、爵士樂、狗吠或是牙醫用於洗牙的超音波。此外，還有把茶水吹涼時出現的水波和海浪，甚至是地震時地殼的振動等等。我們的生活時時刻刻受到各種波的影響，我們同時也會藉由發出與接收不同波長的波，來獲得更好的生活；但是無論是哪種波，它們依據相同的物理原理，能夠用波長表示它的特徵，並在某些狀況下會反射、折射或是被吸收。當你了解關於波的基礎知識，以及波傳遞的是能量與訊息，而非物體或介質，你也就了解現代文明最重要的一項工具。

2002 年的時候，我在紐西蘭基督城的一個騎馬健行中心工作。有一天晚上，忽然來了一通找我的電話，這是我離開英國 6 個月後第一次接到家人的電話，電話的另外一端是我的外婆。當時，我手上拿著無線電話，因此可以帶著話筒走到門口，一邊望著紐西蘭農村的黃昏，一邊與外婆聊天。

聊天的過程中有一件事情讓我不斷思索，因為就在我接起電話的幾秒鐘之前，遠在地球另外一端的外婆，才剛按完我的電話號碼；當電話接通後，外婆用我熟悉的蘭開夏口音，問我這邊的的伙食、馬兒以及工作的狀況。我回答她的時候，感覺她好像就在身旁，但實際上我們直線的距離有 12,742 公里，若是沿著地球表面至少有 20,000 公里，我們幾乎是隔著一整個行星在通話，這讓我著實感覺到科技的厲害。

這些年來，我們已經透過各種波將整個世界聯繫起來，而我與外婆通話的 10 分鐘內，都是將聲音轉換成電子訊號，透過看不到的波在高速傳遞。這是一個偉大的成就，但是完全超越了我們的直覺。

無線電電報工程師馬可尼（Marconi）以及鐵達尼號等等事件，造就了今日世界通訊的樣貌。即使如今我們對於無線電通訊已經習以為常，但是我仍舊心存感激，因為從我出生開始，就已經在享受這些科技帶來的便利。我們的眼睛無法看到無線電波，因此人們往往不會感謝它帶來的貢獻，透過本章的介紹，也許下一次打電話時，你就會有不同的看法，知道即使「波」是一個簡單的現象，但是人類已經透過極為聰明的方法，實現天涯若比鄰的夢想。

第6章

鴨子為何不會雙腳冰冷？——原子的舞曲

Why don't ducks get cold feet?: the dance of the atom

食鹽，似乎是生活中再尋常不過的物品，你很容易在廚房的櫥櫃裡找到它，但很少人會特別注意它。不過當你把鹽巴拿到明亮的地方，會發現它有些獨特之處；隨著你越來越靠近，將會注意到它越來越特別。那些精製鹽的顆粒並非呈現出不規則，或是多晶而粗糙的形狀，而是每一顆鹽都是晶瑩的小立方體，有著長寬大約半公釐的平坦表面。

這些表面是微小的鏡子，能夠反射光線，使得強光下的鹽粒有著閃耀的光芒。平常遠看毫不起眼的鹽，細看之下，才會發現這是一個精密毫芒雕刻出來的作品，但並非是製鹽工廠特別加工的產物，而是鹽的自然形式。這也給了我們一個線索，讓我們去思考：是什麼東西組成了一個物體？

我們常說的食鹽，化學上的正式名稱是「氯化鈉」，化學式為 NaCl，因此食鹽中有數量相等的氯與鈉離子[1]，其中，氯離子的直徑幾乎是鈉離子的 2 倍。當鹽開始形成結晶時，就像雞蛋放入紙盒，會有特定的位置與彼此之間形成的結構，這個結構就相當於將無數的方盒子堆積起來，每個離子周圍都被 6 個其他的離子包圍著。

也就是說，鈉離子它的上下、左右、前後連接的離子就是氯，而較遠的斜上方則又是鈉離子；氯離子的排列也是如此。這樣的立方結構堆積成一個巨大的網格。對於市面上可以買到的精鹽而言，每一個食鹽顆粒的一邊，大約排有一百多萬個離子。

食鹽結晶在生成的時候，往往是在一整個面上增加一層，接著才會生成下一層，這也是為什麼這些立方體的表面都如此平坦的原因。這是一個以原子為尺度的建築結構，每個部件都完美地堆疊在它應有的位置，甚至平坦到可以像鏡子一樣地反射光線。

我們的肉眼無法看到單一的離子，卻可以看到它們堆疊形成的結構；而鹽的顆粒無論大小，離子都是按照相同的排列方式組成一樣的結構，因此都會具有平坦而閃耀的表面。

不只食鹽，糖的表面也是閃閃發亮。如果你更仔細觀察糖的晶體（特別是結晶顆粒較大的砂糖），將會見到一種更美麗的結構。蔗糖的結晶是具有尖端的十二面體單斜晶系，每一個蔗糖分子都是由 45 個原子所組成，其中的原子都有固定的排列方式。每個蔗糖分子像是一塊形狀複雜的磚頭，但也能夠像形狀簡單的食鹽晶體一樣，依循一個固定的模式層層堆疊起來。再提醒一次，雖然我們無法直接看到原子的樣貌，但是藉由分子規律的排列，我們得以看到形成之後的結晶，因為它像一座由分子磚塊砌成的摩天大樓。此外，經由長時間結晶所製成的冰晶棒棒糖，也

---

1 原子的組成是原子核與電子，當原子失去或是得到一些電子時，就會形成離子（ion）。氯化鈉當中的鈉會將一個電子移交給氯原子，因此鈉變成陽離子，而氯變成陰離子。這個現象聽起來有點奇怪，但因為兩種離子帶有相反的電荷，所以會彼此吸引而形成離子晶體。

會讓我們看到它如同鏡面反射的光芒。

但是麵粉、米或香料磨成的粉不會有閃耀的光芒，因為它們是由細胞工廠所生產、巨大且複雜之分子。鹽與糖的結晶之所以擁有如此完美的平面，最主要的原因是分子以行與列的形式，排列成非常簡單的結構。結構簡單的原因，來自於砂糖與食鹽小結晶上的每個面，都是由大量重複的單元經規則排列而成。其實，每當你將糖舀起來準備放入茶中的時候，那些糖晶體閃耀的光芒，在在提醒你原子的存在。

這些微小到超乎想像的原子，之所以可以影響我們，是因為當它們以極為龐大的數量聚集之後，就會形成生活周遭所有我們熟知的物體。不過首先，你得相信原子的存在。

花粉與愛因斯坦

在今天的社會，大多數的人都相信原子的存在，也能接受一切物體是由更小的物質所組成的概念，畢竟我們從小到大的教育都是這樣教導的，而且似乎也容易理解。不過，如果你回到 1900 年，當時的科學界還在尋求證明原子的方式，甚至還為原子是否存在而辯論著。即使一百年前已經能夠拍照攝影，也有電話與廣播等等新技術，但是對於「物體」的本質究竟是什麼，卻還沒有定論。

不過當時多數的科學家已經接受「原子」的想法，例如化學家發現在某些化學反應中，不同元素之間的量有簡單的比例關係，這合理地暗示：例如水分子，可能是由一種原子與 2 倍的另外一種原子所組成。但仍有一些人認為這樣極為微小的物質，根本無法確定它真的存在。

數十年後，一段出自科學及科幻小說家艾薩克．艾西莫夫（Isaac Asimov）作品的敘述，傳神地表達科學發現的真實樣貌：「當科學上發現新的事物時，最讓人興奮的字詞，不是脫口而出的『Eureka ！』（「我發現了！」源自阿基米德發現浮力時說的感嘆詞），而是『嗯……這下子有趣了……』。」最終在 1980 年代，人類才真正「看見」原子，而這其間的八十多年，科學家發現原子相關的物理現象時，幾乎都是說出艾西莫夫作品中的那段話。

現在讓我們回到更早的 1827 年，羅伯特．布朗（Robert Brown）在顯微鏡下觀察漂浮在水中的花粉時，發現即便在非常乾淨的水中，自花粉粒中迸出的微粒子依舊會不斷抖動。起初他懷疑這是否為花粉微粒的生物性活動，但是後來發現，許多非生物的顆粒也會有類似的運動；但布朗對於這個奇怪的行為，只有記錄下來，並未提出解釋。

在往後數十年的時間裡，許多人也發現類似的現象，並且將這種奇怪的抖動稱為「布朗運動」（Brownian motion）。這種只有發生在光學顯微鏡下、最細微粒子上的運動，許多人曾試圖解釋，但是沒有人真正揭開它的神祕面紗。事實上，花粉的微粒已經是當時的光學顯微鏡可以看到最小的一種顆粒，不過即使是今天的光學顯微鏡，放大的極限也只比當年的好一些而已。

1905 年是物理學歷史上奇蹟的一年。一名任職於瑞士專利局的職員，發表了數篇極為重要的論文，這位職員就是至今仍名聲響亮的愛因斯坦，而他最重要的貢獻是在時間與空間上的研究，以及發表了無人不知的〈狹義相對論〉。但是他的博士論文，卻是在探討利用液體測定分子大小的方法，他在 1905 到 1908 年這段期間，更是利用嚴謹的數學來解釋布朗運動。

愛因斯坦認為，液體是由分子所組成，這些分子會不斷運動而彼此撞擊。他將液體形容成一個動態的系統，由大量無組織的分子所組成，這些分子會因為撞擊而加速或減速，並改變方向。如果液體內有比液體分子大上許多的顆粒，這個顆粒就會遭受各個方向液體分子的撞擊，有時候，從某一側撞擊顆粒的分子比較多，顆粒就會朝另外一側移動；但是移動一點之後，可能又變成另一個方向的撞擊次數比較多，因而改變移動方向。

分子完全隨機的撞擊，會導致顆粒移動時呈現毫無規則可言的軌跡，但是當年布朗只看到花粉微粒，而看不到在微粒周圍撞擊的數千個水分子，而愛因斯坦的理論成功地解釋布朗看見的花粉微粒運動。因此，組成物質的基本單元──原子，必須要存在才能滿足這個解釋。此外，在愛因斯坦的理論中，還能藉由顆粒抖動的狀況來預測原子的尺寸。

接著在 1908 年，法國物理學家讓．佩蘭（Jean Perrin）進行更精確的實驗，再次證實愛因斯坦的理論。於是當時懷疑原子是否存在的人，也被新的證據說服而逐漸開始相信它們的存在。原子組成了我們的世界，而這些原子的運動與世界運行的規則，總是有強烈的關聯，因為原子的振動並不是一件無意義、偶然的行為，事實上，原子的振動可以解釋很多我們習以為常，卻是很基本的物理規則與現象。

不過科學家發現了原子與分子之後，卻面臨了一個巨大的挑戰：它們的數量過於龐大，不可能追蹤一滴水之中每一個原子的行為，因為其中含有超過數千兆個水分子，所以必須依賴統計學的方式，來解釋布朗運動這類的現象。由於水分子有隨機的碰撞運動，因此只要利用統計的原理就能計算出它們平均的現象。這無法讓你預測，是否在某個時間中，布朗運動會讓某個特定的花粉朝某個方向移動 1 公釐，卻可以告訴你在觀察數量龐大的花粉微粒運動後，它們在某段時間內平均會移動 1 公釐。統計學可以非常精確地計算出這個數值，事實上，平均值對我們才有意義。雖然比起 1850 年，我們已經看到世界更複雜的一面，但也因此更了解這個世界。當我們了解原子之後，在每天的生活當中，即使是面對一件濕透了的衣服，都會變得很有趣。

濕衣服與炸起司

我第一次與英國廣播公司（BBC）合作的節目，談論的是關於我們的大氣層與全球氣候的狀態，因此我必須在印度季風（Indian monsoon）造成的天氣中度過 3 天——這是地球上相當著名的氣候現象。在印度，每年都有週期性的季風，並且大約在 6 月到 9 月之間帶來大量降雨，我們就是在這時候錄製節目，談論雨水來自何方。

我們停留在印度南端喀拉拉邦（Kerala）的海岸邊，那裡有一個非常安靜的小木屋。在第一天漫長的拍攝過程中，我們就遭遇了瞬息萬變的天氣，這對計畫要在相同天氣狀況下拍攝數小時的攝影師而言，是相當困擾的一件事。在同一天內，豔陽高照的炎熱天氣之後，接下來卻下了 1 小時的傾盆大雨，然後吹起強風，最後又回到炎熱的晴天。還好整天的氣溫都不低，我不用擔心著涼感冒（感冒是一件麻煩的事情），也不介意下雨。然而在拍攝過程當中，我必須穿著同一套衣服，但幾乎只要下雨我就會被淋濕，所以放晴之後，為了避免攝影機拍到我穿著濕衣服，我找了一個可以曬到太陽的角落，將衣服全部晾起來。幾個小時之後，衣服終於擺脫這些水分，讓鏡頭下的我看起來與背景的晴天一致。不過到了晚上 7 點，天空又一次降下大雨，而我再度濕透，那天的拍攝只好被迫結束。

我使盡最大的力氣將上衣和短褲的水擰出，用乾毛巾壓在衣服上吸水，接著我把它們晾起來，吃完晚餐就休息了。隔天清晨6 點，當我準備開始工作、拿起短褲時，發現它們不僅沒有乾，而且變得比昨晚更濕；加上清晨溫度較低，這條褲子是又濕又冷。當下的我發出無奈的哀嚎，我沒有備用的衣服，所以只好硬著頭皮穿上，假裝一派輕鬆地沿著海邊散步，希望我在晨曦當中看起來沒有明顯地發抖。

當物質處於氣體狀態的時候，分子之間通常不會相互吸引，這也是它可以充滿於任何容器內的原因。但是當物質處於液體狀態的時候，情況就有些不同了。雖然分子之間仍然會進行碰碰車的遊戲，但是彼此的距離近了很多，同樣的物質在氣態與液態時，分子間的距離大約相差 10 倍；而液態時的分子移動速度比氣態時慢了很多，分子距離又比較近，分子之間因此具有更明顯的吸引力。

所謂的「溫度」其實是分子運動能量的宏觀表現，因此當運動能量減少，也就意味著溫度下降時，氣體分子移動的速度就會降低，更容易與其他分子相互吸引，這就是氣體凝結成液體的原因。反過來說，如果加熱液體而讓分子的平均動能增加，會讓分子運動得更激烈，使得能掙脫與其他分子之間吸引力的粒子總數增加，液體就會更容易蒸發成氣體。

加熱液體的過程會將熱量轉移成分子動能，使得分子最後獲得足夠的能量來蒸發。我濕透了的衣服充滿了液態水，而水分子在那個夜晚中沒有辦法獲得足夠的能量，因此只能緩慢地移動與碰撞，無法掙脫彼此的吸引力，變成氣體。

我們在這種天氣下待了 3 天，我一直努力讓衣服維持乾燥。要讓濕答答的衣服變乾，意味著要讓它處於一個能讓水分子擁有足夠能量，可以脫離彼此之間的吸引而變成氣體的環境。在炎熱的陽光下，液態的水分子會吸收太陽的能量，藉此蒸發成氣體；如果天氣轉陰甚至下雨，這個過程就會變得緩慢或者停止。炎熱的陽光不只讓我衣服裡的水蒸發，也會讓海洋表面的水溫度升高，脫離彼此的束縛變成氣態的水蒸氣。當空氣內充滿水分子時，就代表空氣非常潮濕，而水分子也會在空氣中與其他分子進行宛如碰碰車的遊戲。

當我身上的衣服被雨淋濕後，身體的體溫會讓衣服變得溫暖，促使水分子獲得能量而能更有效的蒸發。若是單純只有這個過程，那麼衣服最終會恢復乾燥。不過在這個周圍充滿水氣的環境之中，氣態水分子也會碰到我的衣服而與表面的水互相吸引，使得水氣凝結成液態水，甚至還會讓我的衣服變得更濕，這正是我的衣服從來沒有乾過的原因。從衣服蒸發到空氣中的水，與從空氣中凝結到衣服上的水，兩者的速率與數量達到平衡時，代表空氣的相對濕度達到 100%。如果濕度低於 100%，則是代表蒸發的速率會比凝結的快，因此環境的相對濕度越低，衣服就會乾得越快。

進入夜晚時，衣服潮濕的情況會變得更糟。隨著空氣冷卻，所有的氣體分子運動速度都變慢，以至於水氣更容易凝結到我的衣服上，讓衣服增加更多的水分。當空氣中水氣凝結的速率高於蒸發的速率時，代表溫度達到「露點」（dew point），此時空氣中會形成霧氣，而物體的表面會形成露水。這種情況發生時，雖然仍然有水分子會獲得足夠的能量而蒸發，但同時有更多的水氣凝結成水。如果我使用烘衣機或溫熱的吹風機加熱衣服，就能增加水蒸發的速度，甚至超過凝結的速度而讓衣服乾燥。但是由於沒有烘衣服的設備，我只能將衣服晾在外面，因此衣服依舊潮濕，而同時間的印度其他地方也是如此。

關鍵就在於水分子有進有出，在一段時間當中，不會只有單向的變化，因此要觀察數量龐大的分子，就必須借助統計學的方法。在相同的地方，同一段時間內都會有水分子蒸發與凝結，而我們看到衣服究竟是逐漸變乾還是更潮濕，其實是這兩種效應在互相拉扯的結果。

在水面上進進出出的水分子，可以幫助我們解決很多事情，例如從身體表面蒸發的汗水，其實是汗水之中運動速度最快的一部分水分子。當它們離開後，會降低留在皮膚上的水分子之平均動能，因為逃逸的水分子帶走了身體的熱，因此流汗可以幫助身體降溫。

衣服往往要花上一段時間才能變乾，因為這是一個溫和的過程，每一小段時間中都有一群水分子獲得足夠的能量，得以脫離其他的水分子而變成氣體，衣服上的水就會逐漸減少。不是所有蒸發過程都必須如此緩慢，劇烈而快速的汽化也有它的用處，特別是烹飪的時候。事實上，油炸是一種脫水乾燥的方法（「dry」cooking method），也是快速讓水汽化的方式。

哈羅米（halloumi）起司是我最喜歡的油炸食物，我一直認為它是臘肉的素食替代品。當我打開瓦斯爐，將沉重鍋子裡的油加熱，並切了幾條如橡膠一樣的起司。油靜靜地攝取熱量而升溫到 180℃時，爐邊的我也能感受到這個高溫，並知道接下來會有什麼情況。原本看似平靜的高溫油鍋，當我放入第一條起司時，便聽到吵雜而酥脆的嘶嘶聲。當起司接觸熱油之後，表層的溫度會在零點幾秒內就上升到油溫，這時，表面的水分子忽然獲得大量的能量，這些能量讓水分子運動速度急遽加快，遠遠超過它們變成氣體逸散時所需的速度，因此在汽化的同時也會快速膨脹，產生一系列微小的氣體爆破。很顯然地，我看到出現在起司表面的氣泡，就是噪音的來源。

但是當水蒸氣從起司表面散出時，產生很多氣泡，油就很難接觸表面而進入起司內部。若是油炸溫度太低，產生的小氣泡無法有效隔離油脂，食物就會過於油膩。因此高溫油炸或是煎起司時，一些熱量從鍋子轉移到起司，使得液態水無法維持在起司表面，因而變得乾燥酥脆。此外，起司中的蛋白質與糖，在高溫環境下也會發生化學變化而變成褐色，但是油炸主要還是為了將食物表面的水蒸發，因此如果你的油炸溫度正確，那麼無可避免地會產生嘶嘶的聲音。

我們的周遭也不斷有氣體變回液體，但是如同我們很難注意到液體正在汽化一樣，它們的過程往往相當緩慢溫和。對於大多數的金屬和塑膠而言，他們熔化的溫度遠高於我們日常的氣溫，但是對於較小的分子，例如氧氣、甲烷與酒精等等，必須在極低溫時才會呈現固態，只有特殊的冷凍機能夠創造這種低溫環境。但水分子是一個例外，在我們生活周遭的季節變化中，經歷不同的氣溫就可以見到冰熔化成水，以及水蒸發成水蒸氣。

當我們提到地球上的冰，最先聯想到的應該是南北極的冰層與冰洋，那裡的冰似乎永遠不會消失，形成一個寒冷的銀白世界。直到 20 世紀，才有一群偉大的探險家深入這個最不適合人類生存的國度，雖然冰凍的水為他們的生活帶來很多問題，但若是加上巧思，浮冰也可以成為解決特殊問題的方法。

極地與漂浮的船

當氣體凝結成液體之後，雖然分子之間的距離縮短許多，但是各個分子仍舊能夠自由活動。當液體變成固體時，這些分子就被鎖定在固定的位置[2]，結冰的水就是最常見的例子。但是水結成冰之後，似乎內部就沒有其他雜質了，這種奇怪現象造成的結果，在北冰洋上顯而易見。

如果有機會造訪挪威最北邊，站在海邊往北看，你會看到北冰洋。這裡每逢夏季時，一天 24 小時都能見到太陽，永晝下的陽光讓大量微小的海洋植物彷彿一片欣欣向榮的海洋森林，豐盛的食物也吸引大量的魚群、鯨魚以及海豹來這裡盡情狂歡。當夏季結束時，陽光開始變得黯淡，最後進入漫長的永夜。

即使在夏季，這裡海面的最高溫度也不過只有 6℃，至於夏季結束之後，這裡會越來越寒冷，水分子移動的速度也逐漸降低。但這裡海水的鹽分很高，因此即使降至 -1.8℃都還能維持液態。直到一個滿天星斗的黑夜，有一小片冰悄悄地形成，此時在它周圍的海水中，移動速度最慢的一群水分子，在與冰相碰之後就會被黏住。然而這些水分子不是雜亂無章地沾黏上去，而是依照其他冰上水分子的相對位置，將新來的分子有秩序地擺置在特定的地方；擺放好的水分子無法再自由亂跑，而是與其他分子共同構築成有秩序的六角結晶。隨著海面溫度的持續下降，海水將會持續結晶成更多的冰。

水的結晶有一個奇特的現象，這些嚴格排列的分子的空隙，竟然比在溫暖的液態時還要多。對於絕大多數的物質而言，當它們從液態凝固成固態時，分子不能再自由碰撞而被鎖定在固定的網格上，因此分子之間的距離會更短、間隙會更小，水則是例外。同樣數量的水分子，結冰時的體積會比液態時還要大，密度會比較低，所以冰會漂浮在水上。今天假使冰的密度比水大，那麼結冰之後就會沉入水底，如此一來，極地的海洋將會是另外一種面貌。但現實中的水會在結冰時膨脹，因此當溫度不斷下降後，海洋表面就會出現一層堅實而潔白的冰。

北極是一個迷人的地方，有著北極熊與北極光的冰雪世界，但是在北極的特色與歷史上，我一直很喜歡一個與結凍有關的故事，因為這個故事描述了人類如何借用大自然的力量，而不是試圖與它對抗。其中的主角是一艘粗壯而圓滑的帆船，它在歷經過許多特殊的極地航行，完成探險與考察歷史上的輝煌成就之後依然倖存，它是挪威的探險船「前進號」（Fram）。

19 世紀末的探險家開始前往北極，但是他們能夠到達的地方，其實還沒有完全遠離文明世界。他們已經造訪了加拿大、格陵蘭、挪威與俄羅斯位於北極圈內的地區，並且繪製了地圖。然而此時，位於最北邊的北極依舊充滿謎團。那裡是海洋還是有陸地？由於從未有人造訪，因此沒有答案。當探險家嘗試進入更北邊時，往往會遇上很大的挫折——海上的浮冰有時會增大，

2　只要在絕對零度以上，固體內的分子仍然會在固定的位置上振動。

有時會消融或移動，甚至隨著天氣變化，浮冰上方還會堆積出山脊、產生冰隙，如果船隻卡在浮冰當中，很可能會被這些冰塊強大的力量拆成碎片。

1881 年時，珍妮特號帆船（USS Jeannette）就遭遇了這典型的宿命，它被浮冰圍困在西伯利亞北部的海岸附近，幾個月後，隨著天氣越來越冷，越來越多水分子凝固在浮冰底下，逐漸增大的浮冰不斷推擠船體，最終將珍妮特號碾碎。至於在冰上行走的探險家，或是逃離珍妮特號的船員，則要面對另外一種危險：冰層有時會融化、形成寬廣的溝渠，此時若沒有特殊裝備，就會被困住。北極極點數百公里內的區域，已經包含許多國家的國土，但這裡的冰是巨大的天然障礙，因此往往人跡罕至。

珍妮特號解體後的第三年，它的殘骸出現在格陵蘭島附近。這在當時是一件令人驚訝的事情，代表殘骸一路越過整個北極。海洋學家開始好奇，是否有洋流是從西伯利亞出發，流經北極，隨後抵達格陵蘭。這時，一位年輕的挪威科學家費里喬夫・南森（Fridtjof Nansen）提出了一個大膽的想法：如果他能夠製造一艘不受浮冰破壞的船隻，並且不被凍結在冰上，那麼從珍妮特號被摧毀的西伯利亞海岸出發，也許 3 年後這艘船會出現在格陵蘭。

南森的主要想法是讓帆船完全依賴風與浮冰的流動來航行，不透過人力搖槳，而航行的路徑甚至可能越過北極的極點，一切只需要透過時間來驗證。當時的科學界對於南森的想法毀譽參半，一些人認為他是天才，一些人認為他是異想天開的瘋子。不過，無論如何他最終付諸實行，拿出了一筆資金並雇請當時最優秀的造船師，因為這艘船必須以前所未見的方式浮在海上。於是，前進號探險船就此誕生。

建造前進號時，首先面對的第一個難題，就是這艘船必須面對下方逐漸凍結的水。由於水分子在結冰的過程中，會被安置在特定位置；冰在形成的過程當中，若是沒有足夠的位置，會開始向周邊施力以增加空間。正在結冰的海域會對船造成傷害，因為此時的水正在尋求更多的空間以結成冰，若是船隻剛好深陷其中，周圍逐漸增多的冰會擠壓船隻，而且沒有任何一艘船可以抵擋這種壓力，當時更不知道到達更北的北極時，冰會增厚到何種程度。

然而前進號卻以非常簡單的方式解決這個問題。造船師將這艘長 39 公尺、寬 11 公尺的船，設計成圓滾滾的樣子，而且幾乎沒有龍骨，引擎與方向舵還可以提起，就像一個漂浮在海上的碗。當海面結冰的範圍與厚度逐漸增加時，來自船隻下部擠壓的力量，理論上會將這個具有彎曲形狀的長條狀木碗往上推，而實際上也是如此。

前進號是一艘木製的船，船身的厚度達到 1 公尺，因此可以隔絕外界酷寒的環境，讓船艙內的船員保持溫暖。當前進號在 1893 年 6 月離開挪威時，受到民眾的大力支持，13 名船員將船繞過俄羅斯北部的海岸，航行到珍妮特號解體的地方。同年 9 月，船員觀察到北緯 78 度的海面開始結冰，不久之後，前進號周圍的海面也開始凍結，船身出現吱吱嘎嘎的聲音；但是隨著海面冰層越來越厚，船也不斷上升。最終，船被凍結在海面上，而探險就此開始。

正式啟程後的那三年，前進號隨著海冰漂浮，以每天大約 1.5 公里的速度向北前進。有時候，船會在原地打轉或是繞一圈回到原點，船身周圍的冰有時候會推擠船身，有時候又會鬆開，因此時常發出嘎嘎聲響。航行的過程中，南森與他的船員不斷進行科學測量，卻發現進展緩慢而相當沮喪。當前進號航行到北緯 84 度時，南森已經確信船不會經過位於北方 760 公里處的北極極點，於是南森帶著一組船員離開前進號，在冰上向北滑行，試圖前往船無法到達的極點。

最終，他刷新當時人類到達最北的紀錄，不過仍舊距離北極點在緯度上有 4 度的距離。之後他們往南朝挪威方向前進，並於 1896 年抵達法蘭士約瑟夫群島（Franz Josef Land）。前進號與其餘的 11 名船員持續它們的航行，在浮冰上，他們最北到達北緯 85.5 度的位置，比南森的紀錄少了幾公里而已。1896 年 6 月 13 日，如同之前的預測，前進號在斯匹茲卑爾根島（Spitsbergen）時離開了浮冰。

即使前進號從未到達北極極點，但在過程當中卻獲得了珍貴的科學知識。如今，我們已經確定北極是海洋而非陸地，覆蓋在北極極點上的是不斷浮動的冰，也知道曾經有過從俄羅斯橫越北極，到達格陵蘭的洋流。前進號在 1910 年又載著另外一位探險家阿蒙森（Amundsen）與他的船員深入南極圈，並且比他的競爭對手史考特（Captain Scott）早一步，成為人類首批抵達南極極點的探險隊。

如今前進號被安置在奧斯陸一處以它命名的博物館內，被譽為挪威極地考察的偉大象徵。前進號成功之處不是與膨脹的冰相抗衡，而是借助冰的力量，讓它橫越世界的極端之處。

原子與溫度計

冰塊是我們再熟悉不過的物體，不過很多人往往忽略它在結冰後的體積會比水大。其實當我們把冰塊放到飲料當中，冰塊會浮起而露出一小部分，就是冰塊密度比水還小的最佳證明；密度低的物體比密度高的物體，在同樣重量下會占用更多的空間。如果你將一塊大冰塊放入裝有水的玻璃杯內仔細觀察，會發現它浮在水面上的體積，大約是冰塊整體的 10%。此時，你用馬克筆將液體在玻璃杯內的高度標記在杯子外側，想看看當冰塊熔化之後，液面會上升還是下降呢？冰塊熔化之後，那些突出於水面的冰會加入水中，是否意味著液體表面會升高呢？這是喝一杯冰鎮飲料就可以看見的物理學，當然你得有足夠的耐心（或是夠無聊）等待冰塊的熔化。

答案很簡單：冰塊熔化後，水位將停留在原來的位置。如果你不相信我，不妨自己試試看。當冰熔化成液體時，分子之間的間距會縮小，造成整體的體積變小，所以當時在液面下占據的空間，剛好容納了熔化的冰。原本冰塊突出水面 10% 的體積，就是水在結成冰之後增加的體積。雖然我們看不見水分子結冰時在空間上的排列，卻可以從冰塊上看到，水分子從液態變成固態時空隙增加的比例[3]。

水會以特別的排列方式從液體轉變成固體，而固體中的原子則會在每個晶格上有自己特定的位置。雖然這些晶體不是我們當作裝飾的水晶，但同樣都是一種結晶。只有物質內部的原子、離子或分子按照固定的方式排列時，才會稱為「晶體」，例如糖或是食鹽。不過也有另外一種固體，內部的分子與原子並沒有固定的排列方式，它們的結構更像一個忽然凍結的流體。由於原子對我們而言實在太小，難以看見它們排列的方式，不過我們依然可以看到這種現象在巨觀世界中的表現，最好的例子就是：玻璃。

在我大概八歲的時候，曾經與家人一起到懷特島（Isle of Wight）旅行，那時是我生平第一次看到玻璃的製作過程。泛著微微紅光的光滑球體深深地吸引了我，我看著它在工匠手上逐漸膨脹，變化出漂亮的形狀，好像被施了魔法似地變成了花瓶。最後家人連拖帶拉地把我請走，不然我可能會花上一整天興奮地欣賞這個奇妙的魔術。直到非常多年之後，我才真正有機會動手體驗玻璃的製作。那是一個寒冷的早晨，我與表弟去拜訪一間石頭砌成的工作坊，他們將窗簾拉上，向我們展示了這項魔法。

首先，我們看到一個小熔爐內有熔化的玻璃，發出明亮的橘紅色，它的溫度高達攝氏 1,080℃。我們戴上由克維拉（Kevlar）纖維製成的手套，小心翼翼地將鐵桿插入爐子內扭轉，接著將感覺如蜂蜜一般黏稠的液態玻璃纏繞到鐵桿上──這是整個過程中最簡單的部分，接下來都需要高難度的技巧。高溫的玻璃相當柔軟，因此可以感覺到重力不斷將桿子上的玻璃往下拉，其實這也是一個讓玻璃塑形的技巧；此外，如果是中空的鐵桿，還可以藉由吹氣讓黏稠的玻璃變成一個泡泡。當玻璃稍微冷卻時，還可以繼續局部加熱，讓它變回柔軟可以塑形的狀態。

我們正不斷練習這三種技巧，也發現玻璃的性質正快速地轉

---

3 浮力的工作原理可以用來解釋這個現象。由於水結成冰的時候，水分子只是改變排列而數量不會減少或增加，因此當它結冰之後，重量也完全相同。因此將冰塊放到水中而達到浮力平衡時，此時的重量等於浮力，而浮力又等於所排開的水重。於是當冰化成水之後，重量不變，剛好與這個空間的體積相等，完全填補了冰塊當時占有的空間，所以液面高度不會改變。

變。當熔化的玻璃團從爐子內提取出來時，我必須要快速地轉動鐵桿，因為這時的玻璃就像蜂蜜一樣，如果我停止旋轉，它就會滴在地上。過了幾分鐘，玻璃溫度下降、變得更為黏稠時，就可以開始在金屬平臺上滾動它，像在處理麵團一樣。但是 3 分鐘之後，它已經硬到當我將它放在金屬平臺上，會發出清脆的碰撞聲，如同平常使用的常溫玻璃器皿。體驗製作玻璃的樂趣在於我可以操縱液體，以及液體自然會有的平滑、可彎曲的表面。當玻璃冷卻之後，如同在童話故事中原來流動、柔順的水，忽然被魔法凍結一樣。

組成玻璃的各種成分物質，決定玻璃的種類。我們當時練習的玻璃，是最常見的鈉鈣玻璃（soda-lime glass），它的主要成分是二氧化矽（silicon dioxide, SiO_2，也是沙子的主要成分），以及少量的碳酸鈉、碳酸鉀與氧化鈣。不同於本章前面提到的結晶，玻璃內的原子並沒有規則地排列，而是相當混亂；但是即使如此，每個原子之間還是會彼此吸引與相連，因此也不會有太多的空隙，這也是玻璃特殊的地方。

隨著玻璃升溫，原子的振動會越來越劇烈，但是由於它不像結晶中的原子，具有明確的固定位置，因此比較容易滑過彼此。當我從爐子中提取出熔融的玻璃時，其中的原子已經具有相當的能量，這時，重力就很容易將它們拉開、滑落下來。但是當玻璃在空氣中逐漸冷卻後，原子的移動速度變慢並且更靠近彼此，我們也會發現它越來越黏稠。

玻璃有趣的地方在於它冷卻的速度很快，沒有時間讓原子好好排列，無法像把雞蛋放到盒子裡那樣有秩序。玻璃冷卻時，內部的原子運動速度降低，在它們還來不及排好時，玻璃就固化而使得原子無法自由移動。因此，液體與固體之間，不一定存在清楚的界線。

我們嘗試製作的第一件作品，本來應該是一個小型擺飾品，後來卻變成一個豪華的玻璃球。老師先用鐵管提取一塊黏稠的玻璃，而我嘗試把空氣吹入管子中，這過程感覺好像在吹一個特別緊的氣球，造成我的兩頰明顯痠痛。我最期待看到的是分開玻璃與鐵管的過程，也是過程中最精細的部分。這時的玻璃已經拉伸、塑形了，我們將鐵管與作品相連的玻璃，拉成一圈又薄又細的細頸，接著在上面弄出一道痕跡，便拿到工作臺上，準備讓它們分開。

在臺子上，我們利用剛才做出的小裂縫，輕輕敲擊鐵桿，做好的玻璃作品就這樣與鐵桿分開了。一切都很順利，直到我們製作最後一件作品時，在連接的細頸上做出痕跡之後，它沒有等我們拿到工作臺就在中途應聲斷裂，掉落在水泥地板上，而且還反彈了兩次。老師很快幫我們撿起，除了細膩的表面出現一片凹痕之外，它大致上沒有什麼問題。不過如果掉落的時間再晚個幾秒、溫度再低一點的話，它的命運就不是凹陷而是變成碎片。

玻璃為我上了一堂課，讓我知道原子之間的行為與溫度息息相關。當玻璃溫度很高時，原子之間可以自由地移動；當它稍微冷卻一點、不會沾黏東西時，原子還可以互相擠壓而反彈，讓此時的玻璃有一點彈性。溫度更低的時候，原子就彼此固定，任何力量如果企圖讓原子彼此錯開，就會無法恢復而產生裂痕，甚至整體會碎裂成大量尖銳的碎片。

玻璃具有很多值得探索的特性，因為玻璃內原子的排列方式與混亂的液體相同，所以它可以維持液體那種光滑而美麗的曲面；由於它又確實是一個固體，你也不用擔心它會流掉。彈性是固體特有的性質，因此在高溫狀態下，掉落的玻璃擺設才會反彈。從製作玻璃的過程中，我見識到溫度如何影響材料中的原子之間的特性。

這裡要來澄清一個流傳已久，對於古老玻璃的誤解。不少人認為一些百年以上的玻璃窗戶，底部比較厚的原因在於，原先平整的玻璃經過悠長的歲月而逐漸往下流動。這是錯誤的觀念，常溫下的玻璃毫無疑問是固體，它不會朝任何方向流動。這些玻璃當年安裝在建築物上的時候，下方就已經比較厚了。這種玻璃是用一個巧妙的方式製成：當鐵桿取出熔融的玻璃後，工匠會快速旋轉鐵桿，讓玻璃變成圓盤狀[4]。這個圓盤冷卻之後，會以鑽石刀將它裁切成片，用來製成玻璃窗。但是這個方法的缺點就是圓盤的中心永遠比周圍還來得厚，因此窗戶玻璃兩側的厚度就不同，為了讓雨水順利滑落，安裝時往往將較厚的部分放在下方。總之，玻璃不會流動，它始終保持原樣。

我們剛做好的玻璃擺飾不能直接在空氣中冷卻，而要放在烘爐中，花上一整夜的時間讓它慢慢冷卻至室溫。因為玻璃即使已經是固體，但原子也不會完全留在原位，特別是當玻璃受熱時，雖然溫度不會讓它變成液體，但是原子的排列也會稍微有變化；同樣的現象也會發生在從高溫冷卻下來的玻璃身上，當中的原子仍然會些微地移動。

因此，將塑形好的玻璃放到烘爐中，就是讓其中的原子有更多的時間移動。原子之所以會移動，往往是因為內部還有許多未達到平衡的力量，當原子自然、些微地改變排列與結構，達到穩定的狀態而逐步冷卻，就能避免冷卻後的玻璃內留有不平衡的內部應力，最後造成自身的損壞。內部應力出現的原理很單純：原子雖然有固定位置，但是彼此的距離卻不固定，而且可以變

---

4 這就是所謂的「冕牌玻璃」(crown glass，「冕」是古代王侯使用的禮冠，它的地位對應於歐洲的皇冠)。在非常古老的酒吧窗戶上，還能見到這些玻璃。這些由鐵條組成的窗櫺會安裝一片片中間有突起的玻璃，這些玻璃因為厚度不均，所以最為便宜，也是「冕牌玻璃」這個詞彙的出處。在當時，這些玻璃的「特色」，如今反而變成具有藝術價值，正如我長大的北方家庭會說：「你在豪華餐廳付錢吃飯時，有一半是在吃裝潢。」不過我想也適用於在這類酒吧的消費吧。

化，這也是當固體加熱之後往往會膨脹的原因。

數位溫度計有很多優點，但是讓我們看不見其測量的機制，其中最可惜的是我們越來越少使用傳統的玻璃棒式溫度計。傳統溫度計在過去250年間，曾經是科學實驗室與家庭中重要的儀器，雖然現在還可以買得到，我的實驗室也還在使用，但在很多地方已經逐漸被數位溫度計取代。我記得小時候還曾經看過水銀溫度計，在一個玻璃棒中有一條細細的銀線，可惜之後不久，我看到的大多是裝著紅色酒精的溫度計。

不過無論是哪種溫度計，基本構造都與1709年華倫海特（Fahrenheit）發明的溫度計相同。傳統溫度計的外觀是一條狹長的玻璃棒，底部有一個泡狀的貯存槽，連接一道細長的管道。我要測量溫度時，就會把有貯存槽的一端放到受測物表面或是內部，例如夾在腋下，或者放入裝有熱水的澡盆，甚至是海水中，就可以優雅而簡單地完成測量。物體的溫度和它具有的熱量有關，在液體與固體之中，熱能會造成分子與原子的振動，因此當你將溫度計放到熱水中，熱水內活動較為劇烈的分子就會撞擊溫度計表面的玻璃原子，玻璃的原子受到不斷的撞擊後，也會加大振動的幅度而不斷往內傳遞，接著，玻璃就具有更多的熱能。

由於玻璃原子無法自由流動，因此只能在自己的位置上振動，玻璃原子的振動就會傳遞給內部所裝的酒精，酒精分子的運動速度也逐漸增加，直到玻璃、酒精的溫度與外界的熱水達到平衡，使得三者的溫度相同。這是溫度計工作原理的第一步。

當三者的溫度平衡時，我們來看看這些物體發生了什麼事。由於玻璃的溫度上升，原子振動得更快，使得原子會互相推擠而將空間拉大，表現在玻璃上的結果就是膨脹。酒精分子在受熱後，碰撞更為劇烈，也會讓彼此分得更開而膨脹，但是酒精膨脹的比例大約是玻璃的 30 倍；即使玻璃因為膨脹而使得酒精的貯存空間變大，不過酒精的體積會膨脹得更多。

酒精分子因為互相推擠而膨脹，原先的空間無法容納，就會將一部分的酒精推往細長的管道內；溫度越高，膨脹的比例就越大，也就有越多酒精被推到管道內。若是這時將溫度計抽離熱水，或是將溫度計放到冰水中，由於分子運動速度變慢，所需要的空間變小，酒精就會從細長管道中退回貯存槽內。所以，我們只要在細長管道外面的玻璃上標出刻度，藉由比較酒精在管道內的位置，就可以知道溫度發生的變化。溫度計測量溫度的原理，其實就是觀察分子之間彼此推擠的程度。

不同材質的物體，受熱膨脹或是遇冷收縮的比例也不同，例如，當你打不開果醬的蓋子時，可以讓它沖一下熱水，就能輕易打開了。這是因為玻璃與金屬蓋子都會受熱膨脹，不過金屬膨脹的比例遠高於玻璃，於是蓋子就會鬆開。物體因為溫度而改變的體積，我們往往不易直接察覺，但是當它作用在某些地方時，卻顯而易見。

一般來說，液體在加熱時膨脹的體積會比固體要多。雖然熱膨脹而增加的體積很小，但往往會有可觀的影響。當你下次步行在橋上時，可以注意橋面上每間隔一段距離，就會有橫過橋面的金屬條，它們可能是相對交錯而有空隙的梳狀板，產生一種稱為「伸縮縫」（expansion joint）的結構。這種裝置的功用是當氣溫升高而橋體膨脹時，橋面還有空間可以容納增加的體積，避免結構之間相互推擠造成損壞，天冷時也可以讓結構各自收縮拉開，不會相互拉扯、造成裂縫，影響安全。

絕對零度與鴨子的腳

熱膨脹的物理現象，可以很優雅地發生在溫度計內，變成我們倚賴的工具；但是相同的物理現象在大規模的地方發生，可能就是個災難。溫室氣體大量排放的後果，使得溫室效應加劇，造成海平面逐步升高，目前海平面每年上升的速度大概是 3 公釐，未來增高的速度可能會更快。海平面上升是因為海水體積增加，其中增加的部分，一半是原來保留在陸地上的淡水，因為冰川（glaciers）與冰原（ice sheets）融化而流入海洋。另外一半增加的體積，則是因為海洋越來越溫暖，海水受熱膨脹所致。根據目前科學家的研究，由於全球暖化所產生的額外熱能，其中的 90% 會被海水吸收，因此海平面逐年上升已經是不爭的事實。

8 月的北半球是炎熱的夏季，但是同一時間，位在地球底端的南極高原上，卻是一片闃無人聲的世界，正被長達數月的黑夜籠罩，而且此地的高原與高山還覆蓋了厚達 600 公尺的冰。此時的天氣非常平靜，熱能不斷地向繁星的方向散去，永夜的日子中沒有來自太陽的能量，因此在這段時間裡，南極高原上的平均氣溫大概是 -80℃。在 2010 年 8 月 10 日，科學儀器在一個山腰的位置，測得人類歷史上最酷寒的低溫：-93.2℃。

如果你曾思考過一個問題：「最冷可以到多冷？」那麼在公布答案之前，我們先回顧一下：雪是由冰晶所構成，冰晶上的原子還是會在固定的位置上振動，振動的能量就是熱能，於是答案就呼之欲出了——最冷的狀況就是當內部所有原子都停止振動的時候。但是即使是在地球上最寒冷、一個沒有陽光與生命的地方，南極高原冰層內的原子依然在振動，因此當冰塊升溫到 0℃而融化之前，也已經吸收了大量的能量。如果我們不斷將物體冷卻，將原子所有運動的能量逐漸拿走，到了什麼溫度會讓原子完全靜止呢？

根據科學家的計算，當溫度冷卻到 -273.15℃時，原子會完全失去動能，這個溫度稱為「絕對零度」（absolute zero）。相較於絕對零度，南極最寒冷的季節，仍然算是相當地「溫暖」。要讓物體或是其中的原子降溫到接近絕對零度，其實是相當困難的事情，特別是在地球上這個「高溫」的環境當中，因為在冷卻物質的過程中，只要附近有高溫一點（意味著原子振動較為劇烈）的物體，就會把熱能傳給它。

目前低溫物理學（cryogenics）領域的專家，正在致力於研發特殊的裝置，可以讓原子慢下來，除去它身上的動能，以創造接近絕對零度的環境。雖然我們不會想要觸碰或是生活在那種可怕的極低溫環境中，但是低溫物理學的發展可以提升磁性與醫學影像的技術，為我們的生活帶來更多好處。不過，即使不是極低溫的環境，大多數人還是不會赤腳走在雪地上，那麼，為什麼鴨子可以自在地走在結冰的湖面上呢？

溫徹斯特（Winchester）是英格蘭南方的一個小城市，有一座古老的大教堂以及許多典型的英式茶館，你可以在這邊享受呈在精緻盤子上的烤餅。夏天時，這是一個被五顏六色的鮮花點綴的城市，配上湛藍清澈的天空，有時美得像一幅畫。但是有一年冬天，我與朋友在雪中漫步時，發現這座古老的城市擁有另外一番更美的面貌。

我們穿著厚重的外套、圍著圍巾，一路走到大街的盡頭，在河邊看著潺潺流水，以及河岸上如棉花一般的積雪。雖然這裡有著名的亞瑟王故事和漂亮的石頭建築，但那都不是我喜歡溫徹斯特的原因。我帶著朋友走在這個寒冷的城市中，穿過一條小路走到河邊，不是為了看什麼神祕的風景，而是為了看鴨子。

當我們到達河邊時，河岸上的一隻鴨子正好從白色的雪地跳到河中，然後如同其他的鴨子一樣，努力划著蹼足逆流而上，朝前方的水面下尋找食物。這條河很淺，但是水流稍急，因此鴨子必須努力划動雙腳才能找到河床上的植物，也就是牠們的食物。溫徹斯特的河流就像鴨子的跑步機，讓牠們在河面上以相同的方式一直努力划著，我有時甚至覺得那是鴨子的一種娛樂。

這時來了一對母女，女兒的年紀非常小，她看著自己腳上的雪靴，然後抬頭問媽媽：「為什麼鴨子的腳不會冷？」她媽媽沒有回答，因為當時的河面上出現一場小小的爭執，兩隻鴨子因為覓食而游得太近，引起一陣騷動與互啄，發出嘎嘎叫聲。有趣的是，當牠們彼此爭執的時候，似乎忘了划動雙足，於是雙雙被急流沖走。幾秒鐘之後，牠們似乎發現這個狀況，於是停止爭執，並花了一陣子努力游回原來的地方。

河面上的水已經非常接近冰點，但是鴨子似乎一點都不覺得冷，因為鴨子隱藏在水面下的雙腳是利用一個巧妙的方式來防止熱量流失，其中牽涉到關於熱傳播的物理原理。當你把一件常溫物品放在冰冷的東西旁邊（或是放到裡面，例如將飲料放到冰箱內），溫度較高的物體會逐漸變冷——因為溫度低的物體，內部分子的運動比較緩慢，而高溫物體的運動比較快。

雖然高溫與低溫物體的分子或原子會彼此傳遞能量，但高溫物體的分子振動較快，所以傳遞到低溫物體上的能量，會比反向的還要多。當高溫物體內部的分子運動能量逐漸減少，就會冷卻下來，直到與周圍環境的溫度達到平衡。相反地，原來較冷的物體獲得能量，就會升溫。

我們如果將雙腳浸在冰冷的水中，雙腳的血液因而降溫，隨著血液循環，這些低溫的血液會逐漸回到心臟，使得我們身體逐漸喪失熱量。但是鴨子可以稍微減緩腳部血液流動的速度，降低低溫血液流回上方身體的影響，避免自己降溫、維持 40℃的核心溫度。然而單靠減緩血液流動並不能完全解決問題，其實鴨子的雙腳一直維持與河水相近的溫度，因為溫差越小，熱量的轉移量就越少，這才是真正讓鴨子不會一直喪失熱量的原因。

當鴨子的蹼足努力地划水時，肌肉和組織需要氧氣來維持運作，因此還是有一些溫暖的血液從鴨腿的動脈流向蹼足，同時靜脈正把低溫的血液運回心臟。動脈其實緊鄰腳背的靜脈，所以動脈溫暖的血液會把熱量傳給靜脈；隨著動脈的血液越往下，熱量逐漸傳給靜脈，靜脈的血液也隨著往回流動而越來越溫暖。

也就是說，動脈血液的溫度並沒有完全浪費，而是轉移給靜脈；靜脈回送的血液也不會太冷，使得鴨子受寒。這個過程會持續到位於鴨足外圍的組織，以及蹼上的微血管。此時動脈與靜脈的血液溫度幾乎相同，也與周圍的河水相同，不會有太多的熱量散失到冰冷的河水中。這種讓靜脈血液藉由與動脈相鄰而升溫的方式，形成一種逆流熱交換器（countercurrent heat exchanger）的結構，是一種避免熱量損失的奇妙方法。當鴨子能避免熱量傳遞到腳上，幾乎就可以避免熱量的損失。鴨子這種聰明的身體構造，讓牠可以自在地在冰上行走，之所以不怕雙腳冰冷的原因，就是讓足蹼維持在冰冷的狀態。

在動物界，這是一個很有效的策略，而且在不同的物種上都演化出類似的功能。海豚與海龜尾部和鰭肢（flipper）上的血管，都能藉由相似的分布來減緩牠們在寒冷水域時流失體溫，甚至北極狐（Arctic foxes）也是藉由同樣的方式，在爪子必須與雪接觸的情況下，避免重要的器官失溫。這種方法雖然很簡單，卻很有效。

很可惜，我和朋友的身體無法運用這個技巧，所以我們在雪中待了一段時間，對鴨子強大的環境適應能力表達欽佩，並看了幾場牠們的爭吵秀之後，就去享用巨型的烤餅。

💧

在歷經好幾代的科學家與數千場實驗之後，我們認為熱會朝特定方向流動，是一項物理定律的基本原理。熱量始終是由高溫的物體傳遞到低溫的物體，但是物理定律無法告訴我熱量傳遞的速度。當我將沸騰的水倒入馬克杯之中，我可以手握杯耳直到水完全冷卻，不會燙傷我的手或不舒服；如果我手握一支銀湯匙，將一端放入滾燙的水中，幾秒鐘之後我就會發出哀嚎。這代表金屬傳遞熱量的速度很快，而陶瓷則是非常緩慢，也意味著金屬內的原子，能夠迅速傳遞原子之間的振動。然而金屬與陶瓷都是固體，內部的原子或分子都只能在固定的位置振動，為什麼導熱的速度會有差異呢？

如同前面所提及的熱傳遞，是原子獲得能量而振動之後，將振動傳遞到周圍原子的過程；馬克杯是一種陶瓷材料，當中的原子傳遞能量的速度很緩慢，因此能量在傳到杯耳之前，就從表面散失到空氣中，這是為什麼握著裝有沸水的馬克杯杯耳卻不會被燙傷的原因。陶瓷與塑膠、木材一樣，都屬於熱的不良導體。

金屬雖然與陶瓷材料一樣，原子都有固定的位置，但是金屬開放了一個特別的捷徑。陶瓷或其他許多物體內的原子，都是由原子核與電子組成，它們在固定的位置上只能透過原子的振動來傳遞能量；但是金屬不一樣，它的一部分電子並非固定在原子核周圍的軌域上，而是可以自由地在金屬內部移動。因此，當金屬表面的原子受到帶有大量動能的水分子撞擊時，這些金屬原子就會開始加速振動。由於整個金屬內部共享一片電子海，所以電子會攜帶著這些能量並傳遞出去。

此外，由於電子的質量小，更能快速獲得振動的能量，並且四處移動，因此金屬內傳遞溫度的速度就會快很多。於是當你握著金屬的湯匙，它的底端碰到熱水時，由於微小的電子可以自由地在內部流動，比起需要藉由一個傳一個的原子振動模式的陶瓷材料，溫度的傳遞就快了許多。接著在湯匙的溫度升高後，會繼續將能量轉移到你的手上，握住的地方便感覺溫熱，甚至燙手。

各種金屬的導熱速度也不一樣，其中銅是導熱相當迅速的材質，它的導熱率是鐵的 5 倍，這就是一些高級鍋具會以銅來製作鍋子的外側或是本體，而手柄採用鐵或其他材質的原因。畢竟我們希望食物受熱均勻而快速，但又不希望被器材燙到。

一旦你證明了原子的存在，也許會開始好奇，我們生活周遭的物體在歷經不同狀況時，它內部細小的原子究竟有什麼樣的變化？透過這樣的思考角度，其實你已經了解一部分能量的本質。人們經常談論熱能，它可以在物體之間流動，但是它實際上只是一種動能；藉由物體之間的觸碰，來分享彼此的動能。雖然溫度是原子或分子尺度的動能，不過我們可以利用傳統溫度計直接測量並看見結果。我們的生活中具有許多設備，藉由導熱良好的材料（例如金屬），或是熱的不良導體（例如陶瓷），控制溫度傳遞的速度，增加生活的便利性。有些設備能夠讓人類保持溫暖，但是對於保存食品與藥物而言，卻需要一個空間讓它們保持低溫。本章在最後，將探討冰箱這個家家戶戶都有的家電用品。

低溫與食安

如果一塊起司在溫熱的環境下，內部的分子運動速度會比較快，整體就會有更多的能量，也意味著起司內的化學反應擁有更多的能量可以進行。同時，起司表面附著的細菌體內的化學工廠，也會因為溫暖的環境而更有效率，這兩者的行為對我們而言就是造成腐敗的現象。為什麼食物往往需要用低溫保存？因為當食物在低溫環境裡，分子運動的速度減慢，甚至讓微生物沒有足夠的能量活動，所以相較於室溫，冷藏的起司可以保存得更久。家中可以創造低溫環境的家電，就是我們熟知的冰箱，它透過一種獨特的機制將熱量排至外部[5]，讓內部空氣得以冷卻，使得我們能將食物保存於低溫環境，以限制分子振動的程度來避免腐敗。

先想像一下如果這世界沒有冷藏設備，你的生活會變成怎樣？不只是讓你沒有冰淇淋可以吃，或無法暢飲冰啤酒，而是你必須更頻繁地上市場，因為蔬菜無法長久保存。如果你想喝牛奶、吃起司或是肉品，就得到農場附近購買；如果你想吃魚，必須住在靠海或河邊的地方。此外，只有在某些蔬菜生長的季節，你才有機會吃到它們，因此你無法在 12 月享用新鮮的番茄。如果沒有冰箱而我們要長久保存食物，只能藉由乾燥、醃漬或是製成罐頭的方式。

我們之所以可以在超級市場買到生鮮食品，得要歸功於背後巨大的低溫運輸系統，利用各種安裝在船舶、飛機、火車、卡車上的冷藏裝置。我居住過的羅德島，當地所產的藍莓之所以能在 1 週內就運到加州的超市，正是因為從採收藍莓的那一刻起，它們就被放置到冷藏裝置內，沒有機會讓內部的分子擁有足夠的能量來造成腐敗的化學反應。因此我相信即便過了 1 週，這個來自遠方的食物還是相當安全。

然而不只是食物，藥品也需要置於低溫環境，特別是疫苗很容易在高溫中變質，因此低溫設備不足的國家或地區，保存與運送疫苗就成為一個大問題。我們在廚房或醫生動手術時看到的冰箱、低溫保存箱，其實是低溫運輸中最後一環，其歷經的低溫運輸系統，可能已經跨越到地球的另一端。這樣龐大的系統連接著世界各地的城市與農場，工廠與消費者。

當你將牛奶倒入鍋子中，準備製作巧克力時，它先前的旅程

---

5 冰箱的運作原理是透過第 1 章介紹過的氣體定律來完成。冰箱內部有一個壓縮機，將一種稱為「冷媒」的流體擠壓成高溫高壓的狀態。這時，外部的管路藉由散熱的裝置，讓高壓的冷媒降到接近室溫，因此冰箱後面或側邊總是感覺比較熱。接著這些接近室溫的高壓冷媒，通過閥門進入冰箱的內部管路，同時膨脹讓氣體壓力下降，造成內部管路降溫。這些壓力較低的冷媒在冷卻管路之後，又會被送回壓縮機，重新變回高溫高壓的流體，再繼續相同的循環。

是牛奶離開乳牛後，必須經過巴士德消毒法（Pasteurization）的短暫高溫滅菌，然後立刻冷卻到 4 ～ 5℃儲存。當我們將它加熱時，其實是牛奶離開工廠後的第一次升溫，因此與其是我們信任牛奶沒有變質，其實更是信任這一路上的低溫運輸系統，使得牛奶的分子在路程中一直維持在低動能的狀態，阻止了會讓牛奶酸敗的生物與化學反應。讓食物內部的分子維持在低能量的狀態，是保護食物安全的最好方式。

下一次，你將冰塊放入飲料中，看著它熔化時，不妨想像一下其中振動的原子，彼此之間正在交換、傳遞動能，因此造成飲料溫度的改變。即使你無法真的看到原子，但是已經能體會原子的行為，對自身周遭的事物造成什麼影響了。

第7章

湯匙、螺旋，以及第一枚人造衛星

——旋轉的原理——

Spoons, spirals and Sputnik:
the rules of spin

觀察泡沫的好處，在於它們總是位於很顯眼的液體表層。當過濾的水流回到魚缸內，或是將香檳、啤酒倒入玻璃杯中，都會看到漂浮在表層的氣泡，因為泡沫總是忠實地走到液體的最高處。每次我試著攪拌一杯茶或咖啡，都會在表面看到有趣的現象；首先，我將湯匙沿著茶杯杯壁像畫圓圈一樣地攪拌時，茶水會跟著旋轉，使得邊緣高起而中心凹下。其次是茶杯中的泡沫不會在較高的邊緣區域，而是集中在下凹的地方。如果你嘗試將位於中心的泡沫推往邊緣，它很快又回到低處；如果你讓邊緣產生新的泡沫，這些泡沫也會隨著旋轉逐漸往中心移動。很奇妙吧！

當我用湯匙攪動茶水的時候，湯匙會將茶水往前推，茶水也會以直線方向前進，但因為茶杯內部狹小、呈現圓形，所以前進的茶水很快就碰觸到杯子內壁。如果今天我是用湯匙攪動游泳池的水，這些水會沿著我攪動的直線方向流去，與其他游泳池當中的水混合，並不會持續旋轉。但是茶水因為受到杯子內壁的阻擋，前進的茶水會堆積在杯壁上，並同時改變方向而圍繞著內緣旋轉。實際上，茶水還是傾向於走直線，只是不斷被迫轉彎。

這是關於物理轉動力學的第一堂課。當你將造成旋轉的限制解除，旋轉的東西將依照它們當下前進的方向繼續前進，不會繼續旋轉。運動員擲鐵餅的過程就是最好的示範，比賽或練習的時候，運動員會用手抓住鐵餅、轉動身體，讓握著鐵餅的手伸直、遠離身體，在轉動兩圈之後，放手讓高速的鐵餅飛出去。在轉動加速的過程中，鐵餅其實一直有朝著直線飛出去的趨勢，而運動員則是不斷將鐵餅拉向旋轉的中心，也是手臂施力的方向。當手鬆開時，代表不再有力量將鐵餅拉往中心，因此會以釋放時的速度與方向直線飛出去。

當我在攪拌茶水的時候，每個細小的區塊都會沿著直線運動，並因為遇到杯壁而堆積、隆起，旋轉的中心則是低陷下去。當我停止攪拌後，由於液體仍然在旋轉，因此液面依然呈現漏斗狀。隨著旋轉速度的減緩，茶水擠壓杯壁上的速度也放緩，因此液面就會逐漸平緩。液體能夠自由流動，便能改變形狀，並讓我們觀察到旋轉的一些現象。

至於氣泡會往中心聚集，則是另外一個有趣的現象，因為當這種行為發生時，表示那是氣泡最安穩的地方。當你將玻璃杯裝好啤酒、放在桌上時，當中的液體與氣體會有一場重力比賽，過程中，液體獲勝並將氣體擠到上方。旋轉茶水中的泡沫也一樣，液體在旋轉時有往外的慣性趨勢，圓心凹陷的液面才能提供液體旋轉所需的向心力。對靜止於地面的觀察者而言，液體這時所表現出來的行為，即為俗稱的「離心效應」。至於氣泡則應考慮等效浮力對其造成的影響，由於此時水施加在氣泡側邊的推力所造成的合力不為零，距離圓心較遠的水壓較大，於是便將氣泡往圓心方向推擠，氣泡才會聚集在中間。

單車與離心機

在人類的科技文明當中，有著各種旋轉的物體與現象，例如烘衣機、擲鐵餅的運動員、翻動鬆餅與陀螺儀，至於自然界之中，地球會自轉並同時繞著太陽公轉。旋轉的重要性在於它可以讓很多有趣的事情發生，例如需要施力才能讓物體旋轉，因此轉動的物體自身就會帶有能量，甚至有的還相當巨大。

然而旋轉的物體有一個巨大的缺點：當它旋轉一周時，一切都會回到原點，無法造成平移。茶水的旋轉只是我的開場而已，同樣的原理也會告訴你，為什麼火箭發射基地不會蓋在南極、醫生如何測量紅血球數量是否足夠，甚至在未來的電力輸送網絡中，它是如何扮演重要的地位。這一切都有一個條件，就是周而復始地轉動，而不能直線前進。

如果你要進行一個圓周運動，必須有力量可以將你拉向轉動的中心，迫使你不斷改變方向。這個將改變方向的力量，存在於有轉動的系統當中，一旦這個力量消失，正在運動的物體就會離開圓周，變成直線前進的運動。在圓周運動當中，如果轉動的速度加快，這個力量就必須越強，才能在更短時間內提供向著中心的力量。

觀賞田徑賽的觀眾偏好環形跑道，因為那可以發揮運動選手的實力，讓他們以高速奔跑，同時又不會像直線跑道一樣跑得太遠，以至於無法觀看。有些賽馬場為了讓馬匹在奔跑時，不需要經過太大的弧度，跑道因此設計得比較長；但是室內的單車賽道為了節省空間，賽道一周的長度就比較短。但是當我見到單車賽道時，驚訝的不是賽道的長度，而是它非常陡峭的曲面。

我一直以來都是單車運動的愛好者，但是一般休閒騎車與正式比賽，幾乎是完全不同的事。當我在倫敦奧林匹克運動會上觀賞單車賽，選手在準備的時候，明亮的賽場內出奇地安靜。接著比賽開始，我觀察選手騎的腳踏車，發現它們看起來非常平整，輪軸上只有一個齒輪，沒有變速裝置或煞車，而且有著相當不舒服的坐墊。我曾經嘗試騎過較小型的同類單車，它真的和我們平常看到的不同。

當我與一群初學者練習騎這種車時，我們踩上單車踏板後就沿著賽道規定的區域前進。賽道兩邊有很長的直線區，連接直線區的是陡峭的弧形賽道，進入這裡時，賽道從原來的些微傾斜，逐漸高起而聳立在我們身旁，甚至最陡峭（大約 43 度）的地方就像一面牆壁。把單車騎到這個陡峭的地方似乎是很不智的行為，但是我們這群人發現時，一切已經太遲。

首先，我們被送到位於賽道內側的橢圓形區域，這裡的地面是光滑的橢圓面，看起來比較像是我熟悉且可以騎車的地方。接著我們被要求騎到淺藍色的區塊上，這裡已經可以明顯感受到地面的弧度，然後，就像雛鳥被推出巢穴一樣，教練要求我們進入賽道的主要區域。

隨之而來的是一項讓我充滿恐懼的驚喜。我以為這個賽道邊緣會比較平緩，但其實底部與頂部一樣陡峭，一旦偏向外側就會騎到斜坡的高處。這時我更努力踩著踏板，也似乎激發了自己的潛能，因為我腦中的直覺判斷，認為這樣可以讓我維持平衡。練習到第三圈的時候，我已經逐漸忽視這個不舒服的坐墊，一遍又一遍地在賽道上練習，就像一隻在輪子上拚命奔跑的傻倉鼠，只有在教練檢視狀況時，可以偶爾停下來休息。過了 25 分鐘之後，雖然我已經抓到一點訣竅，但是對於那段陡峭的賽道還是有著相當的恐懼。

其實賽道會設計成斜坡，是為了讓單車在上面騎乘時與坡面垂直，維持這種狀態需要的是速度，就像攪拌時在杯子內旋轉的茶水。我當時的單車如果行進時一直垂直於水平面，便無法轉彎，因此當我的身體與單車進入彎道時，斜坡讓我與車子一起傾斜，此時重力依然作用在我身上，但因為我的身體已經傾斜，坡道支撐我的正向力與重力的方向不再是彼此相反，於是這兩個力量在相加後，會形成將我往一個水平方向拉的力量，使我維持在圓周上運動；而速度越快，這個力就越明顯。雖然我好像在一面牆上騎著單車，不過原先吸引我的重力，已經與賽道施予我的支撐力結合，產生不同方向的合力，於是，我在傾斜的賽道上又找到熟悉的感覺。

我雖然了解這個物理學的理論，但是真的要用身體實踐則是另外一回事。這項運動一旦開始就無法休息，只要輪子持續轉動，我必須要跟著踩踏。有幾次我真的很想停下來休息一下，但很快地，腎上腺素又促使我繼續，因為我知道如果停止踩踏，單車就會打倒我而使我從坐墊上摔下來。由於不像一般的休閒單車具有軸承，可以讓齒輪的轉動與輪胎的轉動分開，因此無論你的腿有多痠，都只能繼續踩踏；如果放慢了速度，也可能從斜坡上跌落。經過這次的體驗，我更欽佩這項運動的運動員。這項運動中也有與其他人競速的項目，如果你要超車，往往必須騎得更快，以及行駛一段較長的距離。很慶幸我們在練習體驗時，不需要嘗試超車。

那次騎車讓我學到一些事情，只要我以正確的速度騎車，斜坡會為我提供更強的向內推力。在過彎的時候，我需要指向賽道弧形圓心的向心力，才會讓我改變方向，進入圓周運動；如果速度越快，需要的力量就越大。由於單車輪胎與坡道之間只能夠提供有限的摩擦力，如果在水平面的路上需要高速轉彎，往往會因為摩擦力不夠，讓輪胎滑開地面而摔出去，所以在比賽當中過彎時，所設計的傾斜賽道會讓需要傾斜的單車，無須透過額外的摩擦力，就能從賽道上獲得轉彎所需的向心力。

有時在歐美可以見到一種特別的捐款箱，形狀像一個光滑的大漏斗，漏斗外側的邊緣會有一個小坡道，讓你放置一分錢的硬幣。一旦硬幣滑下斜坡，便會沿著漏斗內壁不斷地螺旋繞行，並逐漸往中央的洞口滑落。當我在賽道上騎車時，感覺自己就是那枚硬幣。在這一個小時當中，我的身體不斷分泌腎上腺素並且筋疲力竭，最後很高興一切終於可以結束[1]。我又看著賽道，想著要是剛才練習時突然減速，會是多可怕的事情，畢竟在傾斜 43 度的陡峭地方，向下拉扯的重力如果沒有其他力來平衡，後果將會不堪設想。

前面提過物體運動時都趨向於直線，因此單車可以轉彎，是因為賽道將車子往內推，如同在地面一直推著我們一樣。重力不斷將我們向下拉，而地面正在抵抗，所以要是地面忽然消失，我們就會往下墜落。當單車在傾斜的賽道上奔馳時，騎車的人會感覺到傾斜的地面正在將他往上、往內推，讓他能順利地轉彎。倘若坡道不傾斜的話，他就會基於運動的慣性而摔出賽道外。

有一項單車賽道的比賽，稱為「極速 200 公尺計時賽」（flying 200-metre time trial），我覺得比賽的過程真如同英文字面上說的「飛行」。整個比賽會先讓選手在賽道上加速兩圈，接著進入最後 200 公尺的計時衝刺，看誰可以在最短的時間內完成。法國單車選手弗朗索瓦．佩維斯（François Pervis），是這本書寫作時的世界紀錄保持者，他以 9.347 秒完成這項比賽，如果換算成速度，就是每秒鐘 21 公尺，或是時速 77 公里。在這個速度的當下，若代入賽道的曲率半徑，賽道所提供的正向力，也就是弗朗索瓦所感受到的重力，幾乎是原本重力的 1.5 倍。

正如我們在第 2 章提到的，重力影響我們生活周遭所有的物體，雖然它要花上很長的時間才可以分離一些東西（例如漂浮在牛奶上的奶油），但是旋轉可以帶來重力之外的更多用處。如果想要體驗更強的重力，你不需要坐太空船到別的行星，只要藉由傾斜賽道上高速騎車的相同原理，就能體驗到差異。不過即使是世界上最快的單車好手，也只能達到接近 80 公里的時速，因此理論上如果要讓這種力量更強，就得創造出高速旋轉的環境。

我們在第 2 章提到重力時，也提到它如何將牛奶中的油脂分離出來，讓奶油漂浮到表層。主要是因為對於牛奶中的水分和油脂而言，重力作用的力量相差不大，因此要花上好幾個小時才會讓它們分開；但是如果將牛奶放到一個長長的管中，再藉由高速旋轉，讓強大的力量作用於兩者之間，只要數秒鐘就可以將牛奶與奶油分離。

雖然我們還是可以借用重力慢慢地將奶油分開，但是現代化的食品工廠需要更高的效率，因此主要還是利用旋轉的力量。只要速度夠快，旋轉的離心分離機（centrifuge）可以產生任何你

---

1 不過我得強調我很喜歡這次體驗，如果你有機會，我也推薦你去體驗看看。只是你必須是一位有自信的單車騎士，而且這也是欣賞轉動力學的好地方。

需要的拉力。這種裝置的運作方式是將要分離的液體裝在管子內，接著傾斜放入一個輪子上，當輪子高速地旋轉時，液體內的物質就會遭受強大的拉力。

離心機可以產生非常強大的離心效應，分離原本在重力作用下，永遠不會分開的物質。例如在血液中，紅血球與其他血液中的物質，會因為密度不同而在重力場中彼此競爭，但是因為紅血球太小，重力作用微弱且不敵其他微小尺度的力量，因此很難將它往下拉、分離出來。所以要檢驗一個人是否貧血，醫護人員會將血液樣本放在離心機內，藉由試管底部略為偏離圓心的傾斜方式來高速旋轉，產生一股高達 2 萬倍的等效重力場，讓密度較高的紅血球快速沉澱而被分離出來，通常這只需要大約 5 分鐘。

一旦紅血球與血漿分離，就可以用簡單的方式測量紅血球在試管底部的厚度，接著計算它在血液中的比例，藉此了解相關的健康問題。此外，同樣的技術還可以檢查出運動員血液中的興奮劑。如果不是藉由旋轉的力量，分析血液就會變得困難又昂貴。雖然我們不一定常常接觸這些儀器，但其實我們一直都在一臺巨大的離心機上轉動著。

太空與披薩餅皮

太空人是一種受人景仰的身分，因為他們帶來許多天文知識、可以操作世界上最先進的儀器、創造出神話般的任務，而且太空人本身就是罕見又難以獲得的工作，因此往往享有極高的名聲與榮譽。但是如果細問大家，太空人的哪一方面最令人羨慕，我想答案都是：「失重。」

人在失重的情況下，將感覺不到「上」與「下」，而且可以隨處漂浮，這似乎是一個令人興奮，同時可以全身放鬆的狀態。但是其實太空人經歷的各種訓練，大多是要讓身體能夠應付比重力還強數倍的力量。這聽起來很奇怪，為什麼他們要反其道而行呢？

搭乘火箭是目前唯一進入太空的方式，當火箭加速上升與前進時，搭乘的人會被強大的力量推擠。太空人結束任務要重返地球時，狀況就更為嚴峻，他們得要承受重力 4 ～ 8 倍的力量；此外，高速飛行的戰鬥機在緊急轉彎時，內部的飛行員也會面臨相同的狀況。因此，如果你在搭電梯時就無法適應上升時加速度所產生的力，那你更不適合搭乘火箭。

當強大的加速度作用在人的身上時，依據加速的方向與身體的朝向，血液會受力而可能朝大腦聚集，或是離開大腦，甚至還會讓皮膚中的微血管破裂。這無疑是一個令人痛苦的過程，但是人類不僅可以在這種艱難的狀態下生存，甚至還可以工作（例如駕駛太空梭返回地球）。透過一種特殊的訓練，可以讓太空人擁有更好的適應性。

位於莫斯科西南方的斯塔市（Star City），有一座加加林太空人培訓中心（Yuri Gagarin Cosmonaut Training Centre），目前所有的太空人在正式出任務之前，都會花一段很長的時間在這裡受訓。在其中一個巨大的圓形訓練室中，有一架配有醫療裝置與太空船模擬器的 TsF-18 離心機。它是一臺獨特的長條型機器，旋轉臂的長度達 18 公尺，尾端可以依據需求而置換成不同的模擬艙。太空人在進入模擬艙後，巨大的旋轉臂旋轉一周的時間大約是 2 秒或 4 秒，雖然旋轉頻率看起來不快，但因為旋轉臂長達 18 公尺，模擬艙的時速會分別達到 100 或是 200 公里。

當一切就緒、離心機開始運轉後，就會讓太空人模擬操作相關儀器，同時檢查與監控他們的身體狀況，所有太空人都必須適應並通過這臺機器的測試。此外，不僅是太空人，許多機師與戰鬥機飛行員也會在這裡受訓，甚至該中心也提供一般民眾付費體驗的機會。不過在這得提醒大家，所有經歷過模擬測驗的人都表示過程中會相當不舒服；然而如果你想親身體驗離心機產生的巨大力量，可以嘗試讓自己待在這種旋轉的地方。

有很多種旋轉的方式可以產生「力」，離心機就是其中一種產生強大力量的裝置，而且可以模擬出重力的效果。但是如同攪拌杯裡的茶水或在賽道上騎乘單車，都是物體受到向著圓心推擠的力，持續進行圓周運動。還有另外一種轉動的方式是讓整個物體旋轉，例如旋轉的橄欖球、陀螺以及溜溜球，它們是靠固體本身聚合的力量，讓該物體上的所有部分都能在旋轉時持續受到牽引來提供向心力。不過，如果在旋轉的過程中，阻止物體往直線前進的力量比較弱，會發生什麼事呢？我們不妨來看看一個有趣又美味的例子：披薩。

我認為一片成功的披薩，餅皮必須要又薄又脆，才能讓其他置於其上的食材在出爐的時候達到色香味俱全。製作披薩餅皮必須從麵團開始，廚師會先透過揉捏與適當的處理，接著才會將麵團擀薄；要讓它又薄又均勻，更是考驗廚師的技巧，也是披薩成敗的關鍵。但是，有些廚師會用更特別的方式，讓麵團在指間不斷旋轉、變薄，過程就像一場精采的表演。這個將披薩餅皮甩成像是施了魔咒的柔軟平盤的過程，其實是廚師的手與物理學最好的合作。

甩動柔軟披薩麵團的過程，已經逐漸變成相當受歡迎的表演，每年還有爭奪冠軍的比賽。甚至有人戲稱自己是「披薩特技演員」，他們會在派對上透過不斷旋轉麵團，讓這些薄薄的餅皮在指尖與身體上神乎其技地被拋起、翻轉。雖然一般人不會希望自己要吃的披薩餅皮，曾經在廚師的身上翻滾過，但無論如何，這種表演令人印象深刻，當然，旁邊同時也會有其他的廚師，透過簡單的旋轉做出供給客人享用的披薩。但是，為什麼要旋轉呢？

最近有一個非常愛好披薩的朋友，帶我到一間熱情的餐廳。

這間餐廳有開放式廚房，當我請問廚師們是否可以為我示範甩餅皮，一位年輕的義大利廚師自願站出來，並開心地笑了一下，笑容中半是靦腆半是驕傲。他輕輕將一個麵團壓平，然後在雙手間來回甩動幾次，接著一隻手拍擊另外一隻手拿著的扁平麵團，麵團就一邊旋轉、一邊被拋向空中。

接下來，麵團的變化就很快了。不像我們在賽道上騎單車，或是在茶杯內攪拌茶水，旋轉的物體會被限制在固定的範圍內；麵團離開廚師的手在半空中旋轉時，圓盤狀的披薩餅皮便開始延展。

為了方便解釋，我們先選定一個披薩邊緣上的點，一旦開始旋轉，這個點就如同前面提到的旋轉運動，始終有直線向前的運動慣性。不過由於麵團之間有黏性，會在旋轉中將這個點往中心拉來維持旋轉；但是當旋轉的速度加快時，就像前面說的，需要更強的拉力才能維持變快的圓周運動。麵團內部的拉力不是很強（因此容易延展），一旦拉力不足以提供當作向心力時，這個小區域的麵團就會因為慣性而遠離圓心。於是整個旋轉的餅皮開始延展、擴大，也變得越來越薄。

如果想要體驗相同原理下產生的拉力，你可以試著讓雙手各拿一件等重的物體，然後雙臂朝兩側伸直，以自己身體為旋轉中心，開始轉圈圈。這時，你會感受一股拉力將你的手往外拉，旋轉越快、拉力就越強。不過幸運的是，你的手比披薩的麵團堅固多了，不會因此被拉長；但如果你將手稍微彎曲，讓兩側的重物收進來一點，那麼當身體以相同頻率旋轉時，就會感受到拉力變小了。

因此餅皮在空中旋轉時，雖然餅皮的黏性可以給麵團的周圍部分提供向心力，讓整體維持旋轉，但是同時也被拉伸。我認為麵團在空中的時間應該少於 1 秒鐘，雖然麵團剛被拋起的時候還是厚厚的一片，但是它在空中旋轉並落回廚師的手上時，已經變成一片又薄又光滑的餅皮。

接著，廚師一手托著仍在旋轉的餅皮，一手又開始推動邊緣讓它加速，準備再次拋起。這時觀眾忽然出現一聲驚呼，因為餅皮內部的拉力太強，使得麵團從中破開。廚師專注的神情變成微笑，並說：「這就是為什麼我們不會這樣甩餅皮。」接著又說：「製作披薩最好的麵團通常很軟，不適合這樣的旋轉表演，因此我們都是在檯子上將它擀平[2]。」事實上，表演用的披薩餅皮為了有更好的強度與彈性，使用的麵粉配方與我們一般吃的不太相同，烤好之後的口感也會稍微差一些。相較於垂直靜置時，披薩旋轉時內部產生的拉力，可能是重力的 5 ～ 10 倍，比起掛起

2 怎樣做出比較好的披薩皮，是見仁見智的事情，但是我個人認為這家餐廳做出來的披薩有一流的水準。如果你不同意廚師的說法，也不需來信通知我唷！

來讓它自然下垂，旋轉的麵團能夠更快地變成又寬又薄的餅皮。

旋轉的餅皮相當有趣，因為它內部彼此消長的力量，會展現在外觀的改變上。任何旋轉的物體，從中心到邊緣都有拉扯的力量，旋轉中的橄欖球與飛盤也是；但因為它們本身很堅固，足以抵抗拉伸的力量而不會變形——不過正確來說，是因為變形的程度非常輕微，難以察覺（並且會因為彈性而在靜止後恢復）。事實上，所有旋轉的物體都會改變形狀，連地球也不例外。

地球在太陽系內不斷地旋轉，因此我們周遭的物體，在地球上就像是麵團外圍的部分，不斷被強大的慣性往外甩（這是指相對於地面而言）。幸運的是因為重力足夠強大，可以防止發生像旋轉麵團一樣的後果，並且使地球維持接近圓球的形狀。不過即使如此，地球還是像個吃太多甜食而發胖的肚子一樣，科學家稱這種微微的變形為「赤道隆起」（equatorial bulge）。雖然以地球的尺寸而言，這個隆起的比例不算高，不過如果你居住在赤道上，就會比居住於北極的人「高」出 21 公里，也就是說位於赤道上的地表，距離地球中心比較遠。

重力將地球所有的物體凝聚在一起，但是自轉卻會讓地球變形，因此珠穆朗瑪峰（Everest, Mt.）即使是地球上海拔最高的山，卻不是距離地球中心最遠的地方，這個榮譽是屬於厄瓜多的欽博拉索火山（Chimborazo）。即使最高峰海拔只有 6,263 公尺，當你站在頂峰時，實際上比起成功攻頂珠穆朗瑪峰的人還要高出 2 公里。但如果你下山之後將這件事情告訴那些成功冒險攀登喜馬拉雅山的人，可能會讓你變得不受歡迎。

總之，有兩種旋轉的方式可以在物體上產生力。一種是整體轉動，藉由內部凝聚或牽引的力量，讓物體中每個部分都跟著旋轉，例如披薩或是地球。另外一種是沿著圓周在運動的物體，藉由固定的曲面或是轉臂來提供向著中心方向的力，這個過程甚至可以在該物體上形成比重力強上很多的力，例如彎道上的單車，或是訓練太空人的模擬艙。但無論是哪一種方式，都必須讓旋轉的物體（以及其中的所有部分）同時產生一股往中心的拉力；如果這種力忽然消失，物體就無法繼續它圓形的軌跡。

只有堅固的固體才不會在旋轉的時候散開，即使是在低速下可以維持聚合的麵團，也會因為旋轉速度太快而延展，甚至散開。液體或氣體不會像固體一樣牢牢地聚在一起[3]，所以運用旋轉的特性，往往很容易將固體與液體分開，最常見的例子就是洗衣機的脫水功能。衣服洗好之後，濕漉漉的衣服會隨著筒狀的洗衣槽開始轉動，此時位於衣服纖維內的水與衣服都會一起旋轉。由於衣服是固體，洗衣槽內槽槽壁能夠提供衣服向著轉軸中心的力量，但是能夠自由移動的水就能脫離纖維而往外圍移動，最後從內槽上的小孔隨著脫離時的切線方向直線飛出去，不會再跟隨衣服旋轉而達到脫水的目的。

博士與投石機

如果你嘗試要透過旋轉將東西拋出去，首先要將物體抓在手上，利用揮動手臂讓物體加速，並藉由手臂向內拉的力量，讓物體維持在圓周的軌跡上。接著，你把手放開，這時物體失去讓它改變方向（而繼續維持在圓周軌跡上）的力，於是它就會變成直線運動。古代的工程師便是利用這樣的原理，製造出可以攻克石頭堡壘的機器，大大地改變中世紀時期的歐洲與南地中海地區的戰爭。我也曾經嘗試利用這個原理來發射雨鞋，但是效果不是很理想。

在我博士班畢業、剛通過論文口試而取得博士身分時，一位口試委員在桌子旁邊笑著問我，接下來的下午時間有什麼打算。他顯然很期待聽到我會到酒吧狂歡這種行程，完全沒有料到我會告訴他，等一下要騎單車到劍橋附近的農村，看看能不能找到一些農夫，詢問他們是否願意借我一、兩顆中古牽引機的輪胎。我解釋這是為了製作一個可以投擲雨鞋的裝置才必須去找這些舊東西，而且得在 1 週之內完成。

口試委員聽到我的解釋，皺起眉頭，眼神飄忽不定，接著他就假裝沒聽到我說了什麼，詢問我對於未來工作的打算。不過我不是在隨便應付他，而是真的要參加一個在多賽特蒸氣博覽會（Dorset Steam Fair）上的「廢物利用大挑戰」（Scrapheap Challenge），打算在當天與朋友組成向來少見的純女子參賽團體，與各路好手比賽投擲雨鞋。不過我們三個女生只有很少的時間及有限的金錢，因此我們打算學習製作一種古老的攻城器：投石機（trebuchet）。

投石機是一個非常巧妙的裝置，在過去好幾個世紀中，許多不同的文明都讓它在戰場上發揮得淋漓盡致，例如宋代和之後的中國朝代、拜占庭（Byzantine）與伊斯蘭帝國（Islamic empire）。在西元 11、12 世紀時，它就以殘暴怪獸的姿態出現在戰爭當中，摧毀原先以為堅不可摧的城堡。一架投石機可以將一百多公斤的石頭，拋射到一百多公尺遠的地方，使得原來常見的城寨式（motte-and-bailey）城堡逐漸消失（為了戰爭需求，許多僅由木材和泥土建成），取而代之的是更為堅固、防禦性更好

3 除非是非常小團的液體，才能夠藉由表面張力將彼此聚在一起，但是真的要非常微小才能維持彼此內聚的現象。

的石頭城堡。

對於我和組員，以及中世紀那些軍隊而言，建造一架投石機的優點，在於它的機械構造很單純，而且非常有效。於是我們從附近的工地借來鷹架，從學院放置廢棄物的地方收集材料，同時說服卡文迪西實驗室（Cavendish Laboratory）的儀器技術人員，借我們一條長達 5 公尺的金屬臂，然後將所有東西拿到學校操場旁開始組裝。

我在劍橋大學（University of Cambridge）的邱吉爾學院（Churchill College）待了將近 8 年，這裡幾乎是我的家，原來熟識並協助處理學院事務的行政人員，也忽然變成建造這臺機器的助手。他們對於正在實現怪點子的學生能夠愉快地給予支持，如今回想起來，我總是充滿感激。當我在學校裡建造投石機的同時，學校另外一處有人正在測試平流層高空氣球（stratospheric balloon），準備要將泰迪熊送上太空。

投石機的構造相當簡單，建立起一個框架後，將轉軸安裝在距離地面 2 ～ 3 公尺處，接著將長臂固定在樞紐上，形成一個兩邊長度不對稱的翹翹板。接著在短的一端裝上一個厚實的袋子，用來承裝重物作為重錘；較長的一端則會連接要拋射的東西。通常發射前會將長的一端往下拉，讓它接近地面並用繩子固定，同時，重錘端會被高高提起。這是一個陽光明媚的日子，看起來非常適合投擲一些東西。

雖然我們順利完成這架美麗的投石機（除非你是中世紀時被石塊攻擊的一方），但接著便遇到一個大問題：我們找不到適合掛在投石機上的重物，無法讓投石機順利操作。投石機工作時，事先提起的重錘會落下，藉由像翹翹板一樣的方式，讓另外一端較低的投射臂升起，透過長臂的轉動來加速要拋射的物體（真正要拋射的物體是放置在彈袋中，藉由繩索與拋射臂的尖端相連），並且提供向著軸心的力，讓拋射物短暫地進行一小段圓周運動。接著，當長臂升高到一定位置時，末端的拋射物就會朝著直線飛出去。

目前這一切都做得很好，唯獨找不到夠重的東西讓拋射臂轉動。我提出由我來當人肉重錘，只是測試的結果仍然不夠重。這天晚上，我們的進度因此卡住。我向朋友表示困擾與沮喪，一位朋友建議我多吃蛋糕來增加重量，但我否決了他們的提議；另外一位朋友則是建議我揹著他的潛水設備以增加重量。於是第二天，我就揹著重達 10 公斤的設備。當我的重量將拋射臂的一端往下拉，轉軸另外一側的拋射臂上升，成功地讓這個像翹翹板的裝置轉動，接著就能順利進行下一步。

要拋射的物體會被放置在一個彈袋中，由一組固定連接到拋射臂的吊索，以及另外裝有扣環、可以鬆開的吊索組成。當拋射臂到達與地面垂直的位置，彈袋也到達最高高度時，扣環會鬆脫而讓彈袋展開。此時的拋射物已經不受彈袋的束縛，因此將拋射物往內拉並維持在圓周上的力量就消失了，從這一刻起，拋射物就會沿著直線方向前進（這裡暫時不考慮重力影響）。這是因為正在做圓周運動的物體，其實本來就只有直線運動的趨勢，但是受到往中心的拉力，才會不斷改變方向。所以一旦這個力量消失，物體就會直線前進，前進的方向就是離開時與半徑垂直的那條切線方向。

雖然說了這些物理學理論，但我還是要將雨鞋放在彈袋中，然後自己扮演人肉重錘的角色。當投石機開始運作，我向下擺動，而拋射臂的另外一側牽引著彈袋往上。接著，彈袋到達正確的位置時，一組吊索的扣環鬆開，雨鞋於是飛過我的頭頂，成功地完成這項遊戲。飛行的雨鞋證明我們的投石機可以運作，但是我永遠不會想放石頭上去。經過幾番練習，我們把投石機拆解開來，準備第二天運往比賽的場地。

抵達多賽特蒸氣博覽會時，我原本強大的信心馬上受到打擊，因為看到其他大多由中年男子組成的隊伍，都是花上好幾個月的時間，將投擲雨鞋的裝置打造得美輪美奐；反觀我們的投石機是在趕工中完成，單薄的鷹架外包裹著舊地毯，顯得相當寒酸。不過我們還是故作鎮定地將它組裝好。

比賽的評審也是一個中年的大叔，他走到我們旁邊看了看，說：「我覺得重錘從這裡盪下來，是很笨的方式。妳應該學習用在中世紀戰爭中的方法，利用一條繩子把拋射臂拉下來，這樣做會更好一點。」我不服氣的原因是我已經坐上去測試過人肉重錘的成效，而且在 11 世紀之前，這種武器一直沒有變成戰場的主力，就是因為都是靠人力拉下拋射臂。

不過評審還是把手放在口袋中，堅持認為用繩子拉是更好的方式，並暗示他正在給我們三個熱心卻沒有經驗的女生一些幫助，直到我們兩位組員無奈地放棄原來的計畫，接納他的建議後才離去。因為比賽就要開始了，我們已經沒有時間可以爭論。比賽分為兩個階段，第一階段是在 2 分鐘內，比賽將雨鞋投到 25 公尺外的次數，獲得前五名的隊伍可以晉級下一階段的比賽；第二階段是比看誰投得最遠。計時開始時，我們按照評審建議的方式，試圖藉由繩索將拋射臂拉下來，再釋放繩索讓雨鞋拋出去。但很快地，我們明確地發現無法順利將拋射臂拉下來。

歷經 1 分鐘失敗的嘗試之後，我與隊友確信這個方法行不通，於是馬上換回原來的方式。我立即揹上那個重達 10 公斤的潛水裝備，氣喘吁吁地爬上原本設計好的平臺，讓自己充當人肉重錘。當我往下落，拋射臂另外一端隨之上升，順利地將雨鞋拋到 25 公尺之外。接著再一次裝彈，又拋射了一次，但是當我們要進行第三次拋射時，哨音響起，比賽結束。

因為只有兩次的成功拋射，所以我們無緣晉級下一階段的比賽。幾位競爭對手的組員惋惜地對我們說：「祝福妳們下次能更好運。」我則是避而不看那位建議我們使用繩索的評審，因為我對他錯誤的建議十分不滿。事實證明我的方式確實奏效，我們藉由簡單的鷹架和破舊地毯的裝飾，成功演繹優雅的物理學，本來可以大大勝過那些在車庫中精心打造、裝飾華麗的機器，只可惜我們採納了錯誤的建議[4]。雖然其他參賽者的裝置比我們好看，但是效果大多不是很理想，只有我們發揮了物理學中簡單而有效率的一面。

即使我的投石機並未成功地贏得比賽，但是同樣的想法卻在八百多年前，讓戰爭方式產生了重大變革。這些拋射出去的沉重石塊，能夠一次又一次地撞擊城牆上的相同位置，直到將城牆擊穿與摧毀。隨後兩個世紀，投石機不斷朝巨大化邁進，因此逐漸被賦予「天神石砲」（God's stone thrower）、「戰狼」（Warwolf）的稱呼。這些投石機使用大量的木材來建造，但是投入大量資源的回報，就是每隔幾分鐘就可以朝敵人發射 150 公斤的石塊；透過拋射臂與吊索、彈袋的配合，可以讓石塊在短時間內到達非常高的位置，並擁有極大的速度，接著，這時讓吊索鬆開而消除拉向旋轉軸的力量，就能完美地將石塊拋出去。雖然同時間的火藥技術也逐漸在發展，但是直到人類正確掌握方法，讓火藥穩定地成為武器之前，投石機的破壞力已經橫掃戰場好幾百年。

♦

我們周遭有很多事物都在旋轉，儘管有些我們全然感受不到。事實上，你和我都正在隨著地球旋轉，只是因為地球太大，而且每 24 小時才轉一周，因此難以察覺我們正在不斷地改變方向。在赤道上的橫向速度會達到每小時 1,670 公里，但是我寫這本書的地方是倫敦，因為這裡比赤道地區更接近地球的自轉軸，所以我的橫向速度是大約每小時 1,050 公里。

我們知道如果讓一個鬆散的物體開始旋轉，當中的東西很容易就被拋出去，那為什麼我們還能生活在這個巨大又旋轉的行星上呢？答案是重力。因為我們與地球之間重力的強度，足以讓我們維持旋轉的軌跡。事實上，即使你在太空中的人造衛星軌道上，地球也不會放開你。因此，當火箭升空時，還可以藉由地球自轉的幫助來獲得更快的速度。

---

4 我在 10 年後還無法釋懷嗎？不……不……你為什麼會這樣認為呢？

衛星與重力

1957年10月4日，一枚名叫「史普尼克」（Sputnik，或稱「旅行者」）的金屬球發出了無線電訊號，成為拉開人類太空時代序幕的聲音，整個世界更為之震驚。這是人類歷史上第一枚人造衛星，反映了偉大科學技術的成就。史普尼克號每96分鐘就會繞行地球一周，並發出短波無線電訊號（short-wave radio），而地球上擁有業餘無線電設備的人，都能接受到這個來自太空，人類首次發送的獨特「嗶……嗶……嗶」聲。

在史普尼克號成功地發射訊號之後，美國人隔天醒來發現自己身處的地方，可能不再是世界上最偉大的國家。接著在一年之內，蘇聯又成功發射了一枚更大的人造衛星「史普尼克二號」，這次更帶著一隻名為「萊卡」（Лайка，Laika）的狗。這段期間，美國還沒有將任何東西送上太空，但是在這股恐慌中，美國也已成立了NASA，全名是「美國國家航空暨太空總署」（National Aeronautics and Space Administration），正式開啟了太空競賽。

史普尼克號真正的成就不僅僅是進入太空而已，而是還能在距離地面數百公里之處繞著地球轉。我們在談論重力時，曾經提到「有起就有落」，而衛星也必定會受到地球重力牽引，因此維持它們在軌道上的方法，就是儘量延遲它們落下的時間。道格拉斯・亞當斯（Douglas Adams）在談論飛行（而不是太空軌道）時，提出了一個同樣適用於軌道衛星的精闢總結：「訣竅在於學會將自己丟到地板上，但是到達不了。」事實上，衛星永遠在落下，但就是落不到地面上。

史普尼克的發射地點是在哈薩克（Kazakhstan）的沙漠區域，之後更在那裡建立貝科奴太空發射中心（Baikonur Cosmodrome），也是目前世界上最大、非常重要的火箭發射基地。當年搭載史普尼克的火箭在發射並通過厚重的大氣層後，逐漸往橫向移動，沿著地球的曲面繼續加速，直到速度到達每秒鐘 8.1 公里（大約是時速 29,000 公里）時，史普尼克號與火箭分離，接著在軌道上高速掠過。讓衛星維持在高空的方法，不是一直往上，而是快速往側邊移動。

這枚嬌小的衛星根本沒有脫離重力，事實上，它還需要重力讓自己維持在軌道上的運行，不然就會飛離地球。雖然衛星離地面有數百公里高，但是它與地球之間的重力，其實與在地面上差異不大（76% ～ 93%）[5]，因此仍受地球引力的吸引而墜落。但

5 由於史普尼克號是在橢圓的軌道上繞行地球，因此它與地面的距離（也就是它所在的高度）會一直變化。史普尼克號最接近地球時，高度是 223 公里，該處的地球引力是地表的 93%；離地球最遠時的高度是 950 公里，地球引力只剩地表的 76%。

因為它與火箭脫離時，有著極快的切線速度，雖受地球的吸引而不斷地改變速度和方向，卻不會落到地面，從而得以環繞地球做橢圓運動。當它快速地向前移動，就會一直轉彎，再者由於幾乎沒有空氣阻力的干擾，因此可以持續旋繞，並不會掉回地面，因此完成一周又一周的繞行。

由此可知，要讓物體在太空軌道上周而復始地運行，首要條件就是速度要夠快，才能維持這個圓周運動。位於哈薩克的發射基地，因為與地軸的距離配上地球自轉，已經具有一個橫向速度；而距離地軸越遠的地方，這個速度就會越快。所以若能在赤道附近建立發射基地，就會讓這裡發射的火箭贏在「起跑點」上。地球自轉的橫向速度，在哈薩克的發射基地是每秒鐘 400 公尺（時速 1,440 公里），所以火箭發射後如果朝東飛行，那麼對於需要秒速 8 公里的低軌道衛星而言，地球就已經貢獻了其中 5% 的速度（如果發射基地是在北極，就沒有這個好處）。

洗衣機脫水的時候，洗衣槽旋轉時的內壁會將衣服往內推；單車賽時，賽道的表面會將我推向轉彎的中心處。而人類第一次的太空探索，就是依靠重力將人造衛星拉往地球的中心，讓它進行在圓周上的運動。所有走出圓形軌跡的物體，都是因為有力量讓它們轉彎，無論是由外側向內推，或是來自中心方向的拉力。如果這個力量消失，就像脫水時脫離衣服的水，即使是人造衛星也會沿著直線方向飛出去。

毫無疑問，地球的重力仍然影響我們上方千百公里處的人造衛星。太空中最吸引人的就是失重狀態，然而太空人在太空艙內漂浮的時候，必須要避免將液體灑出，不然這些水珠會到處漂浮好幾天。國際太空站此時就在我們的頭頂上方，這是一座人造的巨型實驗設施，但是我不會嫉妒他們有機會可以在這個奇妙的地方執行任務，因為往往一待就是 6 個月，有著我們想像不到的辛苦。太空人的失重狀態並非是因為地球的重力消失，而是他們正隨著國際太空站不斷地下降，正如同史普尼克號一樣，不斷地落下，但是始終與地面維持相同距離。

我們之所以會感受到重力，是因為所站的地方會將你推上去，因此當你變成墜落的自由落體（free fall）時，就不會感受到重力。由於軌道上的太空艙連同太空人都是處於這樣的狀態，因此太空艙的內壁也不會推著太空人，於是也沒有所謂「上」、「下」之分。

當你搭乘電梯並開始下降時，會在很短的時間內感受到自己變輕，這是因為原先幫助你抵抗重力的地板，也隨著電梯下降。如果下方的電梯井非常深，電梯下降的速度變化非常快，甚至快到等同自由落體的加速度[6]，你就會歷經失重的狀態，但是很不舒服。在太空軌道上的太空人並未脫離重力的束縛，只是視重為零而感覺不到重力的存在。不過，縱使如此，重力依然是維繫著太空人做圓周運動的力量。

吐司與角動量守恆

我們可以藉由旋轉或是圓周運動來達成許多目的，但是有時候也會造成麻煩，例如：為什麼掉落的烤吐司總是塗有奶油的那一面朝下？當你將熱騰騰的吐司從烤麵包機中拿出來，興高采烈地塗上奶油，準備享受奶油逐漸熔化並釋出香氣的吐司，如果一個不小心弄掉了它，會發生令你頭疼的慘況，因為你期待的奶油現在正在吐司的下方，而地板上的奶油很難清理。更無奈的是，你會感覺這是宇宙中某個定理作祟。但是為什麼，奶油那面總是會轉到下方呢？

經過許多人耐心地把吐司放到桌子邊緣，然後將吐司推落的實驗證明，這是一個真實現象，塗有奶油的那面朝下的機會比朝上還要高。其實這取決於掉落開始的方式，也是我們世界普遍的運作原理。事實上，這與吐司因為奶油而增加的重量無關，大多數的奶油會滲到麵包中間，即使沒有，麵包也只是增加了一點重量而已。

第一個問題是為什麼掉落的吐司會翻面？當你不小心讓吐司掉落時，整個過程發生得很快而難以觀察（畢竟，當你很認真地盯著吐司看，你就不會不小心讓它掉落）。但是如果你願意犧牲一片烤吐司[7]，或者是一片相同大小的墊子甚至是書本，就可以觀察到這個現象。當你把要犧牲的吐司放到桌上，然後模仿不經意的力道將吐司推到桌子邊緣，你會發現有兩件事情在此刻發生：第一是吐司開始像翹翹板，以桌子邊緣為轉軸開始轉動，第二件事情是你不用再做什麼，它會繼續滑動而離開桌面。掉落的吐司的命運就是滑動、旋轉、啪噠！

所以當吐司的一半超過桌子的邊緣時，空氣無法支撐懸空的部分，而這一刻，仍在桌面上的另一部分吐司，因為向下的重力小於懸空的部分，於是就像翹翹板一樣被抬起。吐司上有一個假想的點，當這個點的位置仍然在桌面上時，懸空部分向下拉的重力，小於桌面上的吐司受到的重力。但如果這個點已經在懸空的位置，吐司就會掉落。物理學家將這個點稱為「質心」（centre of mass），如果質心剛好落在桌角上，這片吐司就能以優美的傾斜姿態保持完美的平衡。

當你見到吐司已經開始滑落，一切為時已晚，不過它還是需要一點時間才會掉到地面。如果你的桌子高度是75公分左右，吐司大概半秒鐘就會著地。但由於吐司在桌子邊緣時，歷經了像

---

6 這個電梯的下降速度必須越來越快，而不是維持相同的高速。

7 為了避免遭受浪費食物的非議，建議最好不要嘗試這個實驗。但如果你堅持要親自嘗試，那請你至少先在地上墊一層報紙。現代社會已經逐步邁向無紙化的環境，但是要防止奶油沾到地板，看電子報用的昂貴平板電腦還是無法取代傳統報紙。

翹翹板不平衡的過程，因此掉落時也伴隨著旋轉[8]。有趣的是，因為地球上的重力幾乎都一樣，大家的桌子高度也差不多，而吐司 0.4 秒左右翻轉的角度大約是 180 度，原來總是面朝上的奶油，就會在掉落的過程中，翻轉到下方並剛好著地。

你只有一個方式可以改變結果[9]，但是可能要面對意想不到的狀況，以及更大的風險。當你意識到吐司的質心已經離開桌面、正要旋轉的時候，從物理學上來看，如果在它完全翻落桌面之前，你用手將吐司加速推離桌面，由於吐司的旋轉速度跟桌緣上翻轉的時間有關，因此當吐司只翻轉了一點就離開桌緣，它獲得的翻轉速度就比較低，在落地之前沒有足夠的時間翻轉半圈，因此有更高的機會，在落地時讓塗奶油的那面朝上。不過這片吐司可能會飛到房間的角落，最後跑到沙發底下，或是掉在狗的面前。

吐司要旋轉必須符合兩個條件，首先要有一個旋轉的軸，而此時的桌緣正扮演這個角色。重力與桌角會提供旋轉所需的力矩，當吐司懸空的那側變多、變重時，重力就會讓這個翹翹板轉動。其次，當吐司開始翻動時，重力會持續往下拉，但不會維持與吐司面相互垂直的拉力。不過這無所謂，因為這時質心已經在桌緣外側，注定要受重力拉扯直到傾斜滑落；過程中，吐司旋轉的軸心會一直改變，直到完全脫離桌緣為止。一旦吐司旋轉開始，只要沒有遇到障礙，就會一直持續下去。

本書序章中提到的旋轉的蛋，就是利用這個原理。現在想想看，有些生活中旋轉的物體，例如飛盤、桌面上旋轉的硬幣、橄欖球、陀螺等等，似乎也會不斷地旋轉。當你將一枚硬幣彈到空中[10]，如果在你接住它之前就停止旋轉，你一定覺得很奇怪，因為這違反你的常識與物理學。任何旋轉的物體都有角動量，這是代表一個物體旋轉的一種物理量[11]，除非某些狀況（例如摩擦或空氣阻力）讓它減緩，或是阻止它，否則一旦開始轉動，將會永遠地轉下去，這個物理原理稱為「角動量守恆」定律。

轉圈圈遊戲與季節

---

8 你可能會好奇，為什麼投石機不會持續旋轉而讓拋射物直直地投擲出去，但是吐司卻會一直旋轉？它們不同的地方在於吐司是一整個固定的物體，不像投石機會與拋射物分開，因此在角動量守恆的情況下，吐司會一直轉下去直到遇到阻礙；但如果在旋轉的過程中，有部分碎屑脫離出來，碎屑也會沿著個別的直線前進。

9 當然，如果你的吐司跟火柴盒一樣小，或是將早餐放在很矮的咖啡桌上，也可以在掉落時避開奶油面朝下的情況。

10 用手指彈硬幣的優點是你可以藉此看到旋轉與整體上拋的運動，兩者互相獨立，也就是說，無論硬幣是否旋轉或是旋轉的速度有多快，硬幣的質心軌跡都相同。當你用正確的方式彈出硬幣，它就會同時旋轉與獲得向上的速度，旋轉與上拋運動彼此不會相互干擾。

11 由物體的質量、長度與角速度所組成。

我確信自己還小的時候，會藉由讓自己頭暈來獲得趣味。很多小朋友在無聊的時候會開始比賽轉圈圈，通常是為了看誰能夠轉得最久，但是常常一停下來就跌倒。轉圈圈遊戲本身沒有什麼問題，只會讓人最後滑稽地迷失方向與重心不穩而已。通常大人們不太玩這個遊戲，因為容易出糗，不過如果我們現在願意來嘗試一下，會有更多的機會了解自己。耳朵內有一些我們平常不會注意的東西，但是當你重心不穩而跌倒的時候，大腦肯定知道。

我們再回到序章中介紹的，在不打破蛋殼的情況下，藉由旋轉來辨別雞蛋生熟的方法。我們先讓蛋開始旋轉，經過幾秒鐘之後，蛋的內外都已經穩定地旋轉時，我們再用手讓旋轉中的蛋殼「煞車」、停止旋轉，但立即又放開。這時如果是熟蛋，因為內外都是固體，所以當蛋殼旋轉停止時，內部也會跟著停止；如果是生蛋，外部被迫停止後，內部的液態蛋白與蛋黃還是會繼續旋轉，因此當你放開手而蛋殼失去阻礙時，內部的流體又會逐漸帶著蛋殼一起旋轉。

大多數人在玩轉圈圈遊戲時，就（幸運地）像是已經煮熟的雞蛋，全身一起轉動而最後同時停止，無論是大腦還是鼻子等等的部位。然而耳朵內的一個半圓形管道，內部的液體卻像生雞蛋內的蛋白與蛋黃一樣，因為比固體更自由，而能維持一陣子的旋轉。別小看這一丁點的液體，它是你身體重要的平衡感測器，因為這個管道內擁有很多細小的纖毛，可以透過液體的流動來感測身體的移動，與眼睛、大腦產生的視覺相輔相成。然而當身體開始旋轉，這些液體不會很快地跟上旋轉速度[12]，所以管道內的纖毛還是維持直立的狀態。

但一段時間過去，這些液體逐漸跟上旋轉時，纖毛就會因為液體流動而彎曲，有點像河流中彎曲的水草。只是一旦身體停止旋轉，這些液體卻不會馬上停止；也就是說，纖毛還會維持彎曲的狀態，因此耳朵的平衡感測器會讓大腦以為還在旋轉，卻與你的眼睛看到的狀況不同。這兩個衝突的感知讓大腦無法判斷、調節身體的運動狀態，於是陷入混亂，感覺天旋地轉。但是過一陣子，當這些內耳的液體停止旋轉之後，一切就恢復正常了。

這就是為什麼芭蕾舞者在做旋轉動作時，會讓身體等速旋轉，但頭部會先固定一下子，然後快速旋轉而趕上身體的原因。這種快速的間歇性旋轉，可以避免耳朵管道內的液體形成等速旋轉的狀況，因此舞者在停止旋轉後比較不會感到頭暈。

角動量守恆是一項物體運動的基本定律，它會展現出兩個重要的原則。第一個是物體若沒有受到外力影響，不會自己開始轉動；第二個是轉動的物體會永遠等速地轉下去，除非有其他東西碰觸到它，將角動量轉移出去。在我們生活中，許多旋轉的物體

12 因為萬物都傾向於維持原來的狀態，稱為「慣性」。

最後都會停下來，例如陀螺或是旋轉的硬幣，這是因為摩擦力的作用將角動量轉移到其他物體上，但在沒有摩擦力的環境中，物體就真的會一直轉下去，而這就是地球有季節變化的原因。

英格蘭北部由於四季分明，因此讓我能夠在記憶中回味家園的舒適。我喜歡在夏天炎熱的時候，沿著布里奇沃特運河（Bridgewater Canal）漫步，在秋天微雨的氣候中觀賞曲棍球比賽，然後在寒冷的冬天，期待耶誕節前夕的波蘭式餐點。接著，當春天逐漸來到時，迎接越來越長的白天……一切的一切都帶給我舒適與喜悅。當我居住在美國加州時，最遺憾的就是這裡季節變化差異不大，彷彿時間沒有流逝，讓我感到些許不安，沒辦法像在英格蘭北部那樣，透過四季的遞嬗，動物、植物、天空的變化，感覺這一年已經過了多少時間。地球上之所以不斷春去秋來的原因，就是因為旋轉，而物理學告訴我們，如果沒有受到任何外來的阻礙，地球將一直公轉下去。

雖然旋轉物體上的每一個部分，都是隨時在改變方向，但是旋轉物體的角動量，卻是一個在旋轉軸上具有方向的量。我們不妨想像一條虛擬的線，貫穿地球而連接南北極、並向南與向北指向太空。此時也將地球繞著太陽的軌跡，想像成一個平面上的橢圓形，地球自轉的軸線並未垂直於公轉的平面（因為地球在太陽系中形成的時候，受到許多小型天體的撞擊，甚至還可能有一次是受到行星尺寸的天體撞擊，因此產生了月球），因此夏季的時候，北半球因為地軸傾斜，比南半球更垂直地面向太陽。

但是 6 個月後，地球公轉到另外一側，南半球受到太陽直射的陽光就會比北半球多，地球的自轉軸不會改變方向，因為這顆行星在繞著太陽公轉時，太空中會影響地球的移動物體，通常都極微小又稀少，無法阻礙或改變地球轉動的角動量。透過地球周而復始的公轉與地軸的傾斜，北極極點陽光的多寡取決於地球在公轉軌道上的位置 [13]，南北半球也是如此。這樣的變化以一年為單位，因此產生了四季；至於地球的自轉，則是會形成白天與黑夜的交替週期 [14]。

旋轉的飛輪與未來

在我們生活的周遭，常常可以觀察到正在旋轉的物體，但是

---

13 地球自轉軸的方向還會受到重力的影響而產生複雜變化，但基本上的原理並不受影響。如果想要更深入探討，可以參閱地球科學上對於「米蘭科維奇循環」（Milankovitch cycles）的解釋。

14 雖然地球因為角動量守恆，自從數十億年前形成後就一直旋轉至今，但是由於月球造成的潮汐作用，使得地球正在逐漸地「煞車」。這一個微小的影響，使得每經過一個世紀，1 天的時間就會變長了千分之 1.4 秒（1.4ms）。此外，每隔幾年還會置「閏秒」（leap second）來調整一天時間的長度。（譯註補充：有些論文因為使用不同的理論與數據，以及計算過程產生的誤差，會得到不同的結果。然而目前依據實際測量，以更為精確的計算取得過去 100 年變化的平均值，所得到的結果是 1.4ms。）

對於飛輪而言，「旋轉」就是它最重要的工作，未來也許我們會更常見到它。任何物體因為旋轉，都會具有專屬於旋轉的能量，並因為慣性而會永遠地旋轉下去，這代表它們可以貯存能量。如果你透過一些方法，讓轉動的能量透過減速而轉移，它就可以變成一種能量來源。不過飛輪並不是一個新的概念，而是存在已久並為人類服務了數個世紀，但新一代的飛輪將會漸漸普及，成為一種解決棘手問題的現代化裝置。

世上任何電力的供應網絡面臨的一項重大挑戰，就是不同時間的電力需求往往會有明顯落差。如果今天大家同時打開冷氣，全國各地的電力需求會忽然飆升，而下班或是天氣轉涼，大家把冷氣關掉，需求又會快速下降。在理想的狀況下，監控系統可以根據現實的需求調配電力，以應付尖峰時間的用電。燃煤發電廠如果要開啟更多的發電機組，或是要將它關閉，往往需要數小時的時間。

至於一些再生能源也會受到天候影響，無法控制能量生成的速度與時間，例如大晴天時太陽能發電（或貯存）的效率極高，然而黃昏、清晨或是天氣轉陰雨的時候，效率就會下降很多。因此如何在這些能源生產效率最高的時候，將能量貯存起來，是所有人類要解決的一項重要課題。

當然，你可能第一個想到的辦法是利用電池將多餘的能量貯存起來，等到需要的時後再將它釋放出來。但是電池當中往往需要使用稀有的金屬，擁有相對高昂的製作成本，而且每一次充電或放電，都會漸漸減少它的壽命。此外，它也往往無法快速地釋放大量的電能。經過數年的研發，科學家提出一個可行的方案，並且製作出一些飛輪的原型，經過測試之後，似乎有望作為貯存能量的方案。

這些飛輪是極為沉重的轉盤或圓筒，擁有摩擦力極小的軸承，因此一旦它開始旋轉就會一直持續下去，於是電網中多餘的能量可以用來加速飛輪，將電能變成轉動的動能，並保持於飛輪的轉動當中。一旦電網需要更多能量時，這些旋轉的動能又可以轉換成電力，而能量的減少也會使得飛輪的轉速變慢。利用飛輪貯存能量的好處，在於加速飛輪的「充電」與減速時放出能量的「放電」，沒有次數的限制，而且旋轉的能量更可以在短時間內大量轉換成電能，其中貯存與釋放過程中的能量往返效率（round-trip efficiency）可達 90%，每單位質量所能儲存的能量更高達 360 ～ 500 千焦／公斤，整個系統也不需要特別的維護。

此外，飛輪還可以依據不同需求，製作成不同的大小，甚至可以放置在民宅內，將來自屋頂的太陽能貯存起來，或是利用大而沉重的飛輪，組裝成一個巨大的能量貯存器，以調節整個電網的尖峰與離峰需求。小型的飛輪也可以安置在混合動力的公車上，煞車的時候將動能貯存起來，再次起步時，就將動能傳回車輪上。

飛輪之所以吸引人，是因為它與陀螺、旋轉的雞蛋，甚至是攪拌中的茶，都是利用相同而簡單的定律——角動量守恆。目前這項技術還在研發階段，但是在未來，旋轉的飛輪將會更常見，並為我們生活帶來更大的便利。

第8章

異性相吸
——電磁學——

When opposites attract: electromagnetism

一個會自動分類物品的袋子，似乎是白日夢的產物。去年的某一天，我跑到倫敦的科學博物館買了些可愛的磁鐵球（一些是給我自己，一些是給朋友，科學玩具就是要多多分享出去！），接著在旁邊的咖啡廳點了一杯熱可可，一邊喝飲料一邊玩這個新玩具。我打開旅行用的背包，把它放在運動毛衣的上方，並且繼續我的行程。

2 天之後，我在康瓦爾郡（Cornwall）時，忽然想到這幾天似乎都沒看到這個磁鐵的影子，就把背包翻了一遍，發現它已經跑到背包底部，身上還吸了七枚硬幣、兩個紙夾子與一個金屬鈕釦。因為這個磁鐵會吸引一些東西，似乎像是幫我分類了背包內的東西。當它還幫我找到散落在包包裡的零錢時，忽然引起我的興趣，開始研究哪些硬幣會被磁鐵吸住，哪些不會？其中，面額 20 便士以上的硬幣都不會受吸引，一部分 10 便士面額的硬幣，與大部分的 1 便士及 2 便士的硬幣，則會受到吸引。我又發現所有被吸引的 1、2 便士，都是在 1992 年之後才鑄造的硬幣。

磁鐵之所以有趣，在於它們會選擇要吸引的東西，對於絕大多數的材料，例如塑膠、陶器、水、木材或是生物，它們根本起不了作用；但是對於鐵、鎳、鈷而言，就完全不同了。這些金屬在內部磁矩（magnetic moment）可以自由旋轉的狀態下，只要磁鐵靠近至一定的距離時，便會忽然被吸引過去。大自然的奇妙之處在於，如果鐵是非常稀有的金屬，我們的生活中就不可能隨處見到磁性吸引的狀況。但幸運的是，鐵這種元素占了地球質量的35%，而鋼材（主要成分是鐵，並加入少數的其他幾種元素）更是我們現代基礎建設不可或缺的部分。如果今天冰箱的門不是以鋼鐵製成，就無法用磁鐵夾住小紙條；鋼鐵無所不在，我們身邊充斥著各種磁性的現象。

磁鐵之所以可以在我的背包內分類硬幣，其實是因為硬幣的材質不同，1992 年之前鑄造的 1、2 便士，成分中有 97% 的銅，之後則是改以鋼來鑄造，並在外包覆一層銅，所以看起來跟以前的一樣；而磁鐵所吸引的，正是內部的鋼芯[1]。銀色的 20 便士雖然外觀呈現銀色，但是主要成分是銅，所以不會像鋼鐵一樣被磁鐵吸引。至於在 2012 年以後鑄造的 10 便士，因為主要成分也由銅改為鍍鎳的鋼，所以會被磁鐵吸引。沾黏在我那顆磁鐵球上的東西，成分大多是鐵，以及包著鐵的「銅」。磁鐵的周圍會形成磁場，可以將它視為是一種「力場」（force field）。因此磁鐵即使沒有觸碰到其他磁性物質，也可以讓它們受到吸引或排斥。這聽起來雖然奇怪，但確實是我們世界的運作方式。我們看不見

1 為了維持相同的重量，新的便士變得比較厚，這是因為相同重量的鋼材比銅的體積還大。為了判別這些厚度改變的硬幣，自動販賣機的驗幣裝置就得要重新設定，才能適應新的硬幣厚度。此外它還能夠透過磁性來檢驗硬幣的材質，藉此分辨真偽。

磁場，甚至在一般情況下，人類身上所有的感官都無法感受到它，但是我們可以看見磁性作用的現象，以幫助我們想像。磁鐵最大的特色，就是它們總是會有性質剛好相反的兩端——南極與北極。

如果今天有兩枚磁鐵，你會發現永遠是磁鐵南極（S）與另一枚的磁鐵北極（N）相吸；若是兩端都是N，靠近時就會互斥。我的硬幣都沒有磁性，所以磁鐵用了一個聰明的手段來吸引它。在我的背包內，鋼芯材質的硬幣，內部可以分成許多微小的區域，區域內的小磁極們都向著同一方向，這些區域稱為「磁域」（magnetic domain），各磁域的磁矩則隨機指向不同的方向。具有強烈而一致性的磁場靠近時，雖然原子之間不會移動，但是它們的磁極會改變方向而整齊地排列。

不過，如果我是將磁鐵的N極靠近硬幣，那麼這些磁域的S極就會試圖靠近磁鐵，N極會盡量遠離；接著，靠近磁鐵N極這側的硬幣，就形成S極，於是很快就互相吸引而黏在一起。如果我將硬幣從磁鐵上取下，並遠離磁鐵，硬幣中的磁域就會恢復成隨機的凌亂方向。

這似乎是一個奇妙的現象，但是它的應用已經充斥在生活周遭。磁性可以有很尋常的應用，例如讓你用磁鐵將便條紙夾在冰箱的門上；另外，大多數發電廠的運作方式，也是根據磁鐵的特性與電磁學的原理，讓其他的能量形式轉換成電能。不動的磁鐵本身無法發電，它扮演的只是其中一部分的角色，卻是發電機中非常基礎而重要的部分。這個維持現代文明生活至關重大的事情，一般人卻很少留意它。

科幻小說作家亞瑟．克拉克（Arthur C. Clarke）曾經說過：「任何尖端的科技與魔法毫無差別。」人類在應用電力與磁力交互而成的物理學上，幾乎就是最奇妙而尖端的技術，而且我們很難直觀地想像它。電力與磁力其實是「電磁力」（electromagnetic force）一體的兩面，它們會彼此相生且交互影響。不過在探討兩者的關聯之前，我們先從熟悉的「電力」開始說起。但很不幸的是，如果你曾經直接以身體體驗電力，那必然是一個痛苦的過程。

位於美國東北部的羅德島州（Rhode Island）是一個小而友善的地區，也是我居住過 2 年的地方。它的官方暱稱是「海洋之州」（Ocean State），但是當地人往往沒有意識到，這個被笑稱是全美最小的州，卻有著地球上最重要的特色。羅德島人在生活上的兩大支柱是夏季與海岸，因為這裡是一個充滿帆船、螃蟹餐廳、海螺沙拉[2]，以及海灘的地方，但是到了冬季，遊客數量銳減，當地便會進入冷清的休息狀態。當時住在這裡的我，如果出門時關掉暖氣，回家時就會發現廚房的橄欖油已經凝固了。

冬季最好的時刻，就是我清晨醒來、還未開張眼睛時，寂靜的感覺讓我知道昨夜下了一場雪。對於一個成長於曼徹斯特這個灰色、潮濕之地的人來說，是非常容易興奮的一刻。我喜歡這裡，因為這跟一成不變的加州不同。我會穿起舒適的雪靴到家門外鏟雪，並笑著觀察在雪地上發呆的松鼠。接著我會試圖不打擾牠，悄悄地走到我的車子旁。但是幾乎每個下雪的早上，當我第一次碰到車子的時候，都會受到電擊而痛苦哀嚎，而且每次都記不住教訓。唉唷！

我總是抱怨汽車電到我，但後來冷靜想想，這並非汽車的錯，而是當我走向車子的時候，就已經帶著一群偷渡客；它們在我觸碰車子的時候逃之夭夭，而這個電擊的刺痛是它們離開時的副作用。電子就是這群偷渡客，也是構成這個世界最小也最基礎的一種物質。

關於電子的奇妙之處，在於不需要藉由一個巨大的粒子加速器（particle accelerator）或是複雜的實驗，就可以知道它們在移動。只要在滿足幾個條件的情況下，我們的身體即可直接偵測到電子，只不過過程會留下一個痛苦且帶有一點醜態的紀錄。

這一切要從我們前面幾章就提到的原子（atom）開始說起。

原子的結構分成兩部分，一部分是位於中心的原子核，這裡擁有原子大部分的質量，另外一部分則是在周圍的電子。原子核帶有正電荷，電子擁有負電荷，雖然電荷（electric charge）是一個奇特的概念，但因為有這兩種帶著相反電荷的物質，才能組成我們的世界。

組成原子的物質只有三種，除了外圍的電子，原子核是由質子（proton）和中子（neutron）所組成[3]，其中只有質子帶有正電荷，中子不會帶電，而兩者的質量差不多。雖然原子核的質量與電子差距甚大，但是一個電子所攜帶的負電荷，與一個質子的正電荷剛好可以維持平衡，因此，這三者組成的物質就是建構這個世界的基本元素。

在原子核的中心，質子與中子聚集在一起[4]，形成帶有正電的區域；周圍與之平衡的帶負電的電子，因為電荷相反，所以會與原子核互相吸引。原子當中如果質子數量與電子相等，就是穩定的電中性狀態，也就是從物體的整體上來看，正負電荷會相互

---

2 我不是在開玩笑，他們對這道菜非常自豪。不過我這位素食小姐只能敬謝不敏，不過我觀察他們是用大型的海洋軟體動物和大蒜來製作這道沙拉。

3 氫的原子核只有單一個質子，但是氫的同位素就會同時具有中子。

4 帶正電的質子之所以可以形成原子核，不會因為電荷相同而相斥彈開，是因為有一種更強的力讓它們牢牢相吸，稱為「強交互作用」（strong interaction）。

抵消。但是，當這些電荷作用在原子之中的時候，卻會形成彼此吸引的力。

實際上，如果一個物體上的電子比較多，這整個物體就會帶負電，反之亦然。帶電的物體會對周圍物體產生吸引或排斥力（與前面提到磁鐵同性相斥、異性相吸，以及磁鐵與硬幣之間的吸引力，作用的方式幾乎完全相同）。我們舉目所見的物體都充滿了電子，但因為大多數都處於電中性的狀態，我們很難注意到它們。不過電荷一旦開始移動，就會很明顯[5]。

難道這些電子不能乖乖地留在我身上嗎？為什麼要逃跑？由於相同的電荷會互相排擠，因此我身上的電子會極度傾向離開，但是我的靴子卻阻礙它們回到地面。其實還有另外一種常見的逃生路線，就是潮濕空氣中大量的水分子，因為水分子具有極性，可以被靜電吸引而與其接觸，所以大多數時候，水氣會逐漸將我身上的電子帶走，就像擁有很多小型的接駁車一樣。但是在大雪之後的寒冷天氣中，空氣往往很乾燥，於是我身上的電子也很難離開。

於是在一個這樣下過雪而乾燥的清晨，當我離開屋子的時候，完全不知道身上攜著數十億個帶負電的乘客，直到它們從我身上逃離的那一刻，我才會察覺。我的車停在路邊，就像一個可以容納大量電子的水庫，而車子的外殼是金屬，電子在這裡可以暢行無阻。因此當我的手指與車門接觸時，彷彿開通了一個逃生隧道，大量的電子偷渡客終於自由了。當它們透過我的指尖奔向車子時，大量電子在短時間內流過小小的接觸點，讓我手指的神經接受到極大的刺激。於是我哀嚎了一聲，暫時忘了身處的地方是有如童話般美麗的冰雪世界。

人類最常也最直接感受到電的方式，大概就是觸電了。其實我們的身邊一直有無數的電子在流動，舉凡在牆壁中的電線、手機、家電、汽車、燈、時鐘和電扇，都是由電子在傳遞能量。不過，電並不是只有存在於電線、插頭、或是電子元件與保險絲當中，這不過是人類使用電的一種原始方式。地球上還有更多事物能將電應用得出神入化，甚至是在一隻不起眼的蜜蜂身上。

想像一下，一個傳統的英式花園，在那陽光和煦、寧靜而慵懶的時候，一隻蒼頭燕雀（Chaffinch）正在草地旁啄食野莓。牠的後方有好幾叢鮮花，正悄悄地進行一場爭取水、陽光與授粉者青睞的競賽。其中，茉莉花與香豌豆正在展示自己的花瓣，此時，一隻蜜蜂嗡嗡作響地來到附近，好像專注地在檢查什麼似

5 當數個原子彼此交換電子時，就會形成1個分子。這些原子彼此會共享這些電子，也是維持分子結構的機制。如果分子遇到其他分子或原子時，若也發生電子重新洗牌的狀況，使得有一些原子被剔除或結合，最終改變分子內的原子成員，這過程就是我們說的「化學變化」。實際上，化學就是研究這種電子的往來與轉移，以及它們所形成的萬千世界。

地飛舞著。雖然在我們眼中這是一個愜意的場景，但是對於蜜蜂來說，卻是相當辛苦而且重視效率的工作。蜜蜂們為了在空中停留，必須花費很大的力氣飛行，牠們每秒鐘得要揮動 200 次身上短小的翅膀，這個過程會在空氣中產生一次次的壓縮，於是我們就會聽到嗡嗡作響的聲音。

如果你忽然從人類的體型變成蜜蜂的大小，將會發現空氣阻力明顯變大，因此蜜蜂要推開空氣分子飛行前進，比我們想像的更艱難，所以牠們無法優雅地輕輕揮動翅膀，必須要快速拍動才能飛行。蜜蜂在一叢矮牽牛旁徘徊了大約 1 秒後，就決定這是牠採蜜的一站。接著，一件奇妙的事情就在蜜蜂踏上花朵前的瞬間發生了，花蕊上的一小部分花粉竟然隔著一小段距離，凌空飛到蜜蜂的身上。當蜜蜂降落在花蕊上，又沾黏了更多的花粉。在蜜蜂還沒喝到花蜜之前，身上已經穿了一件擁有植物 DNA 的外套，而這些花粉就像自有意識一樣，故意跳上蜜蜂的身體。

飛行的蜜蜂不只吸引人觀看，而且還真的有一種「吸引力」，不過倒不是因為牠的外表或行為，而是飛行讓蜜蜂身上帶了電。蜜蜂如同我在乾燥的下雪天，身上會累積電子一樣，只是牠們身上的電荷數量少很多，所以當牠觸碰到花朵時不會受傷。

當蜜蜂在空氣中飛行的時候，由於翅膀高速拍擊空氣，因此翅膀表面分子的外圍電子便有機會脫離。我們小學的時候曾經以羊毛摩擦塑膠尺來做靜電實驗，其實原理與結果就像蜜蜂翅膀發生的事情一樣，會產生靜電的聚集；這也代表摩擦的一方會有更多電子的聚集，或是失去一部分的電子。蜜蜂翅膀則是會因為與空氣摩擦而失去電子，使得蜜蜂身上帶正電的原子核，無法完全被身上的電子平衡，因此在飛行過程當中，蜜蜂會在身上逐漸累積正電荷。但是蜜蜂很小，失去的電子數量也不多，並不會為牠們帶來電擊。

由於蜜蜂身上帶著電荷，會在周圍形成電場，當帶著正電的牠們靠近花朵的時候，電場就會吸引更多的負電荷聚集到花朵的表面，花蕊上的花粉也不例外。就像前面提到磁鐵吸引鋼質硬幣的原理一樣，帶有正電的蜜蜂會與花蕊互相吸引，因此蜜蜂足夠接近時，彼此之間的吸引力勝過花粉沾黏在花蕊上的力量，花粉便飛越一小段空氣沾黏到蜜蜂身上。

這個原理就像帶靜電的塑膠尺，會將桌子上的紙片騰空吸起，而且有時還不易脫落。於是，花粉就會隨著蜜蜂旅行。其實就算蜜蜂不帶靜電，當牠在採蜜時也會沾黏許多花粉，因為花粉本身就有黏性；不過如果蜜蜂帶電，那麼能夠吸引的花粉數量肯定更多也更有效率[6]。

電子是一種微小、易於移動的物體，電荷的改變往往是因為電子的移動。無論是我們身上或周圍的物體，其實持續不斷會有電荷的流動，只是我們察覺不到。同樣性質的電荷會彼此排斥，當大量的電荷聚集在一個沒有出口的物體上時，它們會相互排斥並盡可能地彼此遠離，而不會擠入該物體上的某一個小區塊（除非電子無法轉移出去或是無法移動）。蜜蜂在飛行時，翅膀不斷累積正電荷，這些正電荷會彼此排斥，分散在蜜蜂的身體表面上。

有些物體內的電子無法移動，因此我們可以用來控制電荷的流動。如果今天蜜蜂停留在塑膠的罐子上，這些正電荷雖然會吸引塑膠的負電（電子），但是塑膠內的電子被緊密地束縛在分子上，所以無法轉移到蜜蜂身上以中和正電荷，因此塑膠就是一種電的絕緣體。

在現代的電子儀器當中，為了不讓電路或電子元件之間產生電荷的流動，會在中間隔上一層絕緣體。這些絕緣體難以接納或是送出電子，因此可以維持電子設備的正常運作。但如果蜜蜂停留在一支鐵叉子上，電荷就會快速轉移，因為金屬內部的所有原子都共同分享它們外部的電子，使得電子在金屬中暢行無阻。於是當蜜蜂的電荷接觸到金屬表面時，大量的電子可以快速地供應給蜜蜂，因此金屬是一種電的導體（electrical conductor）。

人類之所以可以控制電，並讓它為我們的文明社會服務，是因為我們掌握了兩種材料：導體與絕緣體。導體是一種有著大量自由電子的物體，能夠讓電流順利通過；絕緣體則是一個如同迷宮的地方，使得電子難以通過。藉由這兩種材料的搭配，可以組成控制電流的裝置。一旦你擁有這些基礎知識，就能運用它們為你做很多的事情。

●

了解靜電只是一個開始。當電子與電荷的移動，可以更有系統地組織起來，就會產生真正的力量。我們的電網能夠將巨大的能量透過電線送往生活的每一個角落，並且透過變壓器和開關的控制，決定如何使用電能。電路（electrical circuit）是一個將電能分配與利用的地方，而電路最重要的就是必須形成一個迴路（circuit），也就是說要接通一個循環，讓電子可以不斷地重新洗牌，而不是從一個源頭流向一個終點。

所有電路或迴路的起點與終點，必然要連接到電源上，才能

---

6 其實這個過程還有更多有趣的細節。英格蘭布里斯托大學（Bristol University）的研究人員在2013年發現，每朵花都會帶有微小的負電荷；當帶有正電的蜜蜂造訪過之後，這些電荷就會被中和。研究顯示，蜜蜂可以分辨出花朵是否帶有負電，而且比較不會降落在電中性的花朵上，因為這裡的蜜大多已經被其他蜜蜂採走了。如果你有興趣了解更多，請參閱本書附錄的參考資料中，由 Clarke et al. 及 Corbet et al. 所撰寫的兩篇論文（p.389）。

使電子維持在移動的狀態；當它們從電源的一端出發，最後會經由迴路回到電源的另外一端上。你可以把電源想像成一臺電梯，可以將人（如同電子）從 1 樓載往頂樓，接著這些人沿著樓梯（如同電路中的導體）走回 1 樓。只要電梯持續作用（供應能源），接著人又會被載往頂樓而不斷重複下去。這個由電梯與樓梯組成的循環途徑，就是迴路；人可以藉由電梯獲得能量，並在下樓的途中將能量釋放出來。

電子在電線內不斷洗牌，但是究竟是什麼在推動它們呢？我們前面提過電子必須藉由導體來傳遞，但是我們還需要推動電子的力量。

冰箱門上的磁鐵和充滿靜電的塑膠尺，都有一個相同但怪異的地方——它們似乎都會產生一個看不見的力場。也就是說，帶電或是帶有磁性的物體，能夠用一個我們看不見、甚至不需要觸碰到的方式，移動附近的另外一個物體。但是這種相似性絕非偶然，一旦你開始移動電場或磁場時，就會看到它們之間的關聯。不過我們先來探討「力場」的原理，而且不是只有人類才懂得應用它。

蝦子與電場

在岩石的河床上，交錯的樹根與水草交織成一片迷宮，混濁的河水流淌穿梭其中。在河面下方1公尺、河床的鵝卵石間，出現兩條隱約像天線的觸鬚，在偵測環境時會偶爾抽動；但是附近有動靜時，天線又忽然消失了。這種淡水蝦是河中的清道夫，這時牠既飢餓又脆弱。在上游的地方來了一隻掠食者，悄悄地滑入混濁的水中，在水面拍動四肢朝著河流的中間游去，然後牠閉上眼睛、停止呼吸並將耳朵封住，潛入水中。鴨嘴獸要開始尋找晚餐了。

如果蝦子靜靜地待在原地，那麼很可能可以逃過一劫。在水面下游泳的鴨嘴獸，即使眼睛看不到也無法嗅聞氣味，仍然相當自信地穿梭在水草之間。牠將扁平的鴨嘴不斷晃動，藉此掃描周邊的泥土，有一隻正在覓食中的蝦子，感覺到鴨嘴獸碰到牠的尾部，於是快速地向後倒退，試圖將自己隱藏到礫石中，但是，這個掠食者已經轉向牠了。蝦子透過一種微弱的電訊號讓尾巴收縮，這種電流會以蝦子為中心而產生一個臨時的電場，並對周圍的水產生作用，提供微小的動力讓附近的電子移動。雖然過程只持續了幾分之一秒，但已足夠讓鴨嘴獸發現牠的位置。鴨嘴獸扁平的嘴在上下側布滿四萬多個感測器，就像一組陣列一般，能夠同時感受電流和水流的範圍與方向；接著，扁平的鴨嘴就插入泥沙中，讓蝦子祭了五臟廟。

蝦子的運動為自己帶來大災難，因為身體在動作的當下出現了電場的變化。每個電荷都會形成電場而拉動或推動周圍的其他電荷，所謂的「電場」，是一種描述不同地方有多少拉力或推力的方式。當電荷在某處移動，使得附近出現變化的電場，並推動、影響區域內的電子，就會形成一種電訊號。肌肉的運動來自電荷的刺激，因此過程中都會產生電場。當獵物就在附近的時候，狩獵者如果能感測電訊號，會成為一項很重要的狩獵技能，畢竟再好的保護色都無法隱藏電訊號，所有動物也不可能永遠待在原地，因此即使是最小的動作，都有可能會產生一個出賣自己的電訊號。

如果是這樣，那麼為什麼我們不會感受到自己產生的電場呢？一部分的原因是這些電場通常很微弱，而且電訊號會在不導電的空氣中迅速衰減而難以傳播到遠處。然而對於電來說，水（特別是海水，因為具有鹽分）卻是很好的導電體，因此電訊號可以傳遞更長的距離，並且被檢測出來。幾乎所有具有電子感應能力的生物，都是生活在水中（陸生動物只有蜜蜂、針鼴〔echidna〕和蟑螂）。

電路中的電子之所以會移動，是因為導體內部已經形成了電場，才會推動電子。不過電場是從哪邊來的呢？我們不妨從電池開始說起。電池有很多種大小與形狀，但是其中有一種使用於海洋研究的巨大電池，特別令我難忘。有一次，我在進行一項重要的實驗時，是藉由在暴風中載浮載沉的這種電池將電能提供給儀器，而我一直擔心它會不會出事。

為了研究在暴風雨中、海洋表面的物理特徵，我們必須要到海面上實際觀察、研究。海洋是一個相當複雜的環境，除非你能夠確信在安穩舒適的研究室中，可以得到與真實海洋無異的現象，不然都只能探討理論而已。但即使我們真的到達「現場」，在距離岸邊遙遠、波濤洶湧的船上，其實還是離真正要研究的地方有一點距離，因為海面還是在我下方數公尺的地方。

我們那時研究的目的，是希望透過更了解海洋如何釋放與吸收氣體，來幫助改善天氣預報，以及預報的方式。暴風雨時的海面是一個強力、混亂且危險的地方，但我需要觀測它，可是又無法親自下去採集資料，就必須倚賴探測儀器。儀器的運作需要電力，但這樣的儀器必須放在海面上自由浮動，無法連接到船上，所以電力的供應必須依靠電池。很幸運地，電流與迴路在顛簸的海面上，一如它在乾燥而平穩的陸地上，都能完成任務。

望向地平線的水手長正眉頭深鎖，並把手深深地塞到連帽衫的口袋中；他的衣服上有幾道飛濺的油漆，接著他從搖晃的甲板上朝我走來。那是 11 月的北大西洋，我們已經 4 週沒有看過陸地，周圍只有不斷上下搖動的灰色天空與灰色海水。不過我剛才放到甲板上的絕緣膠帶（electrical tape）讓我分心了一下，它滾到甲板的另外一邊、停在水手長的靴子旁，此時水手長用完全不適合這個環境的濃濃波士頓口音，問：「妳還要多少時間？」

對我而言，進行海上實驗最辛苦的部分，在於施放儀器之前的最後檢查，這是我的責任，因此我總是戰戰兢兢。為了測量海浪碎波下的氣泡，我們將各種儀器裝到一個巨大的黃色浮標中；這是我們將要放入海中與滾滾海浪搏鬥的戰士，因此我必須確定它已經準備好。根據氣象數據顯示，即將來臨的是一場巨大的暴風雨，而我期待可以收集到很好的數據。

我將儀器做過萬全的檢查後，說了一句：「我正要接上電池，接著就一切就緒了！」長度大約 11 公尺的黃色浮標被牢牢地固定在甲板上，儀器中接近頂部的是一臺堅固的數位相機，我將它的電源線沿著浮標底部的線，接到也是位於浮標底部的巨大電池上。接著回到上面，將共鳴器（acoustical resonator）的電源線拉到電池旁邊並接上，然後重複檢查好幾次是否已經牢牢接好，再檢查另外一臺相機的電源。

這些複雜而巧妙的實驗儀器，可以取得物理學上許多重要的資訊，但是一切必須在正常供電的情況下才能運作。由 4 個巨大電池組成的電源因此變得很重要，每個電池重達 40 公斤，而且是一種自從 1859 年發明後，基本設計就沒有改變的鉛酸電池，但是它們真的很有用。

一切準備就緒，我們這群穿著雨衣的海洋科學家擠到甲板的另外一端，看著船員與起重機接管這搖晃的戰士，將它側身放到海面上。當最後一根繩索解開後，我的視覺出現了奇妙的變化，隨著它遠離，這原本巨大的黃色戰士逐漸變成廣闊大海上的一葉浮萍，並不時隱沒在海浪之間。接著，一連串的數據開始傳回船上，電腦螢幕上出現一直變化的數值，顯示浮標在水中的狀況，以及它相對於我們的漂移速度，不過我心中只想著電子。

當儀器開始運作時，海面下，電子的舞蹈就開始了。它們從電池的一極出來，沿著迴路流動，從另外一極回到電池內。在迴路內的電子一直保持固定數量，並不會在過程中消耗掉，而是不斷地在相同的路徑上環繞。當電子在迴路中旅行時，會在經過電子儀器時交出能量，讓自己能量變低之後回到電池內，因此電池要提供能量維持這個迴路的運作，電池無疑是一個巧妙的裝置。

電池在運作的時候，內部正發生一連串巧妙的事件，每一個環節都能提供下一步所需的電子。因此一旦電池接上了迴路，就會開始推動電子並讓它們周而復始地流動。這些海洋中的電池會有 2 個伸到外界的接頭，但內部的結構相當特殊。外部接頭會各自連接到由一片片鉛（與二氧化鉛）板所組成的柵狀板上，這兩組柵狀板彼此交錯，但不會相互接觸，中間的空隙則充滿了硫酸，因此稱為「鉛酸電池」。鉛（與二氧化鉛）與酸的作用有兩種結果，一種是鉛與硫酸反應而失去電子，另外一種則是會得到電子。充飽電的鉛酸電池則是有擁有許多未反應的鉛，可以維持大量化學反應的需求。

當我將儀器上的電線接了電池的時候，就是提供一組鉛的柵狀板連接到另外一組柵狀版的路徑。然後，拼圖中最重要的一塊，就是兩片鉛板與硫酸的化學反應。當迴路接通之後，導線內會產生電場，將電子推離其中的一端，接著沿著導線回到另外一端。但是這些電子不會在硫酸溶液中流動，只能透過外部的電路完成一個迴圈，回到電池當中。外部電流會通過迴路，流經相機以及儀器設備，在這個過程中，電子會將能量轉移到這些儀器的電子元件內，讓它們獲得工作的能量，同時迴路內的電子會重新洗牌，但是不會有電子消失；換句話說，電子是一種傳遞能量的媒介。

雖然在電池當中，電子在兩組柵狀板之間不會直接流動，但是透過硫酸分子與鉛之間的反應，就能不斷地提供電子與吸收電子，維持導線內電子的流動並持續供應能量。因此經過適當的安排，這一連串的電子流動可以驅動各種電子儀器為我們工作。

當我倚靠在欄杆上，看著載沉載浮的黃色浮標時，掛念的是那些在導線中的電子舞蹈。當相機內部的迴路接通時，浮標底部電池的電子，開始在導線內沿著桿子向上到達相機。由於我們知道電子會選擇最容易通過的路徑，也會遭到絕緣體的阻隔，因此可以讓電流乖乖地在導線中通過，走往我們設計好的方向而不會逃逸到周圍的材料中。

但開關是更重要的基本要素，它可以藉由一小段金屬的開闔，決定是否要讓電路兩端接觸；若是接觸，就會形成迴路，電子可以流通，但如果不接觸，電子會因為找不到簡單通過的道路而停止移動。

雖然電源往往是由兩條讓電子一來一往的電線所組成，但是當電子進入相機內，就會被分成許多不同的路徑，有些進入了相機內部的電腦，有一部分則是進入感測器或電動的機械。但是它們都會各自形成迴路，並且最終再匯集起來，就像耳熟能詳的那句俗語「條條大路通羅馬」一樣，電子會再度回到電池中。巨大的黃色浮標只是支撐起導線，讓電子能夠在其中流動而已。

這些電子在相機當中，透過物理的原理會產生電場與磁場，推動相機的快門，並且在一個短暫的時間中擷取來自鏡頭的光，接著相機內的感應器，會將影像轉換成複雜的訊號，藉由內部的電腦處理之後將數據儲存起來。然後，這些電子就在電路中洗牌，最後回到電池中。

這些電子在行進而舞動的同時，它們所驅動的儀器正隨著浮標，在大西洋的巨浪中（有時候會高達 8 ～ 10 公尺）浮浮沉沉，而我們只能在研究船上徘徊、等待。風浪中的船是一個重力方向相對於甲板位置一直在變化的地方，只有透過鎖扣或彈性繩索牢牢固定的物體，才能在這裡找到它穩固的位置。大約 3、4 天之後，鉛酸電池內的化學反應已經變得很微弱，無法再提供足夠的能量讓電子跳舞，浮標上的儀器都自動關閉，讓這個黃色的浮萍顯得格外沉默。它所包覆的儀器變回普通的金屬、塑膠與半導體，不過這幾天所有成果的數據，都儲存在固態硬碟中，安全無虞。

當暴風雨過去、海面恢復寧靜時，我們開始追蹤浮標，準備把它拉回船上。看著我們這群人在「釣浮標」總是令我印象深刻，由於船隻不能橫向移動，也只能緩慢地轉向，所以如果距離太遠而錯過浮標，就得繞一圈掉頭才能重新靠近它。為了順利接近浮標，船長不得不讓這艘 75 公尺長的研究船，緩慢地靠近浮標，以避免船造成的水流讓它漂走，並在足夠近的距離以勾住上面的繩索。船員們通常第一次就會成功捕獲浮標。

浮標被拖上甲板後，接下來就是我們的工作了。我們將鉛酸電池卸下來，重新連結回船上的電力供應系統，電池內出現了反向的化學反應，將能量逐漸貯存起來。除了相機之外，其他的實驗儀器都是被卸下之後，拿到實驗室內讀取資料。由於相機無法卸下，只能在甲板上寒冷的環境下取出其中的資訊，而我可憐的博士學生就得為此受苦。

電子與熱水壺

「能量守恆」，大概是我們知道最基本、經過無數次的驗證而找不到反例的物理定律。這個定律說明能量永遠不可能憑空出現，也不會就地消失，只會從一種形式轉變成另外一種。例如電池本身具有化學能，而透過化學反應釋出電能，接著這些電流會透過導體在電池兩端流動。然而能量去了哪邊呢？當電能進入照相機當中，一部分會變成讓相機快門機械運動的能量，有一些則是驅使電腦運作並記錄資料，不過這些電能沒有被保存在儀器的其他地方。

如果能量不會憑空消失，那麼電腦運作以及相機拍照之後，這些能量去哪裡了呢？由於移動電子總會有一個代價，就是發熱，而任何使用能量的電子元件都會形成一些阻礙，讓電能變成無用的熱。儘管電子總是尋求阻力最小的路徑，但除非是極為特殊的情況，不然都得像繳稅一樣地付出代價[7]。

相機外圍有非常厚的塑膠保護殼，而且由於塑膠導熱性很

---

7 如果你家中使用的是電熱水器，那就是最明顯的例子。當電子被迫通過電阻時，會將電能轉換成熱能，讓水加溫。一般電器用品內的能量轉換，因為電子傳輸的過程總會產生熱量，所以效率都不高。如果某種電器就是要產生熱，那能量轉換就擁有 100% 的效率，真是完美。

差，當相機在運作的時候，電子在流動過程所產生的熱很難排出去。相機在海水中的時候，這個問題不大，因為我們進行調查的海域，海水的溫度只有 8℃，因此可以避免相機過熱；但是空氣的導熱性很差，問題就此出現了。

當我們在船上要從相機下載數據時做了很多努力，但溫度就是很高。我們發現唯一的解決方法就是把它泡在冰水中（還好這艘船有一臺製冰機），於是我的博士生就得花上 9 ～ 10 個小時，斷斷續續地下載資料，避免相機在連續傳輸時產生過高的溫度把自己燒壞。面對各種問題並解決它，就是這種科學田野調查的魅力。

這也是為什麼當你使用筆記型電腦、吸塵器和吹風機時會產生熱。因為當電能如果沒有轉換成其他能量，最終都會變成熱而逸散出去。吹風機的熱風是來自電熱絲上刻意產生的熱，但對於多數電器而言，熱是一種無用的副產品，甚至在筆記型電腦中，還會讓晶片的工作效率下降。這終究是無奈的事情，電子設備在運作時，都會浪費一些能量來產生這些副產品[8]。

電子之所以會流動，是因為電場在推動它們。對於世界上多數的各類電池而言，都不會提供額外的電子，而是產生電場。電池連接而形成迴路之後，電子開始流動，一切就是這樣簡單。不過也許你已經注意並好奇，為何有些插座會在安全警告的標語旁邊，印有一個小小數字。我還是習慣用英式方法來解釋這個問題——首先拿出一盒餅乾，然後燒一壺開水。

茶歇（teabreak）是一段飲茶與休息的時間，所以必須有茶，也得好好休息，不過許多美國來的同事似乎沒有真正理解這一點，常常在這時候還會邊喝茶邊討論工作上的事。但是對於英國人來說，「燒開水」（putting the kettle on）[9]就意味著要改變心情。在這個時間裡，我要做的只有將自來水注入電熱水壺之中，插上電源。我已經將手邊的工作暫時放下，現在要工作的只有我的熱水壺。

操作熱水壺是一件相當簡單的事情，我只要在插好插頭後，按下開關，使得內部的金屬片接通熱水壺內的迴路，就可以開始燒水。熱水壺當中有一個由導體製成的物體，電子會在當中不斷地流動，這時提供電場的不是電池，而是來自牆上的插座。

英國使用的三插頭，其中最長的一根是所謂的「接地腳」（ground pin），它並沒有連接到電路上，但是功能很特殊，可以將在錯誤地方累積的電子移開（例如在水壺表面的多餘電

---

8 是的，也許聰明的你已經聽過一種稱為「超導體」（superconductor）的東西。但是要將物體冷卻到接近絕對零度的低溫，過程中就要耗費很多能量，並產生廢熱，所以整體來說並不會增加能源使用的效率。

9 這是英國童謠其中一段著名的歌詞。

子），就像我在下雪天的早上帶著靜電觸碰車門一樣，讓這些不速之客逃生。所以這個接腳並不會為熱水壺提供電能。

因此，傳送電能是插頭上另外兩隻腳的責任。插頭還未插上時，插座上對應孔內的金屬片，就像固定在那邊的正電與負電荷；當我插上插座，原本斷開的迴路因為按下開關而接通，產生一個電場，讓電子感受到負極與它相斥，而正極正在吸引它的力量。當我正在尋找茶包時，電子在茶壺內的導體上重新洗牌，即使電子們感受到一些抵抗，但依舊會在導體內流動，因此整體來說，電荷會從插頭的一個針腳開始往迴路內流去，接著從另外一個針腳回到插座內；並且在下一瞬間，再以反方向繞回來。

在熱水壺的底部印了一個標示，告訴我它需要使用的電壓是 230 伏特（230V），而電壓的大小與推動電子移動的電場強度有關。電場越強，電子在迴路中要釋放的能量就越多。插座上標示電壓有多高的用處，在於告知使用者，當你裝上一個迴路時會有多少能量可以用。如果以之前電梯載人作為比喻，當電壓越高，代表電梯會將人送到越高的樓層，並且在迴路當中轉換能量而回到 1 樓；因此電壓越高，電子從插座一端流向另外一端時，釋放的能量就越多。

我已經準備好茶壺，並將茶包放入，牛奶與茶杯也就定位，一切只等著水壺內的水沸騰。雖然燒水只需要幾分鐘的時間，但是口渴的人往往還是會不耐煩。「快點啊！」我心中催促著。

我們剛才解釋了什麼是電壓，但那只是其中一半的故事。當電壓越高，每個電子在迴路內放出的電能就越多，但是不代表整體放出的能量越多；因為還必須考慮迴路中有多少電子流過，而且通常與時間有關係。在固定時間內，電子通過的數量很多，就稱為「大電流」，反之就是「小電流」。大電流意味著在相同的電壓下，有更多的電子會將能量釋放到迴路中，因此單一個電子釋放的能量（電壓），乘上 1 秒鐘通過的電子數量（電流，單位是安培），就是迴路中每秒會產生的總能量。我的水壺使用 230 伏特的電源，而且依據水壺上的標示，它工作的時候會產生 13 安培的電流，因此水壺加熱的功率是 230×13 ，大約是 3,000 瓦，相當於每秒鐘釋放 3,000 焦耳的能量。這個能量足以在 2 分鐘之內就將水煮沸。但是加熱過程中會有一些熱從水中跑掉，因此實際煮沸時間是大約 2 分 30 秒。

有些人說：「電壓高不至於致命，而是取決於電流的大小。」但是我不打算在等待燒水的時間中去驗證它。在羅德島州的下雪天，我與車子之間的電壓差可能高達 20,000 伏特，但只有少量的電荷在移動，意味著電流很小，能量的轉移非常有限，因此沒有對我的身體造成明顯的傷害。但如果我今天雙手各拿著鐵絲，插到插頭的兩個孔中，讓我的身體取代燒水壺成為一個迴路，將會與羅德島上的經驗截然不同。因為這些能源往往能提供大量流動的電子，而這些相同能量的電子，就會在迴路中釋放大量能量，所以，即使插座的電壓只有當時我與車子之間的百分之一，一旦觸電，就會遠比靜電產生的刺痛感還要危險很多。因此遭受電擊時，電流的大小才是決定會不會造成傷害和傷害程度的主因。

電場會推動電子，使它通過電熱水壺內的金屬加熱器，推動的過程會使得電子稍微加速，但是電子會不斷碰撞到導體內大量的原子，這個過程就會讓電子失去能量並產生熱。如果強迫很多電子進行這樣的移動，會因為大量的碰撞而產生大量的熱，這就是電熱水壺加熱的原理。簡單來說，電熱水壺中加熱的元件，就是讓電子加速，使它們碰撞導體中的原子，然後將電能變成熱能。實際上，電子本身前進的速度很慢，大約每秒鐘會漂移 1 公釐，但是這樣的速度也就足夠了。

讓水加溫的能量來自電能，而最驚人的部分是這整個過程，竟然是來自微不足道的電子撞擊，這也正是物理學的奇妙之處。藉由導體推動電子而將水燒開，使我順利地泡了茶。但是將電能直接轉換成熱，是最簡單的一種使用方式；當人類開始創造各種不同的迴路，接上電池或電源之後，人類的文明就開始快速地改變了。

藉由接上電池或插座上的電源這兩種方式，可以讓電子在迴路中流動，但其實它們有著本質上的不同。在電池供電的裝置中，電子僅會朝一個方向流動，稱為「直流電」（direct current, DC），一個標準的 3 號（AA）電池，大約能夠提供 1.5 伏特的直流電；然而牆上的插座，所提供的電稱為「交流電」（alternating current, AC），因為它每秒鐘會讓電子流動的方向，改變大約 100 次[10]，如果要輸送電力，交流電是一個更為有效的方式。

直流電與交流電可以相互切換，但會造成一些困擾。如果你帶著筆記型電腦出門時擔心電池不夠使用，同時也帶著交流直流轉接器（AC/DC adaptor，或俗稱的「變壓器」）時，就能體會這個麻煩了。這個兩端接有電線的黑色盒子，能夠將插座供應的交流電，轉換成筆記型電腦使用的直流電（就如同筆記型電腦的電池直接提供的電源）。為了要做到這點，這個黑色盒子的內部有線圈和一些電路，但是目前還無法有效縮小這些電源元件[11]，因此通常不會將它放到筆記型電腦的主機中。所以如果外出時需要長時間使用電腦，得提醒自己別忘記帶著它。

---

10 這代表每秒鐘電流會出現 50 次相同的方向，也就是說，英國的電網以 50 赫茲的頻率在傳輸交流電。

11 直流轉換器必須經由 3 個步驟，才能將插座上的電源轉換成筆記型電腦使用的電。首先，它會將 230V 的交流電轉換成電壓較低的交流電，不同的筆記型電腦會有不同電壓的需求，有些可能是 20V。接著透過一些元件，阻擋交替變換電流的其中一半，留下朝著同一方向前進的電流，最後讓起起伏伏的電流穩定而平順，如同電池產生的電流，可以讓電腦運作。

電視機與真空管

今日，我們已經將電力視為生活中理所當然的一部分，但是它在早期卻是一個不穩定的怪獸。在那個不斷有新奇事物進入我們家中的年代，我的外公也正好身在相關的行業中，躬逢其盛。

我外公名叫傑克，是最早一批的電視機工程師。他年輕的時候，當時電器產品內的元件往往會發出高溫，或是明顯的聲音，有時候還會發出奇怪的臭味，這些都深深地留在我外婆的記憶中。她總能描述外公如何面對這些狀況，並且將它修好，讓我清楚地知道早期電子產品的特性，然而在一個可以使用 WiFi 上網的現代智慧型手機上，卻再也無法感受得到。

真正令我驚訝的是，外婆非常熟悉那些元件的運作原理與方式。我從來沒有聽她在生活中談論過任何科學技術性的話題，可是一旦提到這些老電視機，她總是可以講出許多我聽過卻沒機會接觸的東西。有一天，她說：「那麼，這個回掃變壓器（line-output transformer, LOPT; FBT）是很多電器中相當重要的部分，所以當它在電視機裡面運作時，就會常常發出爆裂的聲音，同時還會有燒灼的感覺，並發出燒焦的氣味。」當外婆以北方口音敘述這一段時，總讓我覺得在當時，這是一個普遍且大家都能接受的問題。

我們的科技至今還無法直接看到電子，但是在 1940 年到

1970年之間，這些電器毫無保留地讓人們看到電子的運作方式。電子在這些電器中，總是會造成一些微小的爆炸或是爆破聲、嗞嗞聲，以及偶爾會出現閃爍的光，還有時常出現的煙燻痕跡……一切都展示出精力旺盛的電能正被分流開來，在電器內運作。在這個電視剛誕生，且正在普及的時代中，外公是唯一一代真實體驗過、看見電氣世界的人。在他要退休的時候，逐漸成為主流的電晶體（transistor）與電腦晶片，已經將電力運作的方式隱藏起來。

如今，許多同樣功能的電子元件已經變得非常微小，同時以龐大的數量聚集成為另外一種元件，被包覆在精美外殼之內，以至於我們再也無法從外面看到它們的運作。回顧過去，在現代電器普及之前，人們曾經有數十年的時間見證過這些電器神奇的運作方式。

大都會維克斯（Metropolitan Vickers，當地人稱它為「MetroVick」）公司，位於靠近曼徹斯特的特拉福（Trafford Park）。在1935年時，年僅十六歲的外公在這裡當貿易學徒。當時，這間公司是有名的大型電機設備製造商，曾經製作出世界級的發電機、蒸氣渦輪機及許多設備。外公在二十一歲時完成電器工程的學徒課程，那時正值戰爭期間，由於外公是特別的技術人員，政府沒有讓他進入戰場前線，而是在後方做技術研發。接著，他花了5年的時間，在大都會維克斯測試飛機機砲

（aeroplane gun）上的電子裝置，其中第一項測試稱為「閃火」（flashing）；如果可以讓系統承受 2,000 伏特的電壓而沒有發生爆炸，就代表通過測試。將電能馴服在電路當中，只是掌握電子的原始階段。

戰爭結束之後，外公因為具有電子專業經驗，便進入 EMI 集團（電子與音樂工業公司，全名是：「Electric and Musical Industries」）工作。因為早期的電視是一頭狡猾而複雜的野獸，需要一些專家來設定，並時常要調整與維護，因此 EMI 將外公送到倫敦，培訓他成為一名電視工程師。電視透過真空管（thermionic valves）、電阻、線圈以及磁鐵，來組成操控電子的裝置，而且還會藉由玻璃、陶瓷與金屬，組成一個看似簡單的美麗器物。但是直到 1990 年代，它都還是每臺電視的核心。這個核心當中的裝置會產生電子束，同時藉由一些裝置讓其彎曲，就可以產生動態的影像。

我外公在倫敦學習的是「映像管」電視機。映像管的正式稱呼是「陰極射線管」（cathode ray tube, CRT），我喜歡這個名詞，因為它傳承了科學家在早期發現陰極發出射線的現象，而那時還不知道電子的存在。

1867 年的時候，一位德國早期的物理學家約翰．希托夫（Johann Hittorf）在昏暗實驗室中，看著自己剛製作出來的實驗器材：一根兩端鑲有金屬的玻璃管，而管子內部的空氣已經去除。這雖然是個看似平凡的管子，但是想像一下，他將兩端的金屬連接到一個巨大的電池上，結果發現竟然有看不見的東西，從管子的一端流向另外一端。同時，藉由塗在兩端的螢光材料，可以讓這個看不見而移動的東西，在抵達另一端時，撞擊螢光材料並發出一些光芒。即使當時沒有人知道是什麼東西在流動，但是由於發現它會從陰極出發（陰極就是連接到電池負極的那端），撞擊到陽極，因此就將它命名為「陰極射線」。

30 年後，物理學家湯姆森（J. J. Thomson）才發現這種流動的東西，不是真的光線或射線，而是許許多多帶負電的粒子，也就是我們今天稱為「電子」的物質。但是科學家已經習慣使用「陰極射線管」來稱呼這種設備，所以並未更改而沿用至今。如今我們已經知道，真空管內兩側的金屬，如果施加電壓，就會產生由一側延伸到另外一側的電場，而其中的電子會受到影響，從陰（負）極那端飛向陽（正）極。

事實上，電場可以加速任何具有電荷的物體或粒子，讓它們在移動的過程中速度越來越快，如果使用越高的電壓，加速的程度就會越大。CRT 電視機在運作時，會先在映像管中產生電子，接著讓電子在電場中加速，使得它們可以快速地撞擊到螢幕上，藉此產生可見光。映像管內撞擊螢幕的電子，秒速大約有好幾百公里，相較於宇宙中最快的光速，已經可以產生有意義的比較了。

人們使用了數十年的電視，其實當中的原理、甚至是主要結構，都與當年在實驗室中，發現陰極射線的真空管如出一轍。直到數十年前，每個 CRT 螢幕內都有一個電子的產生器，而電視映像管就是一個完全密閉而真空的區域，所以不會有氣體阻礙電子的飛行。因此，當「電子槍」（electron gun）發射電子束後，這些帶電的粒子就會穿過空無一物的空間，撞擊到電視螢幕上。

外公去世的時候，阿姨將他工作室內的一些東西裝到鐵盒子中，保留為紀念品。有些是看起來像圓柱形燈泡的玻璃管，其中一些看起來像蟲，奇怪而結構細小；其實那是一種閥，用來控制電路中電子的流動。外公早期主要的工作，是替換那些故障的電子元件，而我媽媽、阿姨以及外婆顯然也對這些東西感興趣，因為許多種不同元件的功用，她們似乎都還記得。此外，盒子的角落還有一枚圓形的大磁鐵，但已經破成兩半了。

在 19 世紀末，物理學家們在一些實驗與現象中，忽然明白了電與磁有著偉大的聯繫：如果你想控制電，便需要磁；如果你想控制磁，需要的是電，電與磁是一體兩面的現象。電場與磁場都可以推動電子，但是它們推動的方向卻有一個巧妙的差異——電場會沿著場的方向推動電子，但是磁場卻會從側邊推動它。

順利創造電子束只是一個開始，這種舊型的電視機真正奇妙的地方，在於能夠控制電子束的方向，其中的關鍵就是電場與磁場的搭配。電子產生以後，會先被電場加速而形成電子束，接著會通過帶有磁場的區域，並受到影響，開始偏折。磁場若是越強，推動力量越大，偏折角度也會越明顯。因此，藉由改變磁場的強弱，就可以讓電子束偏折而射往任何指定的位置。

我阿姨向我展示那個大型的永久磁鐵，它原本放置在很靠近電子槍的位置，作為主要聚焦的裝置。在朝著螢幕的方向，永久磁鐵的前方就是電磁鐵，由來自天線的訊號所控制，它可以將電子束來回快速偏折，讓它逐行地掃描螢幕。這些電子束在橫向掃描一條線的過程中，會伴隨著快速的一開一關，每開一次就會在螢幕上形成一個亮點。

外婆曾經拿著一個回掃變壓器，解釋這是一個控制掃描的元件。電子束會在螢幕上掃描出 405 列的線，每秒鐘會將整個螢幕掃描 50 次，藉由電子束的掃描以及在正確的位置上快速地明、滅，可以讓人眼看到平順的影像。

這是一場華麗而繁複的電子之舞，當大量而繁瑣的電子元件在正確的時間發揮功能之後，能讓這些電子投射出影像。因此在早期的電視機上，有很多的按鈕與調整旋鈕，可以在必要時進行調校，雖然它們看起來好像是刻意設計來讓使用者頭痛的東西。我的外公知道調整它們的訣竅，而這些技術在當時看起來就像魔術一樣。

幾個世紀以來，工匠一直都受到大家的尊敬，因為人們可以欣賞他們如何製作、調整這些東西，而且需要相當專門的技術，以至於一般人無法親自動手。不過現在的世界已經改變了，科技業的工程師可以製造出相當精良的電器，但我們看不見工程師做了什麼，更看不到這些電器是如何運作。

這些在真空中無聲也無形的電子，卻是創造豐富視覺感受的關鍵，配上喇叭，電視因而變成一個重要的傳播媒介。電視在發展的 50 年當中，都是基於相同而簡單的原則，將產生的電子藉由電場加速或減慢，然後再讓它經過磁場而產生偏折。不過如果磁場影響電子的距離拉長，這些電子就有可能會開始轉圈圈。

位於日內瓦的歐洲核子研究組織（European Organization for Nuclear Research, CERN）在 2012 年時，因為發現了希格斯玻色子（Higgs boson）而震撼了科學界[12]。他們使用的實驗裝置是著名的「大型強子對撞機」（Large Hadron Collider, LHC），而其使用的原理，其實與電視機的映像管一樣，只是 LHC 加速的物質不是電子。任何帶有電荷的粒子都可以藉由電場加速，並利用磁場來轉彎，LHC 可以將帶著正電荷的質子加速到極為接近光速；但即使是人類所製作的最強大的電磁鐵，也只能讓這種高速粒子偏折一點點方向。為了要讓高能（意味著高速）的粒子維持在圓周內並持續加速，因此建造了長達 27 公里的環形隧道，最後藉由質子的碰撞，科學家證實了預測已久的希格斯玻色子。

同樣是控制真空中帶電粒子流動的原理，讓科學家在一百多年前發現電子，也應用在今日的大型強子對撞機上，更在過去幾十年間，製成電視並出現在很多家庭的一角。最近這幾年，笨重的 CRT 螢幕幾乎都被液晶螢幕取代；2008 年的時候，液晶顯示器的銷售量開始超越 CRT 螢幕，而科技的世界鮮少走回頭路。只有利用液晶等平板顯示器，才可能做出筆記型電腦和智慧型手機，實現又輕又薄的理想。

然而為了讓平板顯示器運作，我們必須要以更複雜的方式操控電子。現在常見的平板顯示器是由大量的格子組成，每一個格子就是一個像素（pixel），這些像素都是透過電子的控制，才能決定它是否要發光。如果你的螢幕解析度是 1280×800，代表你正在看著一個由超過 100 萬個獨立的像素所組成的畫面，每個像素都有獨立的開關，並且在 1 秒鐘內至少會更新 60 次。控制與協調螢幕是科技上的驚人壯舉，但如果與筆記型電腦的運作相比，它又顯得微不足道。

讓我們再回來討論磁鐵。磁場可以推動電子，因此也可以控制電流，但是磁與電相互影響的方式不只如此，電流也會形成自

---

12 物理學家目前已經發產出一套理論，可以解釋構成宇宙的基本粒子，在粒子物理學中稱為「標準模型」（the Standard Model），但一直以來，有一個非常特別的粒子始終處於理論的階段，必須要證實它真的存在，這個模型才能成立。經過幾十年的努力，科學家終於找到這個稱為「希格斯玻色子」的粒子，因此證實了這個極為重要的物理模型，並且大大鼓舞人類探索世界的信心。

己的磁場。

●

正如我們在第 5 章提到的原理，烤麵包機可以藉由發出紅外線，有效地加熱吐司。但是提供熱能來烤吐司不是烤麵包機的專利，你也可以將吐司放在有炭火的烤肉架上；最大的差異是，烤麵包機知道什麼時候該停止，並讓吐司跳起來。

當你把吐司放到烤麵包機中，按下一個拉桿，吐司就會進入兩側有電熱絲的位置，但如果沒有將拉桿壓到底，它就會彈回來，因此我們都會將它推到底，直到聽到「嚓」的一聲，吐司就會待在裡面加熱，直到完成後跳起來。這種裝置的好處是我不用在旁邊顧著，可以同時在廚房內準備奶油與果醬，因為有一件東西正固定著吐司的托盤。

烤麵包機的構造相當簡單而漂亮，當我們要烤吐司時，會先將吐司放入長條形開口的凹槽內，底部有一個細長的托盤，大小與吐司的一側差不多。這個托盤被彈簧拉住，維持在凹槽頂端不遠處；當你按下拉桿，手指的力量就會將托盤往底下壓，並拉長彈簧。一旦托盤到達凹槽的底部，就會同時讓兩組金屬接觸，產生兩個迴路，其中一個是圍繞在凹槽兩側的電熱絲，電子的電能會在這當中轉換成熱能以加熱吐司。

但是另外一個迴路就比較有趣了。這個迴路中的電子，會隨著纏繞在小鐵塊上的導線而繞圈圈，有點像給電子使用的螺旋滑梯，一圈又一圈地繞著鐵塊之後，沿著迴路的導線再回到插座上。這個看似趣味的過程，其實就展現出電與磁的關聯性。電流在導線內移動時，會在導線周圍產生磁場，而電流通過每一圈的線圈時，都會添加一次相同的磁場。線圈圍繞的鐵芯會固定線圈，並使得磁場增強，於是形成一個電磁鐵。但只有電流運行時，它才會像個磁鐵一樣產生磁場；當電流停止的時候，磁場就會消失。

於是，按下烤麵包機的拉桿時，便產生一個之前沒有的磁場，將鐵製的托盤吸住。也就是說，當我將拖盤壓到底時，會接通另外一個迴路而產生電磁鐵，於是你會聽到「嚓」的聲音，這時，托盤就被吸住而不會彈上來了。烤麵包機有一個定時器，當迴路接通時就開始計時，等時間到了，定時器會切斷整個烤麵包機的電流，於是電熱絲停止加熱，電磁鐵的磁場也消失而無法吸住托盤，彈簧就把托盤拉上來，吐司就烤好囉！

我有時候會忘記插上烤麵包機的插頭就打算來烤吐司，不過很快就發現這個失誤。因為當我把拉桿往下壓到底時，它們不會固定，而是直接彈起來，即使再三嘗試也一樣。因為沒有電流通過，電磁鐵便不會產生磁場，於是無法吸住托盤。這是一個簡單而且優雅的裝置，每次烤吐司時，其實我們都在利用電與磁之間的最基本聯繫。

電磁鐵的應用範圍非常廣泛，因為藉由開關，就能控制它是否要有磁性，於是可以用來製作喇叭、電子門鎖以及電腦硬碟的馬達。但是這些必須要在持續供電的狀況下，電磁鐵才能維持磁性。黏在冰箱門上的磁鐵稱為「永久磁鐵」，不需要電源就能維持磁性，但我們也無法打開或關閉它的磁場，也無法改變磁性。當電磁鐵通電時，它們的性質與永久磁鐵完全相同，但是因為電磁鐵可以透過停止電流來關閉磁場，因此更為方便。

生活在現代的文明中，我們幾乎被各種人造的磁鐵包圍，無論是電磁鐵或永久磁鐵，有些是專門設計來產生磁性，有些則是導線通電時的副產品。磁場傳播的距離相當有限，所以只有近距離時才能偵測得到。於是對比於自然形成的地球磁場，這些人造的小型磁場，不過是滄海一粟。這個在我們行星周圍延伸的磁場，雖然我們身體無法感覺到，卻一直在利用它。

指北針是一個我們習以為常的小東西，當你在野外行走時，一個總是指向北方的金屬針，可以提供你許多協助。如果你今天收集 10 個、20 個，乃至於 200 個指北針，將它們全部平放在地面上，會看到它們全部指向同一個方向，此時你領悟到，指北針不是只有從背包拿出來、打開看它時才有作用，而是影響指北針的力量永遠都在，並且不會變化。

如果你收集了大量的指北針，無論放在地球上的哪個地方，無論你嘗試怎樣搖晃它，最後都會指向北方。因為地球的磁場始終存在，它通過城市、沙漠、森林與群山，以及我們生活周遭的所有地方，雖然我們從來沒有感覺到磁場，但是當你打開指北針的蓋子，它就會提醒你磁場的存在。

指北針是一個懸浮的小磁鐵，也是一個簡單的測量儀器。磁鐵有著完全相反方向的兩端，並常常被稱為「N 極」與「S 極」，因為它們一端像地球的地磁南極、另一端像地球的地磁北極。如果你今天拿著兩枚磁鐵，讓它們逐漸靠近時，會發現 N 極對 N 極相互排斥，而 S 極對 S 極也會互相排斥；只有 S 極對上 N 極時才會互相吸引。利用這樣的規則，磁鐵可以用來檢測磁場。

當你把一個小型且可以自由轉動的磁鐵放到磁場中，它就會開始旋轉晃動，直到它的 N 極、S 極與磁場的方向平行對齊為止，這就是指北針的運作原理。指北針可以偵測周圍產生的所有磁場，不只會因為地球產生的巨大磁場而偏轉，也會在它靠近其他小規模的磁場時，指出磁場的方向。當你將指北針拿到直流小馬達附近，或是運作中的電器、鋼製鍋子、冰箱磁鐵，甚至是不久之前接觸過磁鐵的鐵器旁邊，都可能讓指北針有反應。

指北針最常運用的地方，就是導航。要在一個球形的表面上找到方向，總是一個棘手的問題，但是在過去好幾個世紀中，指北針始終是非常可靠的工具。地球有一個地磁北極與一個地磁南極，任何擁有指北針的人，可以藉由這兩極找到自己前進的方向。磁鐵是一個直接、便宜且不會消耗的導航工具，但這個利用地磁尋找方位的辦法，附帶一項但書。這個但書的警告聽起來很嚴重：地磁不會永遠固定在一個方位，而會漂移，甚至會移動很長的距離。

在我寫這本書的時候，地磁北極正在加拿大遙遠的北方，距離「地理北極」約有 430 公里，而地理北極的定義則是來自地球的自轉軸。但是在過去的這一年裡，地磁北極已經在北冰洋上，朝俄羅斯方向移動了 42 公里。由於地球很大，因此這點距離看起來好像沒有什麼差別，但是對於導航裝置來說，就是需要注意的部分。地球磁場之所以會改變，一切都跟磁場產生的地方有關，同時也正提醒我們，地球的內部並不是完全固體的岩石。

在我們腳下很深的地方，地球富含鐵的外核正在緩慢地流動。它藉由流動將中心的熱能往外傳送，而行星的旋轉也會影響熔融岩石的旋轉。由於鐵是電的導體，這意味著地球外核會像烤麵包機的線圈，以及所形成的電磁鐵一樣，因此科學家認為，地球外核的轉動就是地球具有磁場的原因。由於這些熔融岩石及金屬的旋轉方向與地球自轉大致相同，因此地理北極會與地磁北極的位置相近，但是緩慢移動的外地核還是會隨時間而有不同的變化，磁極也就會曲折而緩慢地改變方向。

如今一般的地圖都會標示兩極的方向，因此，如果你希望有精準的導航，就得不斷追蹤、更新當下地磁磁極的位置，因為地磁北極與地磁南極都與地理北極、地理南極有一段差距。我最近看到一幅由英國地形測量局（Ordnance Survey）所繪製的南部海岸地圖，它將地磁北極與地理北極都標示在頂端，讓這張地圖看起來是一個永遠不會變化的紀錄。不過如果使用這張地圖來導航，將會發生嚴重的後果，因為當你依照指北針的方位向正北走 40 公里，最後會發現你到達的位置，是在預定位置的西方 1 公里處。現代科技有很多方式避免人們迷路，比如目前正運用於航空業的導航系統，就必須很重視這個部分。首先，他們必須不斷地改變跑道上的標示。

下次你在候機室等待飛機起飛，或是在其他看得到機場跑道的地方，不妨找看看跑道起始點的大型標誌。世界各地的機場跑道都會標示一個數字，以代表跑道中心的地磁方位角，但為了便於判讀，所以會將角度除以 10，並且以正北為基準，例如順時針到正東就是 09。在格拉斯哥普雷斯特威克機場（Glasgow Prestwick airport）的跑道，就標示數字 12，代表飛機在跑道上起飛時，會「航向」120 度的方向。

世界上所有跑道的標示都在 01 到 36 之間[13]，透過指北針，你會發現這些是相對於地磁北極，而非地理北極的方向。在 2013 年時，因為跑道沒有移動，但是地磁方向卻已經偏移了，所以格拉斯哥機場跑道的標示數字，就從 12 改成了 13。相關的航空單位一直都很關注地磁的方向，並且在必要時更改跑道的標示；不過幸好地球磁場漂移的速度很慢，所以這些變化都在掌握之中。

地球磁場的漂移除了影響導航之外，還為地質學的一項重要理論及其所引起的爭議，提供了有力的證據。古老的地磁在岩石中留下的線索，證明了由大量岩石組成的地殼，其實一直都在移動中。

大陸漂移與地殼變動

人類的文明發展到 1950 年代，正邁向一個科技的新時代，許多如今熟知的東西，例如微波爐、樂高積木、魔鬼氈，甚至是比基尼都出現了，並正在逐漸普及。同時，人類也進入原子時代，在日新月異的社會環境中，生活規則不斷地被改寫，大眾使用的信用卡也在這時出現。然而與此同時，人們對於自己居住的星球卻是所知甚少，即使地質學家已經為很多種地球上的岩石命名，卻無法解釋地球如何形成，以及發生過或正在發生什麼事。所有的山脈是怎麼形成？為什麼火山會在這裡？為什麼有些岩石很古老，有些又很年輕？為什麼各地的岩石都不一樣？

地質學家從過去的許多研究當中，發現南美洲東海岸和非洲西海岸的許多岩石、生物化石，甚至是海岸的形狀都有些關聯，這種像拼圖一樣匹配的現象，難道只是一種巧合嗎？在20世紀初，德國地質學家阿佛雷德．韋格納（Alfred Wegener）收集了許多證據，提出「大陸漂移」（continental drift）學說。他認為南美洲與非洲本來是相連且更大的大陸，但是隨著地質運動逐漸分開，而且這些大陸還是漂浮的狀態。

但是當時許多學者反駁他提出的證據，認為這些化石與岩石，本來廣泛分布在世界各地，彼此之間並沒有地域的關聯性；此外，韋格納提出巨大而沉重的大陸也能漂移4,800公里的假說，被當時的學界認為是十分荒唐的想法，於是科學界始終沒有重視大陸漂移的學說。雖然韋格納曾經試圖解釋大陸的漂

---

13 有些跑道會標示兩種數字，但是它們必然會相差18，例如同時標示09與27。因為這個跑道上，兩個方向都可以起飛與降落，而一條直線的兩個方向，角度的差距是180度。

移，認為大陸會在海洋岩石上移動，卻無法提出任何證據。對於科學界而言，韋格納當時無法解釋「如何」移動、「為什麼」會漂移，而且其他支持者也沒有更好的想法，於是這個學說就這樣沉寂了很長一段時間。

即使到了 1950 年，這個學說仍然沒有找到更好的想法，不過出現了一些新的地質探勘方式。火山噴出的岩漿當中，往往富含鐵或鐵的化合物，科學家發現其中一種化合物，可以像指北針一樣地隨著地磁偏轉。這些鐵礦物形成的小指北針的最大用處，是當它隨著岩漿冷卻、變成岩石的一部分之後，就不會再隨磁場偏轉，因此等於記錄了岩石形成的當下，地球磁場的方向。當地質學家分析不同時間形成的岩石後，發現了一個極為有趣的事情：地球磁場的方向似乎每十幾萬年就會翻轉，而且是完全地翻轉，地磁南極與地磁北極的方向完全互換。雖然這事情看起來不是很重要，但總之就是很奇怪。

接著，地質學家到海底尋求更多的證據。當時地球結構有許多無法解釋的部分，其中一項是許多大洋的平坦海床上有著高聳的山脈，當時沒有人知道它們形成的原因，其中最著名的就是大西洋的中洋脊（Mid-Atlantic Ridge）。這座位於大西洋中間的山脈，是由火山相連而成，中洋脊最北的起點是海面上的火山，往南經過並形成冰島（這個地方是山脊的突出端），然後繼續往南，沒入海平面下，接著不斷蜿蜒到接近南極的地方。

1960 年，經過海洋地質學家的測量，發現中洋脊周圍的岩石有著很特別的磁性。當科學家沿著垂直於中洋脊的方向往外採集岩石，並觀察岩石所記錄的磁場，發現平行於中洋脊而分布的岩石的磁場，會隨著距離出現一南一北交替的狀況，就像海底岩石被貼上許多磁性條帶一樣 14。

接著在 1962 年，兩位英國科學家德藍蒙．馬修斯（Drummond Hoyle Matthews）和弗雷德．范恩（Fred Vine）將兩件事情連結起來 15。那些曾經只是理論的地質學說，在這些科學家掌握證據之後，必然會以鏗鏘有力的聲調向世人展示成果。當時，這兩位科學家表示，海底火山可能是隨著大陸分開而噴發，並同時在創造新的海洋板塊！中洋脊上會不斷生成新的海床，同時將舊的部分往外推，而且還是一個持續的過程。於是每一段新生長的海床岩石，就會記錄當時地球的磁場；而隨著時間過去，更新的海床形成後，這些過去生成的海床就保留了當時的磁場。科學家藉由海床上不同位置的岩石，得到不同時期的磁場

---

14 有一個更簡單的方式可以說明：首先，拿起一張白紙代表海床，在中間畫上一條黑線代表中洋脊，接著用紅筆與藍筆，在黑線兩側畫出平行而一紅一藍交替的線，紅線與藍線就代表磁場相反的海床位置。

15 加拿大的地球科學家勞倫斯．摩利（Lawrence Morley）也在同時提出相同的看法，然而期刊卻沒有接受他投稿的論文，還嘲諷該篇論文可笑又愚蠢。

方向，發現地磁在歷史上出現過多次的反轉。

了解中洋脊生成地殼的同時，也發現地殼隱沒的地方，畢竟地球有固定的表面積，因此如果有地殼不斷地生成，必須也要有一部分舊有的地殼回到地下（隱沒到地函〔mantle〕中）。古老的太平洋海板塊隱沒到大陸板塊下方而推升山脈時，就形成了南美洲的安地斯山脈。當我們了解大陸會漂移、分離與碰撞，地殼會生成與隱沒，許多地質現象就變得更容易理解。發現板塊運動是地質學上劃時代的成就，只有了解板塊構造與運動，我們才能了解為什麼地球有今日的樣貌。

大陸漂移的假說已經獲得證實，但大陸並非如韋格納的解釋，會在海床上滑過，而是漂浮在更深的地球結構上，並且漂移的原因是來自地殼下方的對流現象。大陸漂移並非過去式，大西洋仍然以每年 2.5 公分的距離持續地擴張[16]，而海底的磁性條帶，也正記錄著我們這個時代的地磁方向。原來將大陸漂移視為荒誕不經學說的科學界，也被板塊上古地磁的強力證據說服，接受地殼會不斷變動的事實。如今我們已經可以獲得非常準確的 GPS 數據，來測量所有大陸的運動，人類已經可以直接看見地球這個巨大引擎的運轉。但如果要看到地球更為古老的歷史，就得翻閱這部由磁場寫成，記錄在岩石中的古書。

電與磁攜手產生的許多現象，對我們來說有難以言喻的重要性。我們的神經傳導需要藉由電子的移動才能完成，我們的文明由電力驅動，磁場使我們能夠儲存訊息，並操控電子的移動來完成很多事情。但是真正令我驚訝的是，我們在使用電與磁的同時，已經能掌握極高的安全性與穩定性，鮮少出現遭受電擊或斷電的狀況，也可以妥善屏蔽電場與磁場，使得我們幾乎不會知道電與磁就圍繞在身邊。

但是成功掌握電與磁的同時，卻也看不見它們神奇魔幻的一面。或許在未來，有些電子設備的運作方式，可以更直接地展現電與磁的運作。隨著科技發展，我們對於能源的需求越來越大，化石燃料產生的問題日益嚴重，因此人們越來越重視小型的能源。未來，也許你不再完全倚賴遠處的發電廠，而是直接使用居家或是居家附近生產的再生能源。我的手錶錶面是一片太陽能板，它供應的電力已經讓手錶運作了 7 年，這代表我們已經擁有相關技術。此外，科學家已經找到方法，可以從窗戶的玻璃上獲得太陽能，還能在我們行走、跑步時獲得電能，以及從河流的出海口獲得潮汐的能量；而這一切，都要歸功於電磁學的原理。

---

16 有趣的是，這也差不多是我們手指甲的生長速度。

我們已經知道電流會產生磁場，可以吸住烤麵包機底部的托盤，但是奇妙的是，磁場的移動也可以反過來產生電流，這正是本章所介紹的電磁學精采的最後一塊拼圖。當磁鐵在導線附近移動時，會推動例如電子這類的帶電粒子，而電子的移動就意味著可以產生電流。但這並不是未來才會使用的科技，而是現今的發電廠正在應用的原理。無論是火力或核能電廠的渦輪機，或是手搖發電的收音機，都是利用導體與磁鐵之間的相對移動，讓變化的磁場推動電子，轉換出電能的方式。使用電與磁為世界提供電力的諸多方法之中，風力發電機是一個美麗而簡單的例子。

風力發電機是一根有著優雅旋轉葉片的白色柱子，從遠處看起來非常寧靜。但是在你進入塔架的那一刻起，就像進入了樂器的共鳴箱，會感受到無止境的嗡嗡聲。只有極少數的風力發電機會固定開放參觀，其中一架就位在英格蘭東部的斯瓦弗漢姆（Swaffham），雖然它的位置非常偏僻，但非常值得去走一走。

風力發電機的塔架內部有一個螺旋樓梯，往上爬的途中會一直聽到此起彼落的哼哼聲，並感受到整個結構因為風的拍擊而晃動。當周圍的光線開始閃爍時，代表已經接近頂部——因為從觀景臺窗口照進來的陽光，會規律地被發電機的葉片遮蔽。樓梯到達的頂部是一圈位於 67 公尺高、四周是玻璃帷幕的觀景廊，上方就是渦輪機的輪轂（hub），連接 3 個長度達 30 公尺的巨型葉片，並充斥不間斷的轟隆聲。當外面的風變強時，巨大的葉片也會立即加速旋轉；在它強而有力的轉動當中，我知道這裡可以獲得很多能量。

發電的機組都位於葉片連接的輪轂後方，被隱藏在白色的外罩內，無法直接看到。如果我把臉貼著玻璃帷幕並往上看，可以看到旋轉的輪轂；我當時所站的位置，剛好在輪轂的邊緣，它平穩地在我的上方轉動。在風力發電機中，旋轉的轉子上裝有強大的永久磁鐵，外側的定子則裝有銅線圍繞而成的線圈，每個線圈會接到後方的電路。每當磁鐵轉動而拂過線圈時，就會推動電子，導線上就會產生電流，接著電子再被下一個磁鐵拉回來。磁鐵和線圈並沒有直接的接觸，但是當葉片的旋轉帶動磁鐵轉動，再透過磁場與線圈的作用而產生電流，轉動的動能就變成了電能，電力就此產生。

事實上，大部分的發電廠都是利用相同的原理，無論是燃煤發電、燃氣發電、核能發電或是潮汐發電，最終都是由轉動的磁鐵來推動線圈內的電子，產生電流。風力發電機美妙之處，在於風吹過葉片時就直接產生動能，並同時讓磁鐵轉動。但是其他的發電方式，例如火力發電，必須先利用燃燒的熱能將水加熱，再藉由熱水產生的蒸汽壓力，推動渦輪機內的磁鐵旋轉。雖然它們的結果相同，卻需要更多的步驟與時間。

當我們將插頭插上插座，能使用電網分配給我們的電能，而能量的源頭可以追溯到發電廠的渦輪內，磁鐵推動線圈上的電子而轉移的能量。電與磁有著密不可分的關係，它們彼此共舞所產生的能量，維繫著我們每天的生活，而我們已經找到各種巧妙的方式，將它藏在絕緣體製成的電線內，並將電線埋藏於牆壁中或是成為地下的纜線。為了安全，電被我們細心地隔離，卻也同時讓現代出生的孩子無法直接看到、經歷電力與磁力的影響；電與磁的優雅與重要性，未來的世代將是更難體會了。如今，電磁的應用已經越來越不著痕跡，我們也逐漸無法感受它們的存在，然而人類的科技文明，已經一步也離不開電與磁。

第9章
不同的視野
A sense of perspective

身體、地球、人類的文明，是我們每個人生命之所以完整的三大要素。這三個要素自成系統，卻又彼此密不可分，並且存在於同樣的物理框架之中。了解這三個系統的運作，我認為是相當重要的事情，這樣一來，不只獨善其身地維持自己的生存，也兼善天下地維持社會良好的發展。沒有什麼比身體力行還要迷人，所以本書的最後一章，我將試著提供一些視角，依次討論這三項重要的系統。

人類

我需要呼吸，你也是。我們的身體需要從空氣中獲取氧分子，同時排出二氧化碳以維持身體的運作，這是一個人人相似、卻各自獨立的生命系統。我們身體內部一直在進行很多事情，但都必須與外界交流，才能獲得能量、水，以及一些適當的化學分子。呼吸是一個重要的途徑，當你的胸腔開始擴大，肺部出現更多空間，會使得其中的氣體壓力下降，因此鼻腔外部較為密集的空氣分子就流入你的肺部。

當我們深深吸一口氣時，進入的空氣會更多，也更容易觸及到肺部的最小結構。接著，我們放鬆肺部周圍的肌肉時，這些具有彈性的身體組織會將肋骨與胸腔往內壓縮，同時，肺部的氣體分子開始變得密集，分子的碰撞也會產生比外界更大的壓力，因此再次由鼻腔送回大氣之中。呼吸的功用不是只有獲取空氣中的氧氣，並且排出二氧化碳，鼻腔內部的感受器可以分析經過鼻腔的其他氣體分子。當空氣進入鼻腔以後，氣體分子會與嗅覺細胞表面的分子相互碰撞，當特定的分子碰撞到特定的地方，彼此會短暫地結合，就像鑰匙插入鑰匙孔一樣。這些氣體分子與感受器上的分子結合後，就會送出訊號，這是形成嗅覺的第一步，也是我們感受周遭環境的方法。

人體是由大量的細胞所組成，而且根據計算，總數大約有 37 兆。每一個細胞都是一個小小的工廠，因此需要原料和能量才能發揮作用，更重要的是，細胞必須要處在安全、溫度適當的環境中。根據不同細胞的功能，細胞周圍的 pH 值與濕度也會影響它的運作。我們生活在一個不斷變化的環境中，因此身體需要不斷地調整，才能適應變化。例如當你長時間待在溫熱的房間中，氣體撞擊你的身體之後，會把能量傳到你體內，讓身體上分子的振動加劇，此時，如果你的身體無法將熱能排出，就會損害細胞的運作，於是身體會開始藉由體內的水，利用水蒸發帶走熱能的原理散熱，皮膚就會開始出汗。

我們的皮膚在最外層的細胞底下，有一層很薄的脂肪分子，它能夠阻隔身體與外界之間液體的流動。但是當你身處在一個溫熱的環境中，這個屏障就會打開許多通道，也就是開啟你的毛孔（pore）。接著，汗水就會滲透出來，到達皮膚表面。這時，彼此碰撞的水分子當中，能量較高的一群就會獲得離開水團的能量，轉變成氣體，身體的熱因此被帶走而逸散到空氣中，身體的表面會逐漸冷卻，然後毛孔關閉，防止水分繼續流失。

水在身體之中是一項重要的資源，因此皮膚得要謹慎控制毛孔開啟的時機，但是水分並非貯存在皮膚下方，而是透過我們的血液在整個身體中流動，形成共享的資源。細胞的活力維繫於血液輸送的東西上，我們可以透過檢查脈搏簡單地知道血液的循環系統是否運作正常。

我們的脈搏是一個提供血液流動的力量，它具有三維擾動的壓力波。當心臟擠壓血液，壓力就會沿著連通的血管傳遞出去，並推進血液的流動。然而心臟是一個特殊的器官，當它把血液擠壓出去後，就關閉內部的一個閥門，讓送出去的血液不會回流；舒張時，原來將血液擠壓的腔體（心室）壓力會下降，較低的壓力引導另外一個腔體（心房）的血液進入心室，來完成這個循環。當壓力較大的血液從左心室被泵送至大動脈時，由於血液通過大動脈瓣之後會產生湍流，於是使瓣膜、心壁與血管壁產生振動而發出衝擊波。

這些衝擊波非常明顯，以至於可以讓周圍也產生振動，並將震波傳遞到身體表面。震波傳遞時，會一張一馳地壓縮路徑上的肌肉與骨骼，並且在大約千分之六秒後，就會到達身體表面。若是你把聽診器或耳朵貼在某人的身體上，就可以聽到心跳聲，因此，若是身體無法讓震波穿過，我們就無法從外面聽到心臟運動的聲音。如果你仔細聽心跳聲，它並不是「怦—怦—怦……」而是「怦咚—怦咚—怦咚……」的聲音，因為心臟是一對幫浦，擁有 4 個閘門，會成對地打開、關閉，所以每次都會產生 2 個脈衝。這種生理與物理的組合，形成了人類的一種循環系統，也是最重要的生命象徵。

血液中的水分因為形成汗水而流失之後，身體需要從外部來補充更多的水。為了讓你意識到要喝水，細胞必須要感受到血液中水分減少的變化，接著釋放出一些訊號，讓我們大腦產生無意識的口渴感，然後我們便會有意識地決定要去喝水。

一個單獨的腦細胞，只有在與其他腦細胞聯繫下，才能同時發揮功能，因此連接腦細胞之間的網絡，如同腦細胞一樣重要。當你作出「要去喝水」的決定時，其實是大量腦細胞運作的結果。腦細胞之間則是透過神經纖維（nerve fibre）互相聯繫，這些細長的神經元相當於電線，能夠將接收到的化學刺激，轉換成電訊息而在細長的神經內傳遞；一旦訊息到了神經末梢，又會轉為化學分子傳遞到下一個神經元。這種傳遞方式就像骨牌一樣，向著相連的神經傳遞下去，直到到達目的地的細胞。

當腦部下達指令後，神經藉由電和化學的方式，不到 1 秒鐘就可以將訊息傳達到腿部的肌肉。為了讓身體移動，更多協調的訊息也會同時到達身體其他部位，如此一來，藉由許多肌肉的同時運作，會讓你的身體離開沙發、站起來，並準備去拿水杯。當你起身行走，身體表面會有輕微的氣流通過，腳底也會碰觸到地板，這些都會刺激皮膚表面的感受器，並轉換成化學訊號。接著神經就會將這些訊號傳回大腦中，形成所謂的「感覺」。

人類是單一的生命體，由許多的器官與組織所組成，因此為了讓身體內部可以彼此溝通與協調，需要利用電與化學分子（例如荷爾蒙）來傳遞大量的訊息。因此，生物的運作不只是從外部接收資源，內部更擁有很多不斷往來的訊息。在人類進入「資訊時代」（information age）之前，其實人類的身體早已是一部資訊機器。

人體內的訊息分為兩大類，一種是正在移動的訊號，例如神經的傳導或是其他化學物質的傳遞；另外一種則是在細胞內，藉由數種分子的排列與組合而形成的DNA，能夠貯存大量的訊息。我們生活的周遭有些物體，是由大量相同的分子聚集組成，例如玻璃、糖或是水，但是DNA非常特別，它是由四種主要的化學分子：腺嘌呤（A）、胸腺嘧啶（T）、胞嘧啶（C）、鳥嘌呤（G）所堆疊而成的螺旋狀巨型分子。其中A--T、G--C會成對出現，這兩種成對分子的排列順序與方向會形成一張字母表，也是遺傳訊息的圖譜。DNA當中的許多片段，就是記錄著細胞要建構的蛋白質的訊息，以及調節細胞的功能。相比於單一個原子，DNA之所以很巨大的原因，在於細胞的工作其實非常複雜，因此需要很長一段的 DNA，才能記錄並指示細胞的功能。

我們的身體是一座繁複的機器，由數十兆個細胞所組成，每個細胞大約由 10 億個分子組成，因此要維持身體運作、感知周圍環境以及產生運動，必須藉由龐大而複雜的訊號傳輸系統才能完成。沒有人可以有「快如閃電」的反應，因為人類擁有龐大、複雜而精采的生理系統，緩慢就是它的代價。身體的反應時間大約是 0.3 秒，實際上，在這個時間內，神經的突觸（nerve synapse）上已經有數十億個分子完成傳遞的任務，身體內也產生了數百萬個蛋白質的分子，但是這一切，可能只是為了讓你簡單地將手舉起來而已。

當我們離開沙發、起身前往廚房時，身體內部在相互傳遞龐大的訊息，有一部分是大腦下達指令讓腿部肌肉運作而行走，另外一部分是感知周圍環境，讓我們決定行走的方向，並閃避障礙物。其中最重要的感官，就是視覺。

我們生活在一個充滿各種電磁波的世界中，其中一部分是可見光。由於光具有某些特性，當物體發出光線或反射光線時，就會將一部分訊息傳遞出去。來自物體的光線絕大多數會錯過我們，只有少部分剛好來到我們的眼睛；我們的眼睛就像聚寶盆一樣，當光線進入我們的眼球時，速度會只剩下空氣中的 60%，並因為眼球的形狀而發生偏折，匯聚起來，在眼睛的視網膜上形成影像。我們眼球周圍的肌肉則是可以調整眼睛的方向，讓眼球選擇匯聚不同方向的光線，形成豐富的視覺。

每當我們觀看不同距離的物體，眼球周圍的微小肌肉便調整水晶體，讓視網膜上的影像保持清晰，如同相機對焦的時候需要轉動鏡頭一樣。我們腦中所產生的視覺，往往讓我們誤以為眼睛收集了所有投射至眼球的光線，然而人眼的瞳孔其實只有幾公釐，但是進入這個微小孔洞的光線，就足以建構出清楚的影像。

進入我們眼睛、擊中視網膜的可見光光子，無論是來自月球還是來自被燈光照亮的手指，都具有相同的效果。視網膜上的蛋白質吸收光線之後，結構會產生扭轉的變化，接著會放出電訊號；這些訊號會沿著神經傳遞到大腦，並產生視覺。當我們口渴而走向廚房時，一部分從水壺、水槽、水龍頭等等物體反射出來的光線，就會進入我們的眼睛；當它在腦中產生視覺時，腦部也會很快處理訊息，然後決定要先拿起什麼。

如果廚房處在黑暗中，沒有足夠的光子從物體反射到我們的眼睛，大腦就不容易判斷水壺的位置。於是我們會開燈，藉由電能製造出大量向外散出的光子，這些光子會依照不同的狀況，發生吸收、折射與反射的現象，並且帶著物體的訊息，讓我們的眼睛擷取到其中一部分的光子，接著大腦就能了解周圍環境，並決定下一個步驟。但是我們的周圍，可不只有光線而已。

人類是社交的動物，因此我們需要溝通，藉由傳送與接收訊息來形成人際網絡。自古以來，人們彼此交換訊息的方式，最常見的就是說與聽。我們的發聲結構是一件靈活的樂器，能夠產生頻率不同、強弱有別的聲音，藉由周圍的空氣傳播出去。

在英國，大部分的人在室內製作熱飲時，都會詢問周遭的人，這個過程必須要開口說話。當詢問聲傳到周圍的人的耳朵時，他們的耳朵就會將振動的訊號轉變成神經的訊號，並傳送到腦中進行分析與判斷，接著也許就有一部分的人會經由大腦將訊號傳遞到嘴巴與聲帶上，發出聲音或言語。一旦訊息回到我們身上，我們就會判斷下一步應該怎麼做，例如拿出更多的杯子，將泡好的茶分享給身旁回應的人。

我們的身體由許多種原子組成，這些原子雖然種類繁多，但由於它們的排列方式形成專屬的用途，因此雖然身體可以做很多事情，但並非無所不能。所幸我們是操縱世界的專家，可以利用許多工具完成血肉之軀無法直接處理的事情，例如我們的手無法承接滾燙的水，但是鋼鐵製成的容器可以；我們無法讓乾燥的香料與空氣隔絕，但是玻璃製成的密封罐可以；我們沒有利爪或長牙，但我們發明了更精巧的剪刀、開瓶器，可以用來製作衣服或打開酒瓶；陶瓷製成的杯子可以讓我們裝著熱茶，不會將熱能傳給我們的手指而造成燙傷。藉由世界上許多物質，例如金屬、塑膠、玻璃與陶瓷，甚至搭配有機材料如木材、紙張、皮革，我們就能完成雙手無法直接做到的事情。

當水壺逐漸將更劇烈的振動傳遞給水分子，溫度會越來越高，接著水就煮沸了，我們將熱水倒在茶杯中，泡了一杯茶；然後，加一些牛奶進去，但是眼睛的視覺速度不夠快，即便杯子就在眼前，我仍舊無法捕捉到牛奶在空中落下的過程，只會看到回彈的一小滴，因為在我們的視覺系統中，處理訊號的速度無法跟上這種變化。原本透明的茶水，因為牛奶逐漸瀰漫而變得混濁，這是由於此時的光線已經無法穿透杯子，而是撞擊到數百萬個微小奶油團，反射出牛奶的顏色。

即便我們認為周遭的環境大多已經在人類掌控之中，卻有一種無所不在的力量，我們必須要順應它，那就是重力。我們已經適應了地球的重力，如果有一天地球的重力變強，我們的行走會變得困難，需要一雙更有力的腿；如果重力變弱，我們可能演化成更高大的模樣，一切的生活步調都會放慢，因為東西往下掉落的速度也會變慢。

我們之所以能在地面上行走，其實也是仰賴重力，當我們將一條腿抬起來時，重力會將你的另外一隻腳固定在地板上，於是你可以順利地藉由肌肉讓身體往前，接著重力會讓身體隨著偏移的重心往下倒，然後在你跌倒之前，將抬起的腿放下，完成「向前」的一步」。我們的雙腳與身體的肌肉，已經依照地球重力的強度演化成適合生活的樣子。我們行走時，雙腳的交替跨步使得上半身像一個倒過來的鐘擺，而行走時的規律擺動，有時候會造成我們的困擾，例如當你手上有一個裝滿茶水的杯子，就會迫使它以相同的節奏晃動。

耳朵內部有一個巧妙的管狀組織，當我們行走的時候，管狀組織中的液體會隨身體而晃動，此時，液體周圍的感知器會將晃動的訊號藉由神經傳回大腦；大腦在迅速判斷之後，藉由身體複雜的巨型網絡將指令傳達到許多肌肉上，讓它們產生動作以維持身體的前進與平衡。

也許這時你已經拿著泡好的茶，走到了門前，接著用另外一隻空著的手，把門推開，來到戶外。

地球

當我們走到戶外，會更明顯地感受到大氣，以及更遼闊的世界。我們的行星是由五種系統交織而成的地方，它們是岩石、大氣、海洋、冰與生命。每一個部分都有自己的節奏與動力，而多采多姿的地球，就是這五種永遠處於動態的系統創造出來的永恆之舞。但是一切都會依循相同的一套物理規則，並且往往展現出

---

1 如果要體驗沒有重力時的行走，不妨到一座游泳池，找一個水深造成的浮力剛好與你的體重相近的地方，接著嘗試讓腳在水底行走，你會發現移動困難的原因不是水的阻力，而是沒有一個向下的力量可以讓你跨步。

它們驚人的相似之處。

當我們仰望天空，即使無法看到氣體分子，卻可以透過一些現象，觀察到空氣會因為浮力不同而產生的流動。我們剛剛走出的建築物，因為陽光的照射而相當溫暖，屋頂上的空氣因為溫度較高，使得密度低於周圍較冷的空氣，於是重力就會將較冷的空氣往下拉，造成熱空氣上升。地面的溫暖空氣，有時會形成高達數公里的空氣柱，而上升 1 公里往往只要 5 分鐘；至於較冷的空氣，則會填補熱氣上升後留下的空位。在我遠眺的風景中，大氣正在依循這個模式流動，而且從未停止過。

如果我們能看到海洋的橫切面，會發現海水的浮沉也是依照相同的原理，只是我們必須擁有超越常人的視覺才能看見。如同冷空氣因為密度高而會下沉一樣，來自北大西洋又冷又鹹的海水，也會流往海底的深處。一旦這種洋流抵達海底，會持續在海床上移動，直到周圍較溫暖或較淡的海水，逐漸改變洋流的密度後，它才有可能回到海面上。在大氣中，氣體一升一降的循環可能只需要數個小時；但是海洋中，海水一沉一浮的過程就可能要四千年，其間更橫越了半個地球。

接著，我們腳下的岩石也沒有閒著。在地球的結構當中，位於外地核與地殼之間的地函，占有地球大部分的體積。地函是一種黏稠、移動緩慢的流體，在地球形成了 45 億年之後，因為地函之中擁有放射性物質不斷地衰變而產生熱能，以及來自地核高溫的能量，才能維持在熔融的狀態。流體狀態下的地函也會有對流，較冷的岩石往下沉，高溫的則會向上浮，但是這個過程遠比洋流緩慢。地函熱柱（mantle plume）每年大約只會上升 2 公釐，因此從底部流到頂部，再回到底部的一個循環週期，可能需要耗費 5 千萬年。無論是大氣、海洋或是由地核加熱而對流的地函，都有著相同的物理原理。

地球內部大量的熱能不斷地向外移動，因此我們可以看到地熱與火山的活動，但是與來自太陽的能量相比，卻又顯得微不足道。在地球各種的環境當中，幾乎都能見到植物的綠色身影，它可能是磚牆上薄薄一層的苔蘚，也可能是孕育豐沛生命的雨林，而我們的生活周遭，植物更是無所不在。

植物葉片中的每一個細胞，都是微小的分子工廠，當水與二氧化碳進入這個工廠時，葉綠素會藉由陽光的能量將原料變成葡萄糖與氧氣，而葡萄糖會轉變成澱粉或纖維素，以形成高大的樹木。這些藉由陽光形成的食物或木材，都能成為其他生物的能量來源，或是人類的燃料。

即使是極為平靜的一個晴天，在你我看來安靜得像一幅畫的地方，所有的植物還是正忙碌著。在它們的細胞工廠中，每進行一次的光合作用，就會產生幾個供我們呼吸用的氧分子；雖然每個細胞只能提供一點點，但是當地球上所有位於陽光下的植物共同努力時，已足夠維持地球上所有生物的呼吸，並且讓大氣中維持 21% 的氧氣。

下次當你望向遠處，想像一下那一大片景色的上方，有五分之一的氣體是氧氣，而這些氧氣是由無數的蕨類、樹木、藻類、草等等植物大軍，在千百年中施與人類的恩澤。

即便你在高山頂上環顧四周，見到的也只是這個星球的一小部分。想像一下，我們開始向上飄浮，會因為逐漸升高而看得越來越遠，氣體分子則是被重力拉住，只能留在我們的下方；如果此時我們已經飄到地球上最大風暴的頂端，也就是距離地面 20 公里的高空，那麼 90% 的大氣分子已經在我們腳下。如果我們往下潛，到達地球上最深的海溝，此時我們距離海面大約是 11 公里；但即使已經到達這個行星最深的海淵，地球的中心仍然在它下方約 6,360 公里的深處，而且這個距離內都是密集的岩石。因此，除非可以搭乘火箭，不然所有人類在地球上垂直活動的範圍，只有 30 公里，相當於將地球縮小成一顆乒乓球的大小時，表面塗層的厚度。

當我們上升到距離地面 100 公里的高處時，便來到地球與太空的邊界，可以清楚看到正在我們腳下旋轉的，是一個由綠色、棕色、白色與藍色色塊組成的行星，包覆在黑暗的太空之中。但是我們也會明白，原來微小的水分子也會聚集成規模驚人的海洋。對於與生存於地球上、相似的生命形態而言，只有當行星位於「適居帶」（Goldilocks zone，更常見的稱呼是

「circumstellar habitable zone」）才會有液態水，並成為孕育生命的地方[2]。

液體溫度的高低，取決於分子的振動程度，當水分子從陽光中獲得越多的能量，振動的速度就會加快，甚至在到達一個程度之後，會超越與其他分子之間的吸引力而變成氣體。因此，如果在太熱的行星上，水會全部蒸發、無法維持液態，也就不能保護脆弱的生命。另一方面，當水溫逐漸降低的時候，水分子的振盪也就減緩，直到它們逐漸把自己安置在冰晶上，變成無法自由流動的狀態。

無論是植物或是動物，體內都不斷會有隨著水流動的化學分子，如果細胞內的水也結凍而無法傳遞化學分子時，生物的細胞工廠就會停止運作。此外，生物體在逐漸凍結時，細胞會因為內部與周圍生成的冰晶而遭受破壞，因此在太冷而冰封的行星上，生命大多難以出現或維繫。地球之所以特別，不僅僅是因為表面有水，更重要的是這些是液態的水，也是當我們從太空望向地球時，覆蓋地球表面最廣的物質。

2「不要太冷，也不要太熱，要剛剛好」。適居帶的英文詞彙 Goldilocks 直譯是「金髮小女孩」，出自一個兒童故事〈金髮女孩與三隻熊〉，描述金髮女孩覺得不大不小的床與不冷不熱的食物，對她而言最為舒適。

當你從太空望向地球湛藍的海洋，也許有一條鯨魚正在唱歌，發出極為低頻的呼喚。如果我們能看見水中的聲波，會發現有一陣陣的漣漪以鯨魚為中心擴散出去；若是這頭鯨魚正好在夏威夷，那麼位在加州的另一條鯨魚，可以在 1 小時後聽見牠的歌聲。不過很可惜的是在水面上的我們，無法觀察到鯨魚的聲波。事實上，海洋充滿了各種交錯的聲音，有波浪、有往來的船隻，以及海豚彼此的溝通，這些都會造成周圍海水一疏一密的振盪，並向外傳遞出去。此外，來自南極冰層的振動聲，更可以在海面下傳遞數千公里。但如果我們在太空當中，便永遠聽不見這些聲音。

地球上的一切物體，都以地球自轉軸為中心而旋轉。在地面上吹拂的風，往往會受到地形的阻礙，或是地表的摩擦而改變方向，但是氣流始終傾向於直線前進。因此，當我們位在高空看著地球上的氣流時，可以發現儘管地球不斷地自轉，風還是會保持它直線的趨勢。於是當你隨著地球旋轉時，北半球行進的風會逐漸偏向右方。在遠離赤道的海面上，許多天氣現象中的氣流都會旋轉，而我們最熟知的就是颱風，以及一些海洋上的熱帶風暴。如同輪子有輪轂，颱風中心也會有颱風眼，而地球正在旋轉，颱風也就必須旋轉。

接著，我們來看看南極大陸的上方，正聚集著厚厚的雪雲（snow cloud）。這裡的空氣中有水分子、氧分子與氮分子，它們彼此碰撞而振動著，但隨著熱量逐漸散失，分子的平均動能也在下降；當中最慢的水分子們碰到彼此之後，就不再分開而逐漸形成固體。由於水分子在凝固時，會以六邊形的網格狀進行排列，因此當它們在雲中上下飄動時，會聚集更多的水分子形成雪花。經過幾個小時的緩慢成長，雲中的氣流與重力相比，已經無法留住較大的冰晶，於是它們就這樣降落到南極大陸上，並一層一層地覆蓋，所以南極也是地球上最多冰的地方。

南極的冰層東西綿延數千公里，最厚的地方甚至達到4.8公里，如此巨大的冰層產生極大的重量，將南極大陸向下壓了相當深的距離。一片片輕如鴻毛的雪花逐漸累積而成的冰層，有些部分可能已經維持了一百萬年，因為在這段長久的時間當中，被固定於晶格、只能振動的水分子，從來沒有機會獲得足夠讓它逃脫的能量。但是如果我們回到45億年前，這些水分子可能才剛剛伴隨岩漿而噴出火山，這時，地球的溫度也不過才剛剛降到600℃以下而已。

來自太陽的能源，是驅動地面上萬物運作的引擎。太陽光會加熱岩石、海洋和大氣，或是提供能源讓植物進行光合作用，並將二氧化碳與水轉變成糖。太陽的能量進入原本趨向平衡的系統中，重新造成各種變化與流動，因此水會蒸發，凝結成雨而從山脈流下，同時侵蝕河谷。太陽的熱能讓海水蒸發，也會讓空氣流動，因此在赤道附近產生了熱帶風暴，強勁地肆虐著海岸。

太陽讓海洋中的水重新獲得能量而分配到高山，給予風能量而吹起海浪。植物利用太陽的能量不斷成長，從一顆種子變成一株幼苗，長成之後開花結果，將植物的基因傳承下去，在這個遺傳的藍圖中，也詳細地記載了如何利用陽光讓自己的物種生生不息。

太陽的能量不斷地注入到地球上的各種事物中，防止它們進入沉寂的平衡。如果我們從太空看地球，即使無法看到每個細微的環節，卻可以看到最後聚集起來的巨大效應和偉大的循環。當地表與大氣吸收太陽能，當生命利用太陽能，這些能量經過許多轉換後，又會回到宇宙。然而真正精采之處，就是這些能量在萬物之間流轉時，其實正是在推動這個多采多姿的世界。

我們重新回到地面上來看海灘，也許你已經發現，將時間與空間的尺度拉大之後，海灘不是一個永遠不變的「地方」，而是一個大自然動態的「過程」。遠處的風暴與海上的氣流將能量傳遞到海面上，形成往外傳播的海浪。當海浪抵達海岸時，會變成碎波並將能量釋放出來，其中一部分的能量會推動石礫與沙子，讓它們相互碰撞、摩擦而分解得更小。一顆海岸上的小石礫，在每一次海浪來襲時，都會被千千萬萬顆更小的沙粒劃過，並且刮除石礫上一些極細微的稜角。即使沙粒可以在千分之一秒左右就刮出細微的痕跡，整顆石礫也需要好幾年的時間才會被磨得光滑。

雖然這是一個緩慢的過程，但是在地質學的時間上來看，海浪讓這些岩石變得更細，然後在不斷的翻攪中，將它們帶到海洋當中。隨著 1 天 2 次的潮起潮落，沙灘會被淘洗得非常乾淨，也是我們之所以喜歡沙灘的原因，但是在這個過程中，沙子會不斷變小與流失，如果沒有更多的石塊補進來，那麼海岸將不斷地往陸地退縮，在數十年之後就會看到明顯的變化。

潮池（Rock pool）是一種海岸地形，當中的岩石凹處會在退潮時留滯海水，而漲潮時又回到海面下。這裡的生物必須要適應這種交替變化的環境，因為這裡有些時間會淹沒在海水下，有些時候又會變成較乾燥而溫差劇烈的環境。當我走在潮池旁看著水窪，就像看著科學博物館裡、玻璃後方的生態系統一樣。這裡是生物爭奪資源的戰場，主要競爭著兩種東西，第一個是地球和太陽提供的能源，第二是身體所需的物質。

當海水漫過時，這裡是一個資源充足的地方，有大量的能量與營養可以供給這裡的生物，於是它們蓬勃地生長；當潮水退去、環境變得嚴苛時，這裡的生命也必須自有一套生存的方法。物種在漫長的歷史中，為了要更妥善地獲得資源、遷徙、溝通與繁衍，都會在偶然發生的遺傳突變中，演化出更適當的結構並成為自身的工具，藉由發揮物理學的原理，為生命找到更好的出路。

雖然在大自然的許多系統中，能量會通過並改變許多物質，但是地球卻能不斷地回收。我們的行星包含許多元素，例如鋁、碳、黃金等等，大多數已經存在超過數十億年，如果這些物質在過去不斷地遭受侵蝕而變得細小，在化學反應過後就變成無用的碎屑，那麼整個地球的物質，現在應該就像一大鍋湯，大量破碎的物質混雜在一起。

不過事實上，我們周圍的物理與化學變化正在努力將它們重新整理，讓相同的元素聚集在一起，例如散落在地表的水，會因為重力而從泥土的孔隙之間流過，進入地下水層重新聚集。當大量以鈣為基礎的微小生物在海洋內死亡後，重力也會將它們往下拉而沉積在海床上，之後這個廣闊的海洋墓場，會因為壓縮、移動，形成獨特的白色石灰沉積岩。岩石或土壤中的許多鹽分，會隨著雨水沖刷而流到大海中，但是海水也會在一些地方因為水分子受到陽光照射而蒸發，留下鹽的沉積物。

古老的海床上有很多沉積物，它們會隨著地殼的隱沒而回到地函當中，同時，位於一些海洋當中的中洋脊卻不斷將岩漿推出、創造新的地殼。生命的本身就是不斷從周遭取得材料，並且將它們重塑與重組；當生命消失後，身上的一切又回歸自然，變成其他生物的材料。

當你在晴朗的夜晚仰望星空，看到的是來自極為遙遠之地的光波，它們的源頭可能是銀河系內的某個恆星，或者甚至是距離數百萬光年的星系。過去幾千年中，光（電磁波）是人類與其他天體的唯一聯繫，然而這十幾年來，人類發現微中子

（neutrinos）和宇宙射線（cosmic rays）這種奇特的物質，也可以為我們帶來宇宙其他角落的訊息，接著還有最特別的第四種方式：重力波（gravitational waves）。

2016 年 2 月，科學家觀測到了一場發生在宇宙深處的劇變，兩顆黑洞發生了融合，過程中釋出了極為巨大的能量，同時也放出了一種空間的波浪，在宇宙中形成漣漪，這是人類首次獲得、可信的重力波觀測證據。運動的物質都會放出重力波，因此我們一直都處在一個充滿重力波的環境中，但是人類直到最近才證實它的存在。不過我們現在已經知道，不斷朝四面八方散播的光與重力波，都是可以在偌大的宇宙中，標記「我們在這裡」的方法。

每當我站在戶外看著世界時，總會提醒自己只是一個巨大系統中的一小部分，時時刻刻與其他的環節相互聯繫、維持。當智人（Homo sapiens）剛出現在世界上的時候，人類生命只維繫在兩大要素上，如今已經多了一項，而這項也是我們在日復一日的生活當中，最切身的部分。

生物在過去的億萬年之間，不斷地改變地球的樣貌，但只有人類這種物種在過去幾千年之間，找到了改變與操控環境的方法來提升自己的生活。每個人都是獨立的個體，卻又會透過社交與通訊網絡與其他個體產生緊密的連結，形成一個橫跨全球的系統。我們在仰賴他人而生活的同時，也可以提供自己的貢獻。對於物理學的理解與應用，是現代社會一項重要的支柱，**如果沒有了物理，我們就無法管理運輸、分配資源、決策或是溝通**。人類在科學與技術的協助之下，創造了最重要的成就——文明。

文明

數百年來，蠟燭一直是重要的攜帶式能源，書本也是主要的資訊與知識的傳播媒介。在過往的許多世代中，人們透過知識與工具，相互合作而創造規模更大的社會。能量是我們文明的重要基石，雖然蠟燭幾乎可以永久保存，但使用時會逐漸消耗、無法復原；累積知識而成的書本，則可以刺激許多心靈。早在兩千多年前，我們的祖先就已經在使用蠟燭與書籍，甚至延續至今，它們是簡單且有效的工具。因此，我們要維持和創建現代的文明，必須貯存能量以及知道如何使用它。

城市匯聚了文明的成果，但城市也是從荒蕪之中開始建立。人類因為科技的發展而讓城市更新、更大也更方便，不過科技的發展需要歷經許多的探索、嘗試、失敗、再嘗試，這些都需要能量。初始，人類從植物與動物身上獲取能量，因此發展了畜牧與農業，並研發水利讓食物的來源可以圍繞著城市。植物會吸收太陽的能量貯存起來，我們的祖先則是找到方法，將植物所貯存的能量發揮在適當的位置，成為我們的資源。具體來說，太陽的能量藉由植物貯存起來，當人類或是牲畜吃下植物時，便將能量轉移到自己身上，並成為我們改變世界的力量。

我們認為自己生活在一個「現代」的社會之中，但是這種說法只是部分正確，因為我們如今使用的許多基礎設施，有些完工於數十年前，有些是好幾代以前，甚至還有存在千年的部分。這些建造於過去的公共建設、道路和運河，至今仍能完善地發揮它們的功能，因為那是我們社會彼此連接的管道。人類個體的能力與知識相當有限，但是透過這些連結彼此的網絡，就能藉由合作與貿易帶來巨大的益處。

都市是一座水泥叢林，每一個建築都會依照它的功能而有不同的設計，但是它們底下都埋藏著許多粗壯的銅線。這些銅線沿著牆壁與地板，像是不斷分岔的藤蔓，密布在建築物之中；當其中一個尖端的插座插上了插頭，在這個繁複的網絡當中形成一個迴路，電子就會開始洗牌，電流將從遙遠的地方，開始沿著電網的路徑進入城市、進入建築，最後將能量交給開啟的電器，接著又沿著相同但相反的路徑回到原來的地方。如果你可以透視整個城市的電網，會看到供應整個城市的動脈，以及由許多發電廠組成的心臟，正源源不絕地供應電能。我們的生活正被這個供電系統緊密地包圍著。

除了電力網絡之外，還有其他網絡也同時進入建築之中，那就是自來水，而自來水的供應系統與大自然的水循環密不可分。在地球上，太陽的熱能提供水蒸發的能量，讓地表、河流、海洋的水分子進入大氣中，有一部分形成可以四處流動的雲或霧，接著凝結而變回了水。這個過程連結了海洋、河流、降雨、地下水層，形成周而復始的循環。

人類發展出水利技術，將水從自然的循環中引導出來，讓它流入我們的文明之中，成為一項可以操控的資源，接著再將它釋放出去。為了利用水資源，目前常見的方式是建造水庫，收集從集水區降下的雨水，防止它們直接流向下游。水庫為了輸送水，必須要讓直徑寬達 1 公尺的水管接上幫浦，藉由電力將水推送到自來水廠，並在處理之後，經由更多不斷分支的管線運送出去，直到進入建築物，並在最後抵達我們的水龍頭。

使用過的水會藉由汙水管路逐漸匯集到更大的管道中，進入處理廠或是河流，最後回歸到大自然的循環當中。於是，當我一打開水龍頭，其實就是使用整個巨大的自來水系統，透過其中非常多的環節，將水從水庫送到我的面前。廢水的管線多半埋於地下，因此可以藉由重力向下牽引的作用，將廢水一層一層地帶往它應該去的地方；當我們看到水流入排水孔時，正是物體失去支撐而重力作用的現象。

由於城市中的人口不斷地成長且越來越密集，因此這些網絡也變得更加緊湊與繁忙。除了上述的電力與自來水之外，糧食分配的網絡也相當重要，並且與人類的運輸和貿易體系有關，但我們往往只看到最終的樣貌——已經陳列在超級市場的商品，或是餐廳內的食物。因此只有擴大自己的視野，才會見到這個網絡與系統的全貌。

事物的供應系統其實是來自許多系統的整合，其中最重要的當數通訊系統。遠古時代的人類開始知道如何用火、不再單純依靠太陽時，意味著我們隨時可以看見東西而不受黑夜的拘束。直到 150 年前，仍然是由火光照亮著夜晚的城市，藉著各種煤油、蠟燭、乾柴、煤炭的燃燒而完成。如今電能已經取代直接的燃燒，成為我們照明的能源；實際上，人類目前使用的「光」，也早已不僅限於照明的可見光。

如果你可以看見各種波長的電磁波，會發現過去一個世紀以來，我們的世界永遠處在光明之中。光（電磁波）是目前人類重要的通訊媒介，舉凡無線電波、無線電視訊號、WiFi、手機訊號等等，已經形成了一個緊湊又協調的訊息網絡，這些電磁波更充斥在我們的周遭。同時，我們的文明也創造了很多電子設備，能夠正確地發送或是接收這些光，以獲得或傳輸訊息，例如即時新聞畫面、天氣預報、電視節目、空中航運控管、火腿族的廣播，甚至與家人或朋友通話。

這些電磁波一直從我們身邊流過，它們的貢獻讓現代成為一個充滿奇蹟且方便的地方，並讓整個世界連結在一起。透過快速又四通八達的通訊系統，農夫可以根據超市的需求調整收成的計畫；世界各地的人們，可以即時得知某處正在發生的天然災害；航管人員與機長可以獲知飛機前方的惡劣天候，並重新規劃飛行路線；出門購物前，若是看到雷陣雨將在10分鐘後抵達，就可以延後行程。因為人們創造了一個接收訊息、也會傳遞或分享訊息的系統。其中使用的各種電磁波訊號，有些會由國家進行規範，有些則是世界通用的規則。人類利用光的歷史已經非常悠久，但是一直沒有建立為通訊的系統。不過從過去的0 G移動無線電話系統，進展到目前的4 G移動通訊技術，人們如今已經藉由電磁波，建構出一套與自己密不可分的訊息網絡。

在遙遠的過去，人類對於周遭環境的冷熱變化及資源的多寡，只能依靠自己身體的機能來適應。如果我們周圍氣體分子的能量太高（熱）或是太低（冷），就會將溫度傳到我們身上，或是身體的熱能逐漸流失；如果身體無法與環境取得平衡，意味著我們必須受苦。但在現代的文明中，這項問題幾乎已經消失了，我們為自己建造了各種建築、通道、車輛和阻隔物，並透過調整內部的結構，讓氣體分子維持在一個適當的能量上，創造出一個屬於人類的舒適環境。

於是，炎熱的杜拜及寒冷的阿拉斯加，都可以透過空調讓人們不會因為太熱或嚴寒而受苦，這也是居住在這裡的前人所沒有的方便。然而我們卻逐漸將這種方便視為理所當然，忘記現實世界的嚴峻。如果我們將場景搬到太陽系的其他行星，就會發現地球上熟知的設施，遠遠不足以讓人類在那邊生活。雖然科學的技術不斷進步，但仍有很長的一段路要走。無論是在地球上創造更舒適的環境，或是在其他的行星上建立基地，其實都有著相同的原則，就是在原有的環境中，創造出一個更適合人類居住與生活的環境，並且建立起溝通的網絡。

隨著文明發展、人口攀升，我們正面臨資源分配與生存空間的挑戰。人類在工業革命之後，為了支撐不斷快速發展的社會，並驅動大量為人類服務的機械，於是能源的需求日益增高，但是使用化石能源必須付出許多代價。雖然大自然或農業依舊供給人們植物所貯存的太陽能，不過實際上，目前人類的主要能源是另外一種貯存非常久遠的能量。

在數億到數千萬年前，有很長一段時間，植物與動物從太陽獲得了許多能量，並在生長的過程中逐漸將它保存下來；生物死亡之時，便帶著這些能量不斷地累積在地面或海中，並隨著地質的運動與變化而深埋到地層裡。這些累積了數億年太陽能的生物，最終成為了地底下一個巨大的能量倉庫，蘊藏的是我們熟知的煤、石油與天然氣等等的燃料，因此才會稱它們為「化石燃料」（fossil fuels）。

人類運用簡單的機制與方式，即可釋放這些保存了上億年的太陽能，讓許多裝置運轉，最後再讓能量逸散到宇宙中。這是一種使用上很簡單，後續卻很難收拾的能源，因為當年吸收二氧化碳而生長的植物，如今隨著燃燒而釋放能量時，也會讓二氧化碳重新回到大氣中。大氣中增加的二氧化碳，會改變空氣吸收光波的程度，使得整個行星的大氣可以貯存更多的太陽能，也就是溫度會不斷地升高。地球的大氣已經不再是原來的狀態，人類必須想辦法處理這個問題。

足智多謀的人類現在已經可以藉由周圍無形的電磁波網絡，獲得科學、醫學、工程學以及自身文化的相關資訊。當我們在這個訊息網絡中獲得知識時，實際上要感謝的是人類一代代努力而累積的成果。

人類文明中的一項偉大成就，就是可以操控肉眼看不見的極小物體，而且還能大展身手，創造出為人類服務的功能。人體擁有許多複雜的系統，因此每執行一項動作，都會牽涉到大量訊息的傳遞與交換，所以我們總是需要花費一段時間才能完成一個動作。而且我們身體有固定的尺寸，必須要使用大小適當的床、桌椅、食物等等，所以人體在短時間內只能完成極少的工作。

但是當我們學會操縱微小尺度下的世界，因為這裡的物質只要些微移動，就會產生功能，並耗費極小的能量就能完成一項任務，因此可以在 1 秒內處理 10 億次訊號，將複雜的指令藉由大量簡單的方式完成。簡單地說，尺寸越小，處理的速度就會越快，這就是電腦運作的原理。目前的許多電子設備，例如手機或數位相機，內部都有一臺小型電腦。相較於我們身體的尺寸，這些電腦和晶片都很微小，但若是以其中組成原子的眼光來看，就會覺得這是一個巨大到難以置信的結構。

對於幾個世代以前的人來說，要做出百萬分之一公分的結構，以及在 1 秒鐘之內處理上億次訊息，無疑是痴人說夢；但人類透過不斷累積的科技，最終也實現了這些夢想。這些微小卻又無比複雜的多功能工廠，已經是我們操控世界的重要工具，而未來，它們將更全面地進入我們的生活中。隨著文明的推進，人口逐漸增加、都市更加密集，人們需要更快、更多的決策和訊息交流的精密網絡（網際網路就是我們最熟知的一項），來協調人類文明的成長與需求。這一切都得藉助於在空間尺度上，迥異於身體可以觸碰的世界。

人類目前活動的範圍僅限於我們這顆行星的表面，以及周圍一點點的空間。人類觀測天體而有記載的歷史，已經有好幾千年，但是直到最近的幾十年，我們的文明才有機會反過來，從太空中看見自己。如今，地球的周圍已經布滿了觀測衛星（observation satellites）與通訊衛星（communication satellites），讓我們能隨時獲得大自然變化的狀況，並快速地相互聯繫。藉由衛星的觀測，我們可以從太空中清楚見到文明的印記，例如夜晚城市的燈光、嚴冬時都市放出的熱氣、農耕開墾後土地顏色的改變等等。但是這些人造衛星所在的位置，是人類無法生存的環境，因此人類建造了國際太空站，在當中創造了一個適合人類生活的環境，這是人類文明延伸到太空的最佳證明。國際太空站一次最多可以搭載 10 位太空人，並且每隔 92 分鐘就繞行地球一周。這些在太空艙內望向地球的太空人，有著建立在人類文明觀點上更高的視野，雖然無法完全傳達給地面上的其他人，但他們依舊以身為太空人的榮譽，展現出人類文明前進的面貌。

在地球磁場產生的防護層之外，是比人造衛星更遙遠的地方，那裡有大量的宇宙射線，因此此處很難見到我們文明的蹤跡。太空中沒有所謂的上與下，鐘擺由於失去往下拉的重力，也會無法擺動。宇宙中，事情發生的速度已經脫離人類習慣的時間尺度；太陽內部以極快的速度在進行核反應，但是太陽本身已經存在數十億年，兩者的速度都遠遠超過我們可以感受的範圍。在空間的尺度上，原子是我們無法摸得出大小的物體，但是它形成了無法用身體尺度去測量的行星、月球或是太陽系。我們身處的世界有著極為廣大的空間與時間尺度，我們複雜而多元的文明，就位在不快不慢、不大不小的時空當中。

We are an exception in the known universe.

在已知的宇宙中，我們是獨一無二的存在。

當我們的目光與遙遠的星光交會時，也許在宇宙的某處，也有另外一個文明正望向地球。光，仍然是我們與太空中一切天體及現象的主要聯繫，當星光進入我們的眼球、撞擊到視網膜上的分子時，我們就和宇宙產生了連結。我們所在的位置，是一個位於岩石行星和宇宙交界處的薄層，然而在這薄薄的一層當中，卻有一個美麗、複雜而充滿感情的世界。**放諸宇宙皆準的物理學定律，塑造出支撐生命的三大要素，於是，我們在這裡。**

在這裡的我，正站在家門口望著天空，偶然來了一片雲，遮蔽了來自宇宙的光線。在這裡的我，是一個現代人，使用的杯子來自地球上的素材，卻可以思考宇宙的複雜性；因為發生在不同地方的事物，都有著相同的原理。我看著杯子內的茶水，那是正在旋轉的液體，然後再看一眼，杯子內映照的是另外一種美麗而迷人的圖案，是我頭頂上正在變化的天空。我看到在旋轉的，是茶杯裡的茶水，是茶杯裡的風暴。

鳴謝 Acknowledgements

撰寫這本書的背後，許多人提供我具體的參考資料，有些人則是故事裡的真實角色。他們分享了個人的生活經驗，讓我的生活更加精采，同時也鼓勵我找到更多的東西。我要向這兩者以及兩者兼具的師長與朋友，表達最誠摯的感謝。

首先感謝我的合作夥伴，達拉斯·坎貝爾（Dallas Campbell）、尼克·齊爾斯克（Nicki Czerska）、伊蕊娜·齊爾斯基（Irena Czerski）、路易斯·達特內爾（Lewis Dartnell）、塔辛·愛德華斯（Tamsin Edwards）、坎貝爾·史多瑞（Campbell Storey）以及狗狗印加（Inca）。

還有我所拜訪的風力發電機單位，「綠色英國中心」（Green Britain Centre）好客而熱情的人員，他們不厭其煩地為我解決疑惑。傑夫·威爾莫特（Geoff Willmott）博士和卡絲·諾克斯（Cath Noakes）教授分別在研究微流體裝置，以及空氣傳播疾病的議題上，提供莫大的協助。赫勒·尼克森（Helle Nicholson）、菲爾·赫克特（Phil Hector）和菲爾·瑞德（Phil Read）在閱讀本書一些章節時，給予許多寶貴的建議。馬特·

凱立（Matt Kelly）為本書所有章節提供了詳細的意見，對我這樣一個寫作的人來說，他分享的經驗都令我受益匪淺，也是讓我完成本書的重要人物。此外，他始終如一地情義相挺，對我來說更是意義重大。湯姆．威爾斯（Tom Wells）在一開始就鼓勵我寫作，並且耐心地幫我宣傳，也是我寫作過程的實驗對象。傑姆．斯坦斯菲爾德（Jem Stansfield）、艾隆．沙哈（Alom Shaha）、蓋婭．文斯（Gaia Vince）、艾洛克．賈哈（Alok Jha）、亞當．拉塞福（Adam Rutherford），以及其他在科學界認識的夢幻朋友，都一直鼓勵我，並為我喝采。

劍橋大學的邱吉爾學院是多年來教養我知識的家園，也是我心中永遠的家，邱吉爾學院與卡文迪西實驗室給了我扎實的物理學基礎。這邊要特別提到我的導師，戴夫．格林博士（Dr. Dave Green），因為本書沒有使用圖表，所以只能盡力以文字表達，希望整體能夠符合他嚴格的要求。我在邱吉爾學院認識的朋友，也都成為我一生重要的朋友，畢竟在充滿冒險的人生旅途上，擁有志同道合的夥伴是很美妙的事情。

會進入泡沫物理學的領域，是意料之外的事情。我雖然與當時斯克里普斯海洋學研究的格蘭特．迪恩博士（Dr. Grant Deane）從未謀面，但是他給了我一個博士後研究的機會。格蘭特是一位德高望重，並有著嚴謹學術熱忱的人，我很幸運能與他共事一段時間；其間他讓我知道研究機構應該如何提供最好的資源，並且樹立了以最高標準進行研究的榜樣，當我提出任何計畫，他都會提供全力的支持。至今，我的心中對於格蘭特給予的機會，只有萬分的感激。

我很幸運能在倫敦大學從事學術研究，並且任職於機械工程系。我非常感謝系主任雅尼斯·范提各斯（Yiannis Ventikos）教授，對於我寫作這本書的支持。熱情周到、誠懇而友善的馬克·米奧多尼克（Mark Miodownik）教授，是一位充滿活力的人，他竭盡所能地幫助我找到這個學術上的家園，我內心也是無限感激。

威爾·佛朗西斯（Will Francis）是我的著作經紀人（literary agent，協助作者找到出版社的人），他鼓勵我寫這本書，並以極大的耐心提供建議，以及尋求各方的支持，直到整本書順利付梓。我非常感謝環球出版社（Transworld）的蘇珊娜·沃德森（Susanna Wadeson），由於她細膩的觀察力與誠懇，本書才能順利出版。

我有一群棒透了的家人，他們對世界永遠充滿好奇心，總是在嘗試與發現各種事物的問題，並支持家人之間共同的興趣，我至今所有的成就，都是來自家人提供的基礎。我有一位常常帶給我驚喜的姊妹伊蕾娜（Irena），她與馬肯（Malcolm）可能是我遇過最熱情與可愛的人。外婆芭·焦立（Pat Jolly）、凱絲阿姨（Kath）以及我媽媽向我分享早期電視機的故事，還提到關於回掃變壓器的奧祕，並說明它在數年前還是電視內常見的元件。

最誠摯的感謝要獻給我的父母，楊（Jan）與蘇珊（Susan），他們教導了我探索世界的態度，也時常詢問我們是否有盡力完成夢想。我深愛著他們，心中只有無盡的感激。

參考資料 References

第 1 章　爆米花與火箭——氣體定律

Ian Inkster, *History of Technology*, vol. 25 (London, Bloomsbury, 2010), p. 143

'Elephant anatomy: respiratory system', Elephants Forever, http://www.elephantsforever.co.za/elephants-respiratory-system.html#.VrSVgfHdhO8

'Elephant anatomy', Animal Corner, https://animalcorner.co.uk/elephant-anatomy/#trunks

'The trunk', Elephant Information Repository, http://elephant.elehost.com/About_Elephants/Anatomy/The_Trunk/the_trunk.html

John H. Lienhard, *How Invention Begins: Echoes of Old Voices in the Rise of New Machines* (New York, Oxford University Press, 2006)

'Magdeburger Halbkugeln mit Luftpumpe von Otto von Guericke',

Deutsches Museum, http://www.deutsches-museum.de/sammlungen/meisterwerke/meisterwerke-i/halbkugel/?sword_list[]=magdeburg&no_cache=1

'Bluebell Railway: preserved steam trains running through the heart of Sussex', http://www.bluebell-railway.co.uk/

'Rocket post: that's one small step for mail . . .', *Post&Parcel*, http://postandparcel.info/33442/in-depth/rocket-post-that%E2%80%99s-one-small-step-for-mail%E2%80%A6/

'Rocket post reality', Isle of Harris website, http://www.isleofharris.com/discover-harris/past-and-present/rocket-post-reality

Christopher Turner, 'Letter bombs', *Cabinet Magazine*, no. 23, 2006

'A sketch diagram of Zucker's rocket as used on Scarp, July1934 (POST 33/5130)', Bristol Postal Museum and Archive

第 2 章　有起就有落——重力

D. Driss-Ecole, A. Lefranc and G. Perbal, 'A polarized cell: the rootstatocyte', *Physiologia Plantarum*, 118 (3), July 2003, pp. 305–12

George Smith, 'Newton's *Philosophiae Naturalis Principia*

Mathematica ', in Edward N. Zalta, ed., *Stanford Encyclopedia of Philosophy*, Winter 2008 edn, http://plato.stanford.edu/archives/win2008/entries/newton-principia/

Celia K. Churchill, Diarmaid O Foighil, Ellen E. Strong and Adriaan Gittenberger, 'Females floated first in bubble-rafting snails', *Current Biology*, 21 (19), Oct. 2011, pp. R802–R803, http://dx.doi.org/10.1016/j.cub.2011.08.011

Zixue Su, Wuzong Zhou and Yang Zhang, 'New insight into the soot nanoparticles in a candle flame', *Chemical Communications*, 47 (16), March 2011, pp. 4700–2, http://dx.doi.org/10.1039/C0CC05785A

第 3 章　美麗小世界——表面張力與黏滯性

Peter J. Yunker, Tim Still, Matthew A. Lohr and A. G. Yodh, 'Suppression of the coffee-ring effect by shape-dependent capillary interactions', *Nature*, 476, 18 Aug. 2011, pp. 308–11, http://dx.doi.org/10.1038/nature10344

Robert D. Deegan, Olgica Bakajin, Todd F. Dupont, Greb Huber, Sidney R. Nagel and Thomas A. Witten, 'Capillary flow as the cause of ring stains from dried liquid drops', *Nature*, 389, 23 Oct.1997, pp. 827–9, http://dx.doi.org/10.1038/39827

The whole of the *Micrographia* is online here: https://ebooks.adelaide.edu.au/h/hooke/robert/micrographia/contents.html

'Homogenization of milk and milk products', University of Guelph Food Academy, https://www.uoguelph.ca/foodscience/book-page/homogenization-milk-and-milk-products

'Blue tits and milk bottle tops', *British Bird Lovers*, http://www.britishbirdlovers.co.uk/articles/blue-tits-and-milk-bottle-tops

Rolf Jost, 'Milk and dairy products', in *Ullman's Encyclopedia of Industrial Chemistry* (New York and Chichester, Wiley, 2007), http://dx.doi.org/10.1002/14356007.a16_589.pub3

Aaron Fernstrom and Michael Goldblatt, 'Aerobiology and its role in the transmission of infectious diseases', *Journal of Pathogens*, 2013, article ID 493960, http://dx.doi.org/10.1155/2013/493960

'Ebola in the air: what science says about how the virus spreads', *npr*, http://www.npr.org/sections/goatsandsoda/2014/12/01/364749313/ebola-in-the-air-what-science-says-about-how-the-virus-spreads

Kevin Loria, 'Why Ebola probably won't go airborne', *Business Insider*, 6 Oct. 2014, http://www.businessinsider.com/will-ebola-go-airborne-2014-10?IR=T

N. I. Stilianakis and Y. Drossinos, 'Dynamics of infectious disease transmission by inhalable respiratory droplets', *Journal of the Royal Society Interface*, 7 (50), 2010, pp. 1355–66, http://dx.doi.org/10.1098/rsif.2010.0026

I. Eames, J. W. Tang, Y. Li and P. Wilson, 'Airborne transmission of disease in hospitals', *Journal of the Royal Society Interface*, 6, Oct.2009, pp. S697–S702, http://dx.doi.org/10.1098/rsif.2009.0407.focus

'TB rises in UK and London', *NHS Choices*, http://www.nhs.uk/news/2010/12December/Pages/tb-tuberculosis-cases-rise-london-uk.aspx

World Health Organization, Tuberculosis factsheet 104, 2016, http://www.who.int/mediacentre/factsheets/fs104/en/

A. Sakula, 'Robert Koch: centenary of the discovery of the tubercle bacillus, 1882', *Thorax*, 37 (4), 1982, pp. 246–51, http://dx.doi.org/10.1136/thx.37.4.246

Nobel Prize website about Robert Koch, http://www.nobelprize.org/educational/medicine/tuberculosis/readmore.html

Lydia Bourouiba, Eline Dehandschoewercker and John W. M. Bush, 'Violent expiratory events: on coughing and sneezing', *Journal of Fluid Mechanics*, 745, 2014, pp. 537–63

'Improved data reveals higher global burden of tuberculosis',

World Health Organization, 22 Oct. 2014, http://www.who.int/mediacentre/news/notes/2014/global-tuberculosis-report/en/

Stephen McCarthy, 'Agnes Pockels', *175 faces of chemistry*, Nov. 2014, http://www.rsc.org/diversity/175-faces/all-faces/agnes-pockels

'Agnes Pockels', http://cwp.library.ucla.edu/Phase2/Pockels,_Agnes@ 871234567.html

Agnes Pockels, 'Surface tension', *Nature*, 43, 12 March 1891, pp. 437–9

Simon Schaffer, 'A science whose business is bursting: soap bubbles as commodities in classical physics', in Lorraine Daston, ed., *Things that Talk: Object Lessons from Art and Science* (Cambridge, Mass., MIT Press, 2004)

Adam Gabbatt, 'Dripless teapots', *Guardian*, Food and drink news blog, 29 Oct. 2009, http://www.theguardian.com/lifeandstyle/blog/2009/oct/29/teapot-drips-solution

Martin Chaplin, 'Cellulose', http://www1.lsbu.ac.uk/water/cellulose.html

D. Klemm, B. Heublein, H-P. Fink and A. Bohn, 'Cellulose: fascinating biopolymer and sustainable raw material', *Angewandte Chemie*, international edn, 44, 2005, pp. 3358–93, http://dx.doi.

org/10.1002/anie.200460587

Alexander A. Myburg, Simcha Lev-Yadun and Ronald R. Sederoff, 'Xylem structure and function', *eLS*, Oct. 2013, http://dx.doi.org/10.1002/9780470015902.a0001302.pub2

Michael Tennesen, 'Clearing and present danger? Fog that nourishes California redwoods is declining', *Scientific American*, 9 Dec. 2010

James A. Johnstone and Todd E. Dawson, 'Climatic context and ecological implications of summer fog decline in the coast redwood region', *Proceedings of the National Academy of Sciences*, 107 (10), 2010, pp. 4533–8

Holly A. Ewing et al., 'Fog water and ecosystem function: heterogeneity in a California redwood forest', *Ecosystems*, 12 (3), April 2009, pp. 417–33

S. S. O. Burgess, J. Pittermann and T. E. Dawson, 'Hydraulic efficiency and safety of branch xylem increases with height in *Sequoia sempervirens* (D. Don) crowns', *Plant, Cell and Environment*, 29, 2006, pp. 229–39, http://dx.doi.org/10.1111/j.1365-3040.2005.01415.x

George W. Koch, Stephen C. Sillett, Gregory M. Jennings and Stephen D. Davis, 'The limits to tree height', *Nature*, 428, 22 April 2004,pp. 851–4, http://dx.doi.org/10.1038/nature02417

Martin Canny, 'Transporting water in plants', *American Scientist*, 86 (2), 1998, p. 152, http://dx.doi.org/10.1511/1998.2.152

John Kosowatz, 'Using microfluidics to diagnose HIV', March 2012, https://www.asme.org/engineering-topics/articles/bioengin eering/using-microfluidics-to-diagnose-hiv

Phil Taylor, 'Go with the flow: lab on a chip devices', 10 Oct. 2014, http://www.pmlive.com/pharma_news/go_with_the_flow_lab-on-a-chip_devices_605227

Eric K. Sackmann, Anna L. Fulton and David J. Beebe, 'The present and future role of microfluidics in biomedical research', *Nature*, 507.7491, 2014, pp. 181–9

'Low-cost diagnostics and tools for global health', Whitesides Group Research, http://gmwgroup.harvard.edu/research/index.php?page=24

第 4 章　片刻之間——變化與平衡的狀態

Eric Lauga and A. E. Hosoi, 'Tuning gastropod locomotion: modeling the influence of mucus rheology on the cost of crawling', *Physics of Fluids (1994–present)* ,18 (11), 2006, 113102

Janice H. Lai et al., 'The mechanics of the adhesive locomotion of terrestrial gastropods', *Journal of Experimental Biology*, 213 (22), 2010,pp. 3920–33

Mark W. Denny, 'Mechanical properties of pedal mucus and their consequences for gastropod structure and performance', *American Zoologist*, 24 (1), 1984, pp. 23–36

Neil J. Shirtcliffe, Glen McHale and Michael I. Newton, 'Wet adhesion and adhesive locomotion of snails on anti-adhesive non-wetting surfaces', *PloS one*, 7 (5), 2012, p. e36983

H. C. Mayer and R. Krechetnikov, 'Walking with coffee: why does it spill?', *Physical Review E*, 85 (4), 2012, 046117

Marc Reisner, *Cadillac Desert: The American West and its Disappearing Water*, rev. pb edn (New York, Penguin, 1993)

B. J. Frost, 'The optokinetic basis of head-bobbing in the pigeon', *Journal of Experimental Biology*, 74, 1978, pp. 187–95

'Engineering aspects of the September 19, 1985 Mexico City earthquake', NBS Building Science series 165, May 1987, http://www.nist.gov/customcf/get_pdf.cfm?pub_id=908821

Daniel Hernandez, 'The 1985 Mexico City earthquake remembered', *Los Angeles Times*, 20 Sept. 2010, http://latimesblogs.latimes.com/laplaza/2010/09/earthquake-mexico-city-1985-memorial.html

William F. Martin, Filipa L. Sousa and Nick Lane, 'Energy at life's origin', *Science*, 344 (6188), 2014, pp. 1092–3

S. Seager, 'The future of spectroscopic life detection on exoplanets', *Proceedings of the National Academy of Sciences of the United States of America*, 111 (35), 2014, pp. 12634–40,http://dx.doi.org/10.1073/pnas.1304213111

第5章　波動——從水波到 WiFi

A. A. Michelson and E. W. Morley, 'On the relative motion of the Earth and of the luminiferous ether', *Sidereal Messenger*, 6, 1887, pp.306–10, http://adsabs.harvard.edu/full/1887SidM....6..306M

Sindya N. Bhanoo, 'Silvery fish elude predators with light-bending', *New York Times*, 22 Oct. 2012, http://www.nytimes.com/2012/10/23/science/silvery-fish-elude-predators-with-sleight-of-reflection.html?_r=0

Alexis C. Madrigal, 'You're eye-to-eye with a whale in the ocean: what does it see?', *The Atlantic*, 28 March 2013, http://www.theatlantic.com/technology/archive/2013/03/youre-eye-to-eye-with-a-whale-in-the-ocean-what-does-it-see/274448/

Leo Peichl, Günther Behrmann and Ronald H. H. Kröger, 'For whales and seals the ocean is not blue: a visual pigment loss in marine mammals', *European Journal of Neuroscience*, 13 (8), 2001,pp. 1520–8

Jeffry I. Fasick et al., 'Estimated absorbance spectra of the visual pigments of the North Atlantic right whale (Eubalaena glacialis)', *Marine Mammal Science*, 27 (4), 2011, pp. E321–E331

University of Oxford, press pack for Marconi exhibition: https://www.mhs.ox.ac.uk/marconi/presspack/

Bill Kovarik, 'Radio and the *Titanic* ', Revolutions in Communication, http://www.environmentalhistory.org/revcomm/features/radio-and-the-titanic/

RMS *Titanic* radio page, http://hf.ro/

Yannick Gueguen et al., 'Yes, it turns: experimental evidence of pearl rotation during its formation', *Royal Society Open Science*, 2 (7), 2015,150144

第 6 章　鴨子為何不會雙腳冰冷？——原子的舞曲

'Molecular dynamics: real-life applications', http://www.scienceclarified.com/everyday/Real-Life-Physics-Vol-2/Molecular-Dynamics-Real-life-applications.html

'Einstein and Brownian motion', *American Physical Society News*, 14 (2), Feb. 2005, https://www.aps.org/publications/apsnews/200502/history.cfm

'Back to basics: the science of frying', http://www.decodingdelicious.com/the-science-of-frying/

'1000 days in the ice', *National Geographic*, 2009, http://ngm.nationalgeographic.com/2009/01/nansen/sides-text/4

Jing Zhao, Sindee L. Simon and Gregory B. McKenna, 'Using 20-million-year-old amber to test the super-Arrhenius behaviour of glass-forming systems', *Nature Communications*, 4, 2013, p. 1783

Intergovernmental Panel on Climate Change, *Climate Change 2007: Working Group I: The Physical Science Basis*, IPCC Report 2007, FAQ 5.1: 'Is sea level rising?', https://www.ipcc.ch/publications_and_data/ar4/wg1/en/faq-5-1.html

Oliver Milman, 'World's oceans warming at increasingly faster rate, new study finds', http://www.theguardian.com/environment/2016/jan/18/world-oceans-warming-faster-rate-new-study-fossil-fuels

'The coldest place in the world', *NASA Science News*, 10 Dec. 2013, http://science.nasa.gov/science-news/science-at-nasa/2013/09dec_coldspot/

‘Webbed wonders: waterfowl use their feet for much more than just standing and swimming’, http://www.ducks.org/conservation/waterfowl-biology/webbed-wonders/page2

‘Temperature regulation and behavior’, https://web.stanford.edu/group/stanfordbirds/text/essays/Temperature_Regulation.html

Barbara Krasner-Khait,‘The impact of refrigeration’, http://www.history-magazine.com/refrig.html

Simon Jol, Alex Kassianenko, Kaz Wszol and Jan Oggel, ‘Issues in time and temperature abuse of refrigerated foods’, *Food Safety Magazine*, Dec. 2005–Jan. 2006, http://www.foodsafetymagazine.com/magazine-archive1/december-2005january-2006/issues-in-time-and-temperature-abuse-of-refrigerated-foods/

Alexis C. Madrigal, ‘A journey into our food system’s refrigerated-warehouse archipelago’, *The Atlantic*, 15 July 2003, http://www.theatlantic.com/technology/archive/2013/07/a-journeyinto-our-food-systems-refrigerated-warehouse-archipelago/277790/

第 7 章　湯匙、螺旋，還有第一枚人造衛星——旋轉的原理

Hugh Gladstone, ‘Making tracks: building the Olympic velodrome’, *Cycling Weekly*, 21 Feb. 2011, http://www.cyclingweekly.co.uk/

news/making-tracks-building-the-olympic-velodrome-53916

Rachel Thomas, 'How the velodrome found its form', *Plus Magazine*, 22 July 2011, https://plus.maths.org/content/how-velodrome-found-its-form

'Determination of the hematocrit value by centrifugation', http://www.hettweb.com/docs/application/Application_Note_Diagnostics_Hematocrit_Determination.pdf

'Astronaut training: centrifuge', *RUS Adventures*, http://www.rusadventures.com/tour35.shtml

'Centrifuge', Yu.A. Gagarin Research and Test Cosmonaut Training Center, http://www.gctc.su/main.php?id=131

'High-G training', https://en.wikipedia.org/wiki/High-G_training

Lisa Zyga, 'The physics of pizza-tossing', *Phys.org*, 9 April 2009, http://phys.org/news/2009-04-physics-pizza-tossing.html

Alison Spiegel, 'Why tossing pizza dough isn't just for show', *HuffPostTaste*, 2 March 2015, http://www.huffingtonpost.com/2015/03/02/toss-pizza-dough_n_6770618.html

K.-C. Liu, J. Friend and L. Yeo, 'The behavior of bouncing disks and pizza tossing', *EPL* (*Europhysics Letters*), 85 (6), 26 March 2009

'International Space Station', http://www.nasa.gov/mission_pages/

station/expeditions/expedition26/iss_altitude.html

Eleanor Imster and Deborah Bird, 'This date in science: launch of Sputnik', 4 Oct. 2014, http://earthsky.org/space/this-date-in-science-launch-of-sputnik-october-4-1957

Roger D. Launius, 'Sputnik and the origins of the Space Age', http://history.nasa.gov/sputnik/sputorig.html

Paul E. Chevedden, *The Invention of the Counterweight Trebuchet: A Study in Cultural Diffusion*, Dumbarton Oaks Papers No. 54, 2000, http://www.doaks.org/resources/publications/dumbarton-oaks-papers/dop54/dp54ch4.pdf

Riccardo Borghi, 'On the tumbling toast problem', *European Journal of Physics*, 33 (5), 1 Aug. 2012

R. A. J. Matthews, 'Tumbling toast, Murphy's Law and the fundamental constants', *European Journal of Physics*, 16 (4), 1995, pp. 172–76, http://dx.doi.org/10.1088/0143-0807/16/4/005

'Dizziness and vertigo', http://balanceandmobility.com/for-patients/dizziness-and-vertigo/

Steven Novella, 'Why isn't the spinning dancer dizzy?', *Neurologica*, 30 Sept. 2013, http://theness.com/neurologicablog/index.php/why-isnt-the-spinning-dancer-dizzy/

第 8 章　異性相吸——電磁學

'One penny coin', http://www.royalmint.com/discover/uk-coins/coin-design-and-specifications/one-penny-coin

'The chaffinch', http://www.avibirds.com/euhtml/Chaffinch.html

Dominic Clarke, Heather Whitney, Gregory Sutton and Daniel Robert, 'Detection and learning of floral electric fields by bumblebees', *Science*, 340 (6128), 5 April 2013, pp. 66–9, http:/dx.doi.org/10.1126/science.1230883

Sarah A. Corbet, James Beament and D. Eisikowitch, 'Are electrostatic forces involved in pollen transfer?', *Plant, Cell and Environment*, 5 (2), 1982, pp. 125–9

Ed Yong, 'Bees can sense the electric fields of flowers', *National Geographic* 'Phenomena' blog, 21 Feb. 2013, http://phenomena.nationalgeographic.com/2013/02/21/bees-can-sense-the-electric-fields-of-flowers/

John D. Pettigrew, 'Electroreception in monotremes', *Journal of Experimental Biology*, 202 (10), 1999, pp. 1447–54

U. Proske, J. E. Gregory and A. Iggo, 'Sensory receptors in monotremes', *Philosophical Transactions of the Royal Society of London B: Biological Sciences*, 353 (1372), 1998, pp. 1187–98

'Cathode ray tube', University of Oxford Department of

Physics, http://www2.physics.ox.ac.uk/accelerate/resources/demonstrations/ cathode-ray-tube

'Non-European compasses', Royal Museums Greenwich, http://www.rmg.co.uk/explore/sea-and-ships/facts/ships-and-seafarers/the-magnetic-compass

Wynne Parry, 'Earth's magnetic field shifts, forcing airport runway change', *LiveScience*, 7 Jan. 2011, http://www.livescience.com/9231-earths-magnetic-field-shifts-forcing-airport-runway-change.html

'Wandering of the geomagnetic poles', National Centers for Environmental Information, National Oceanic and Atmospheric Administration, http://www.ngdc.noaa.gov/geomag/GeomagneticPoles.shtml

'Swarm reveals Earth's changing magnetism', European Space Agency, 19 June 2014, http://www.esa.int/Our_Activities/Observing_the_Earth/Swarm/Swarm_reveals_Earth_s_changing_magnetism

David P. Stern, 'The Great Magnet, the Earth', 20 Nov. 2003, http://www-spof.gsfc.nasa.gov/earthmag/demagint.htm

'Drummond Hoyle Matthews', https://www.e-education.psu.edu/earth520/content/l2_p11.html

F. J. Vine and D. H. Matthews, 'Magnetic anomalies over oceanic ridges', *Nature*, 199, 1963, pp. 947–9

Kenneth Chang, 'How plate tectonics became accepted science', *New York Times*, 15 Jan. 2011

國家圖書館出版品預行編目資料

茶杯裡的風暴：丟掉公式，從一杯茶開始看見科學的巧妙與奧祕／海倫・齊爾斯基（Helen Czerski）著－初版. -- 臺北市：三采文化，2017.8 面： 公分. －譯自：Storm in a teacup: the physics of everyday life

ISBN：978-986-342-859-6（平裝）
1. 自然科普 2. 物理

330 106009408

suncolor 三采文化集團

PopSci 04

茶杯裡的風暴

丟掉公式，從一杯茶開始看見科學的巧妙與奧祕

作者｜海倫・齊爾斯基（Helen Czerski） 譯者｜藍仕豪 審訂｜鄭永銘
責任編輯｜戴傳欣 版權負責｜杜曉涵
美術主編｜藍秀婷 封面設計｜徐珮綺 內頁排版｜優士穎企業有限公司
行銷經理｜張育珊 行銷企劃｜王思婕

發行人｜張輝明 總編輯｜曾雅青 發行所｜三采文化股份有限公司
地址｜台北市內湖區瑞光路 513 巷 33 號 8 樓
傳訊｜TEL:8797-1234 FAX:8797-1688 網址｜www.suncolor.com.tw
郵政劃撥｜帳號：14319060 戶名：三采文化股份有限公司
本版發行｜2017 年 8 月 4 日 定價｜NT$420